DB-Fachbuch

Herausgegeben vom Eisenbahn-Fachverlag

Walter Jonas

Elektronische Stellwerke bedienen

Der Regelbetrieb

DB-Fachbuch

Eisenbahn-Fachverlag
Heidelberg · Mainz

Walter Jonas

Elektronische Stellwerke bedienen – Der Regelbetrieb

Die Bearbeitung dieses Bandes wurde im September 2001 abgeschlossen.

Herausgeber: Eisenbahn-Fachverlag GmbH in Zusammenarbeit mit dem Dienstleistungszentrum Bildung der DB AG.

Eisenbahn-Fachverlag, Heidelberg · Mainz

ISBN 3-9808002-0-2

Inhaltsverzeichnis

Vorwort

Liebe Leserin, lieber Leser,

das vor Ihnen liegende Fachbuch **„Elektronische Stellwerke bedienen - Der Regelbetrieb“** beschreibt die Einrichtungen dieser Stellwerksbauform und deren Bedienung, einschließlich der Einrichtungen des Streckenblocks und der Sicherungseinrichtungen für die Bahnübergänge.

Das Fachbuch spricht Sie als Bedienerin und Bediener dieses Stellwerkstyps in Ihrer Funktion als Fahrdienstleiter oder Schrankenwärter in gleicher Weise direkt an. Es soll Ihnen das Fachwissen vermitteln, das Sie benötigen, um ein Elektronisches Stellwerk im Regelbetrieb zu bedienen. In einem Ergänzungsband wird auf die Bedienung des Elektronischen Stellwerks bei Unregelmäßigkeiten und Störungen eingegangen.

Auf die Beschreibung von Zusammenhängen und Abläufen in der Sicherungstechnik im „Innern des Stellwerks“ und an den Außenanlagen, die bereits im Drucktastenstellwerk vorkommen, wurde in der Regel in diesem Fachbuch verzichtet. Diese sind bereits in einem anderen Fachbuch beschrieben. Genauso werden Grundkenntnisse des Bahnbetriebes vorausgesetzt.

Der Lehrstoff wird Ihnen zuerst allgemein beschrieben. Danach werden Ihnen die Bedienhandlungen erklärt, wobei auf die Besonderheiten der verschiedenen Herstellerfirmen eingegangen wird. Zur Vertiefung wird dann die Thematik an einem praktischen Beispiel des ESTW Neustadt (Weinstraße) geschildert. Das ESTW Neustadt (Weinstraße) wurde von der Alcatel SEL AG – Bauform El L 90 – gebaut. Da es sich bei diesem Stellwerk um ein stiftbedientes Stellwerk handelt, werden Ihnen die Unterschiede zur Mausbedienung am Elektronischen Stellwerk Waldshut dargestellt. Das Elektronische Stellwerk Waldshut wurde vom 28. August bis 7. September 2001 in Betrieb genommen und ist ebenfalls ein Stellwerk der Alcatel SEL AG. Dort wo Unterschiede zum Hersteller Siemens AG bestehen, werden diese aufgezeigt und erklärt.

Damit Sie sich besser in den Stellbereich des ESTW Neustadt (Weinstraße) und Waldshut hineindenken können, sind nachstehend die Stellbereiche dargestellt.

Der Stellbereich des ESTW Neustadt (Weinstraße) reicht auf der zweigleisigen Hauptbahn Saarbrücken – Mannheim von km 56,519 bis km 84,817. In Richtung Edenkoben erstreckt er sich bis km 7,679 und nach Mußbach bis km 1,350. Er beinhaltet somit aus Richtung Kaiserslautern kommend den Haltepunkt Frankenstein, den Bahnhof Weidenthal, die Haltestelle Neidenfels, den Bahnhof Lambrecht und den Bahnhof Neustadt (Weinstraße) Hbf mit dem Haltepunkt Böbig sowie in Richtung Edenkoben den Haltepunkt Maikammer-Kirrweiler (Abbildung 1a).

Das ESTW Waldshut steuert die Strecke von Basel bis Schaffhausen. Der Stellbereich beginnt in Grenzach und endet in Trasadingen. Auf diesen 74 Streckenkilometer bildet das ESTW Waldshut die Unterzentrale (ESTW-Z), an die die ausgelagerten ESTW (ESTW-A) Grenzach, Rheinfelden (Baden), Wehr-Brennet, Murg (Baden), Lauchringen und Erzingen (Baden) angegliedert sind. An das ESTW-A Grenzach ist wiederum der Haltepunkt Wyhlen, an das ESTW-A Rheinfelden (Baden) die Haltepunkte Herten (Baden) und Beuggen, an Wehr-Brennet die Haltepunkte Schwörstadt und Bad Säckingen, an Murg (Baden) die Bahnhöfe Murg und Albbruck sowie die Haltepunkte Laufenburg (Baden) und Laufenburg (Baden) Ost angeschlossen. Die Unterzentrale Waldshut stellt den Bahnhof Waldshut sowie die Haltepunkte Dogern und Tiengen (Hochrhein) fern. Das ESTW-A Lauchringen steuert nur den Bahnhof Lauchringen. Hier zweigt die Strecke nach Weizen ab, die im „Zugleitbetrieb" geführt wird. Die Haltepunkte Grießen sowie Trasadingen und der Bahnhof Erzingen (Baden) sind an das ESTW-A Erzingen (Baden) angehängt (Abbildung 1b).

Ich wünsche Ihnen nun beim Lesen viel Spaß und Vergnügen sowie beim Lernen viel Erfolg.

Der Autor

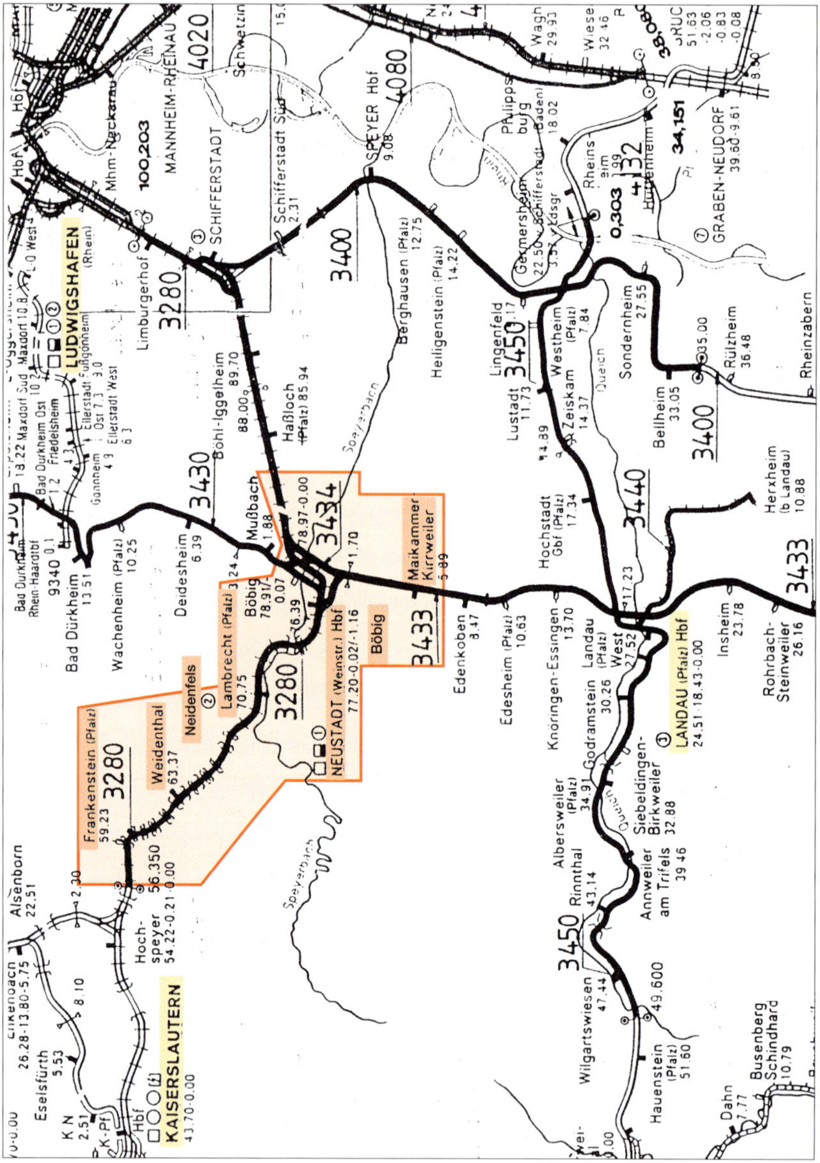

Abbildung 1a:

Der Stellbereich des ESTW Neustadt (Weinstraße).

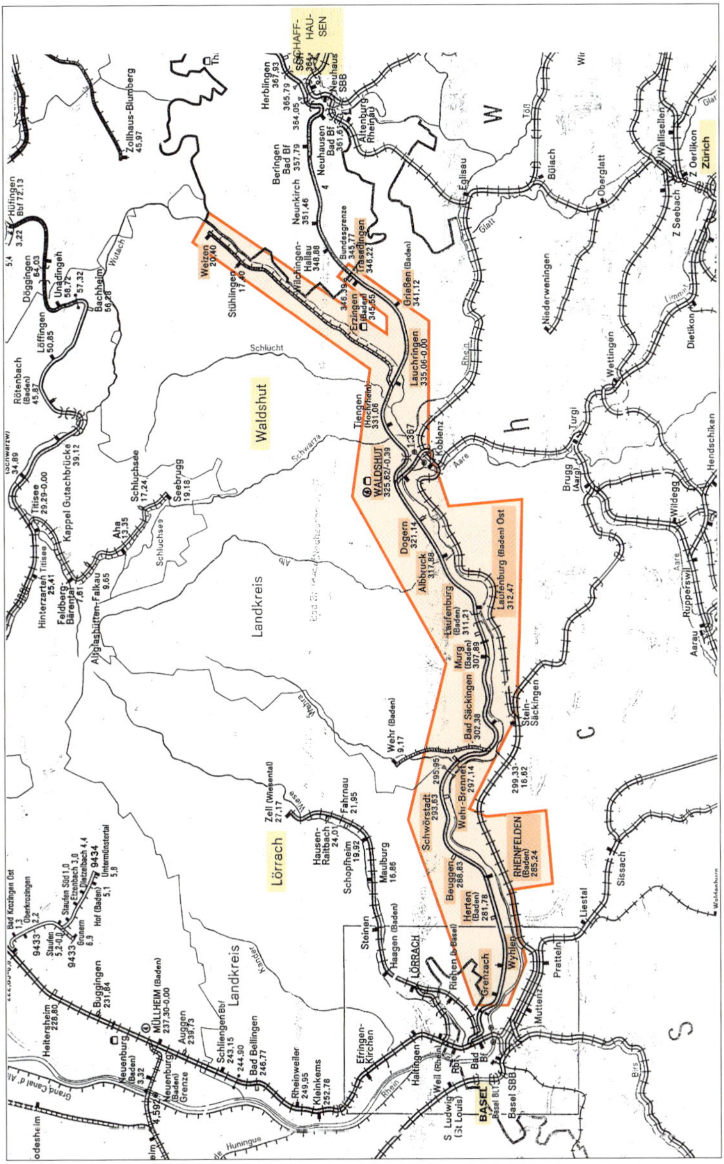

Abbildung 1b:
Der Stellbereich des ESTW Waldshut.

1. Grundsätze

1.1 Der Weg zum Elektronischen Stellwerk

In den Anfängen der Eisenbahn kannte man die Einzelstellung der Fahrwegelemente, d.h. jede Weiche hatte einen Bediener, der nur für dieses Element zuständig war. Dies bedeutete nicht nur einen sehr hohen Personalbedarf, sondern barg auch viele Gefahren für den Bediener selbst, da er sich ständig im Gefahrenbereich der Gleise aufhalten bzw. den Gefahrenbereich des Gleises zum Stellen des Elementes betreten musste. Außerdem war die Verständigung der Weichen- und Signalbediener untereinander schwierig sowie sehr zeitaufwendig und stand damit einer flüssigen Betriebsabwicklung entgegen. Ferner führten Verständigungsprobleme immer wieder zu Bahnbetriebsunfällen. So wurde bereits in der Mitte des vorletzten Jahrhunderts versucht, die Bedienung von Weichen und Signalen zu zentralisieren.

Der Gedanke des Stellwerks war geboren.

Durch die Stellwerke sollte somit der Eisenbahnbetrieb nicht nur wirtschaftlicher, sondern auch schneller und sicherer gemacht werden.

„Es ist zweckmäßig, das Signalwesen so einzurichten, dass die Signale von möglichst wenig Personen erteilt, die Verantwortlichkeit auf möglichst wenige Köpfe gesplittet werde. Dies gestattet auch, zu den betreffenden Funktionen gebildete Leute, die man besser bezahlen kann, zu wählen." Diese Aussage stammte von Max Maria Freiherr von Weber aus dem Jahre 1867; sie hat bis in unsere Zeit ihre Gültigkeit nicht verloren.

Noch einige Worte zur Entwicklung der Stellwerke. Seit etwa 1840 suchte man nach Mitteln und Wegen, die Zahl der am Stellen von Weichen und Signalen beteiligten Eisenbahner möglichst gering zu halten. Dadurch wollte man die Gefahr von Missverständnissen, wie auch schon durch Freiherr von Weber angedacht, weitgehend ausschließen. Diese Absicht gab für den britischen Ingenieur Gregory den Anstoß, die Weichen- und Signalhebel an geeigneten Punkten zu konzentrieren. Über Gestängeleitungen und einfache Drahtzüge wurden alle wichtigen Weichen und Signale eines Bahnhofes von Weichentürmen – signal towers – aus bedient.

Als „Geburtsjahr des Stellwerks" nach heutigem Verständnis ist das Jahr 1856 anzusehen. Der Engländer Saxby schuf eine Abhängigkeit zwischen den Stelleinrichtungen der Weichen und der Signale. Diese mechanische Abhängigkeit verhinderte, dass bei falscher Weichenstellung ein Signal auf Fahrt gestellt werden konnte. Ab 1860 wurden dann Stellwerke mit Verschlussabhängigkeiten gebaut; dies war ein weiterer wesentlicher Schritt zur Erhöhung der Betriebssicherheit.

Mehr Sicherheit, flüssigere Betriebsabwicklung und Einsparung von Personal- und Sachkosten waren in der Folge die treibenden Kräfte für die Entwicklung neuer Stellwerksformen.

In Deutschland entstand 1868 im Bahnhof Börßum das erste *mechanische Stellwerk*. Der Bahnhof Börßum liegt an der Strecke Braunschweig – Bad Harzburg. Dieser Bahnhof wurde wegen Anbindung einer neuen Strecke ausgebaut und bekam deshalb den ersten deutschen „Centralapparat". Die Pläne hierfür wurden von der englischen Firma Saxby & Farmer erstellt.

1891 wurde von der Firma Siemens und Halske das erste mit elektrischen Weichenantrieben versehene Stellwerk entwickelt und 1894 im Bahnhof Prerau (Mähren) in Betrieb genommen. Nach diesem Versuch ging 1895/96 das erste *elektromechanische Stellwerk* in Berlin Bahnhof Westend in Betrieb. Hersteller war ebenfalls die Firma Siemens und Halske.

Der nächste Entwicklungsschritt führte bereits in Richtung *Gleisbildstellwerke*. 1925 baute die Firma AEG ein *Tischstellwerk* für Ablaufanlagen. Es wurde im Rangierbahnhof Osterfeld Süd installiert. Am 12. Oktober 1948 wurde für die Deutsche Bundesbahn im Bahnhof Düsseldorf – Derendorf das erste klassische *Gleisbildstellwerk* in Betrieb genommen. Ab 1950 kamen *Drucktastenstellwerke*, welche dem Bediener wesentliche Erleichterungen brachten. Bei diesem Stellwerkstyp wurden die Fahrstraßen durch Start- und Zieltasten ausgewählt und Relais zur Herstellung der Stellwerksabhängigkeiten sowie zur Ansteuerung der Einrichtungen eingesetzt.

Die Drucktastenstellwerke als *Spurplanstellwerke* wurden, die ersten dieser Art von der Siemens AG als Sp Dr S 59-Stellwerk 1956 in Kreiensen und bei der „Saarländischen Eisenbahn" am 06. Mai 1956 von der Firma Lorenz in Dillingen (Saar) als Sp Dr L 20-Stellwerk (TRICON-Stellwerk) installiert, nun in Betrieb genommen. Sie erreichten 1960 seitens ihrer Entwicklung einen vorläufigen Höhepunkt. Dieser Stellwerkstyp, der in den siebziger Jahren noch verbessert wurde (Sp Dr S 600), entsprach dann voll dem Stand der Signaltechnik mit einem hohen Sicherheits- und Wirtschaftlichkeitsgrad.

Der technischen Entwicklung, insbesondere in der Elektronik, wollte und konnte sich die damalige Deutsche Bundesbahn nicht verschließen. Nach rund 132 Jahren Stellwerksgeschichte wurde am 29. November 1988 für den Bereich der ehemaligen Deutschen Bundesbahn ein neues Kapitel in der Stellwerkstechnik aufgeschlagen. Zwischen München und Garmisch-Partenkirchen ging in dem Bahnhof Murnau das erste Elektronische Stellwerk der Siemens AG als Pilot in Betrieb – kurz darauf das erste der Alcatel SEL AG in Neufarn.

Seit 1989 lässt die Deutsche Bahn AG bzw. die Deutsche Bundesbahn neue Stellwerke nur noch in elektronischer Bauweise erstellen. Dies bringt gegenüber der herkömmlichen Technik viele Vorteile. Die Stellwerksbezirke können vergrößert werden, Bedienpersonal lässt sich verringern, neue Technologien kommen zur

Anwendung und letztendlich stellt das Elektronische Stellwerk mit den Grundstein für die künftigen Leistungszentren der Betriebsführung – die Betriebszentralen (BZ) – dar.

1.2 Der Einsatz von Rechnern in der Signaltechnik

Das Wort „Rechner" wird in unserer Sprache für das Wort „Computer" verwendet. Dieser Begriff ist uns heute allen geläufig. Wenn wir jedoch mit eigenen Worten beschreiben sollen, was ein Computer oder auch ein Rechner ist, werden wohl die meisten von uns zuerst einmal passen oder höchstens den Ablauf einer Computer-/Rechnertätigkeit beschreiben können.

Es ist in der Tat auch für viele Fachleute nicht ganz einfach, mit wenigen Worten verständlich zu erläutern, was ein Computer bzw. ein Rechner ist. Die bereits angesprochene deutsche Übersetzung für Computer mit Rechner oder Elektronenrechner ist eigentlich viel zu bescheiden gefasst. Sie ist nach dem Stand der Entwicklung für neuere Geräte viel zu knapp, denn die heutigen Computer können viel mehr als nur „rechnen".

Es ist kennzeichnend für die heutige Computertechnik, dass nicht nur Zahlen (nummerische Ausdrücke) verarbeitet werden können. Dies konnten Rechenmaschinen auch schon vor vielen Jahrzehnten. Computer verarbeiten heute u.a. auch beliebige Texte, also alphanummerische Ausdrücke. Darüber hinaus übernehmen sie viele andere Aufgaben, bei denen in irgendeiner Form der **Ablauf** eines Vorganges nach **vorgegebenen Regeln** zu steuern ist.

Vergleichen wir den Computer mit einem Menschen, stellen wir fest, dass der Mensch über seine Sinnesorgane „Signale" aufnimmt. Er bekommt Informationen, die im Gehirn entweder gespeichert, mit anderen Informationen verknüpft oder verarbeitet werden.

Dem Computer/Rechner geht es ähnlich. Ihm werden von der Tastatur oder einem anderen Eingabemedium elektrische Eingangssignale zugeleitet, die er entsprechend der ihm gegebenen Programmierung in Ausgangssignale umwandelt, z.B. zur Ansteuerung eines Bildschirmgerätes oder eines Außenelementes.

Die Entwicklung der Datenverarbeitung setzte in den dreißiger Jahren des 20. Jahrhunderts mit der Notwendigkeit ein, wiederkehrende Routine**berechnungen** elegant zu erledigen. In den Kriegswirren des Jahres 1941 nahm die „Deutsche Versuchsanstalt für Luftfahrt" den elektromechanischen Rechner „Z3" des Wissenschaftlers Konrad Zuse in Betrieb. Dieser Rechner der 0. Generation bezog sein Programm über einen gelochten Kinofilm und konnte pro Sekunde bis zu 20 Rechenoperationen ausführen.

Der deutsche Ausdruck „Rechner" blieb, bis amerikanische Entwickler mehr und mehr das deutsche Wort „rechnen" durch das englische Wort „compute" ersetzten.

In bestimmten Industriezweigen blieb für die Datenverarbeitung bis heute der Maschinenausdruck „Rechner" bestehen und zwar mit der Überlegung, hierunter nicht (wie vor beschrieben) ein vielseitiges System zu verstehen, sondern eine auf ein besonderes Einsatzgebiet ausgerichtete Datenverarbeitungsanlage (z.B. für den Bahnbetrieb).

Der Rechner – wie auch der Computer – besteht aus fünf Funktionseinheiten (Abbildung 2):
- dem Speicher,
- dem Steuerwerk,
- dem Rechenwerk sowie
- den Ein- und Ausgabeeinheiten.

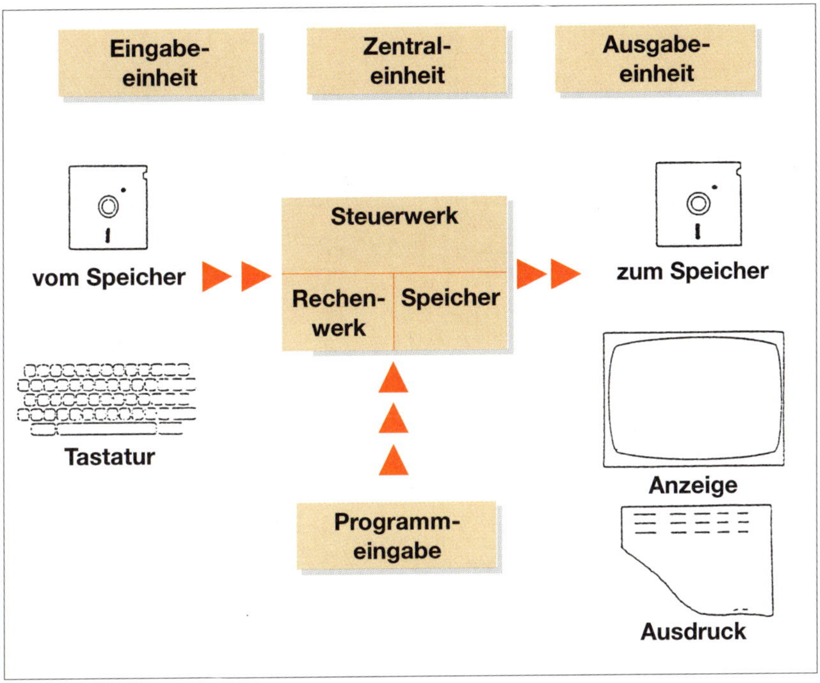

Abbildung 2: Die Hauptgruppe eines Computers/Rechners – die Hardware.

Wie bereits in Abschnitt 1.1 beschrieben, hat sich das Relais in den letzten Jahrzehnten als technischer Standard in den Signalanlagen entwickelt. Man erlebte sogar eine ständige Weiterentwicklung dieses Bausteins. Ablöser in der Informationsverarbeitung sowie der Steuerungs- und Regelungstechnik wurden nach und nach neue elektronische Bauelemente. Die technische Entwicklung führte in mehreren Schritten vom Relais zum Mikroprozessor, so dass „die Innereien“ einer Stellwerksanlage ein völlig neues Aussehen bekamen (Abbildung 3).

Der Mikroprozessor ist der Baustein, der zur Steuerung und Verarbeitung von Daten eingesetzt wird. Er ist die Zentraleinheit eines jeden Rechners und wird mit CPU – Central Processing Unit – bezeichnet. In ihm läuft die gesamte Programmverarbeitung ab. Der Prozessor stellt die eigentliche „Intelligenz“ – wenn man dies so bezeichnen darf – im Mikrocomputer dar und beinhaltet in der Hauptsache die Arbeitsregister sowie das Steuer- und Rechenwerk. Durch ihn erhält zum Beispiel das Steuerwerk seine Anweisungen aus dem Programm, interpretiert sie und gibt sie an das Rechenwerk weiter. Es werden verschiedene Operationen und Vergleiche ausgeführt. Um diese Aufgaben erfüllen zu können, sind auf einem sogenannten „Chip“ (englisch = Span/Schnipsel) durch besondere Fertigungsverfahren tausende von herkömmlichen Schaltungen untergebracht, die in kleinsten Abgrenzungen für ein umfangreiches Arbeitsvolumen zur Verfügung stehen.

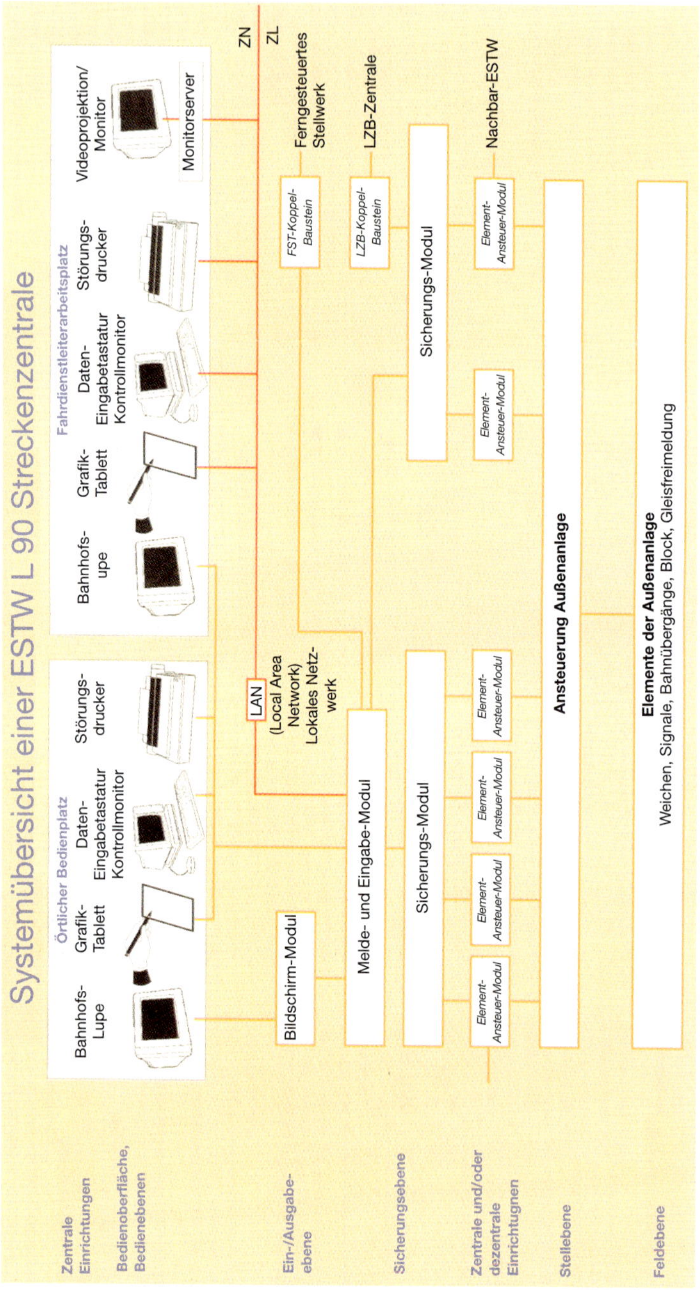

Abbildung 3: Systemübersicht einer ESTW L 90 Streckenzentrale.

Entsprechend den konstruktiven Überlegungen der Anbieter sind verschiedene Rechner- bzw. Prozessortypen auf dem Markt. Ihre Einordnung erfolgt nach der Leistungsfähigkeit. Merkmale sind unter anderem:

- Aufnahmekapazität des Arbeitsspeichers,
- Übertragungsfähigkeit der Daten- und Steuerleitungen (BUS-Systeme) und
- Schnelligkeit beim Bearbeiten von Informationen.

Der entscheidende Vorteil des Mikroprozessors ist, dass er erst durch extern gespeicherte Befehle für seine jeweilige Aufgabe programmiert wird. Mit dieser Programmierung kann dann die Gesamtfunktion der Schaltung schnell verändert werden. Dadurch lassen sich Mikroprozessoren sehr wirtschaftlich für viele Arten der digitalen Informationstechnik – und somit auch in der Signaltechnik – einsetzen.

Der große Vorteil liegt also in der Universalität, d.h. mit der programmierten Schaltung als Zentrale des betreffenden Systems kann eine Rechenanlage oder eine elektronische Steuerschaltung bei Bedarf auf einen anderen Anwendungsfall eingerichtet werden, so z.B. bei Veränderung von Fahrstraßenkombinationen. Dazu muss nur die Programmierung (Software) verändert werden; die Elektronik (Hardware) bleibt davon unberührt, soweit die Kapazitätsgrenze der Anlage nicht erreicht bzw. überschritten wird.

Mit dem Einsatz der Elektronik in der Signaltechnik sind auch Probleme aufgetreten. Diese Probleme werden hauptsächlich durch die rasche Weiterentwicklung der Elektronik aufgeworfen.

Die Dauer der Entwicklungszeit und der rasche technologische Fortschritt führen dazu, dass die signaltechnische Entwicklung zum Zeitpunkt der Inbetriebnahme in vielen Fällen bereits als überholt angesehen werden kann. Bei der raschen Folge der Innovationszyklen entsteht deshalb auch eine große Typenvielfalt der im Betrieb befindlichen Anlagen. Des Weiteren entstehen Probleme mit der Ersatzteilbeschaffung, wenn die wirtschaftliche Bedeutung bestimmter technischer Entwicklungsschritte nicht mehr gegeben ist. Der Weg, vor dem Auslaufen der Fertigung Bauelemente vorsorglich zu lagern, ist wegen der dadurch verursachten Kapitalbindung nur selten vertretbar.

Wenn Bauelemente oder Baugruppen nicht mehr beschafft werden können, ist die Neuentwicklung passender Bausteine auf der Basis der vorherrschenden Technologie oder der gesamten Anlage die mögliche Konsequenz.

Abschließend muss man jedoch feststellen, dass mit der neuen Technik leichter nachträgliche Veränderungen zu verwirklichen sind, als dies bei der herkömmlichen Relaistechnik möglich war. Dies ist sicherlich mit ein Grund, dass das Elektronische Stellwerk das Stellwerk mit Zukunft ist.

2. Die Rechneranlage

2.1 Allgemeines über Aufbau und Funktion der Rechner in einem Elektronischen Stellwerk

Die elektronischen Stellwerke der Siemens AG und Alcatel SEL AG erfüllen alle Anforderungen hinsichtlich Sicherheit, Verfügbarkeit und Funktionalität, wie sie an signaltechnische Einrichtungen für einen modernen Bahnbetrieb von der Deutschen Bahn AG gestellt werden. Die Mikrocomputertechnik liefert den Bedienern bei hohem Bedienkomfort viele unterstützende Funktionen für ihre verantwortungsvolle Tätigkeit und erleichtert die doch sehr komplexen Arbeitsabläufe wesentlich. Die Rechner der Elektronischen Stellwerke sind modular und hochverfügbar in der 2von3- oder 2x(2von2)- bzw. 2von2-Struktur sowie in der einfachen Rechnerstruktur aufgebaut. Die Firma ADtranz/Bombardier arbeitet an einer anderen Rechnerstruktur, die jedoch für den Einsatz bei der Deutschen Bahn AG vom Eisenbahn Bundesamt (EBA) noch nicht zugelassen ist.

Modular heißt in diesem Zusammenhang, dass jeder Funktionsblock als eine Einheit für sich verwirklicht ist. Dadurch wird einerseits der jeweilige Aufwand für Aufbau und Unterhaltung auf das Notwendige beschränkt, andererseits können neue Module problemlos auch in vorhandene Einrichtungen eingefügt werden.

Die „2von3-Struktur"
fordert, dass von 3 zur Verfügung stehenden Rechnern, die takt- und befehlssynchron arbeiten, 2 Rechner ein übereinstimmendes Ergebnis aufweisen müssen. In der Regel finden wir zwei übereinstimmende Rechnerergebnisse. Sollte dies nicht der Fall sein, kommt es zu einer Sicherheitsreaktion, die zur Telegrammwiederholung (Wiederholung des Rechenvorgangs) führt oder sogar zur Abschaltung des entsprechenden Moduls/Rechners.

Diese Philosophie soll nicht nur ein hohes Maß an Sicherheit bringen, sondern auch eine hohe Verfügbarkeit der Anlage, und dies ist ja im Eisenbahnbetrieb fast so wichtig wie die Sicherheit, garantieren.

Die 2x(2von2)-Struktur setzt folgende Philosophie um:
Es arbeiten ähnlich der 2von3-Struktur nun 2 Rechner takt- und befehlssynchron die gleichen Telegramme ab. Das Ergebnis wird ständig kontrolliert. Sollten die Rechner ungleiche Ergebnisse erarbeiten, wird auf das zweite Rechnerpaar umgeschaltet. Diese Rechner können entweder im „Standby-Betrieb", d.h. die Umschaltung läuft ohne spürbare Unterbrechung ab, oder im „Reserve-Betrieb" verwirklicht sein. „Reserve-Betrieb" bedeutet, dass erst nach Ausfall des Rechnerpaares 1 das Rechnerpaar 2 „hochgefahren" wird. Diese Aufrüstphase des Rechnerpaares 2 ist zeitlich von Rechner zu Rechner verschieden. Es kommt hierbei auf die Menge der

Daten an, die das Reservesystem von anderen Rechnern laden und vergleichen muss. Während der Aufrüstphase steht die Anlage zur Bedienung nicht zur Verfügung.

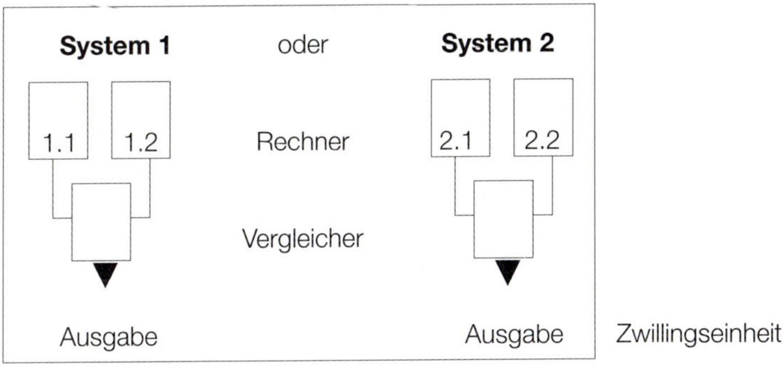

Abbildung 4: Schematische Darstellung der 2x(2von2)-Struktur.

Der Vorteil des „Standby-Betriebes" liegt sicherlich in der **schnellen** Verfügbarkeit des zweiten Rechnersystems. Deshalb wird diese Verfügbarkeit auch mit „heißer Reserve" umschrieben. Der „Reserve-Betrieb" – die „kalte Reserve" – hat seine Vorteile in der **hohen** Verfügbarkeit, d.h. das zweite Rechnersystem steht bei Ausfall des ersten Systems immer zur Verfügung und ist nicht durch eine Unstimmigkeit wie das erste System zufällig ausgefallen.

Die 2 von 2-Rechner
arbeiten wie die 2x(2von2)-Rechner – allerdings fehlt bei diesem System der Ausfallschutz.

Unter der einfachen Rechnerstruktur
versteht man den Umstand, dass nur ein Rechner mit und auch ohne Ausfallschutz zum Einsatz kommt.

2.2 Aufbau und Funktion der Siemens-Rechner

Die Rechner der Elektronischen Stellwerke der Siemens AG basieren auf dem sicheren Mikrocomputersystem SIMIS (**si**chere **Mi**krocomputer der **S**iemens AG). SIMIS-Rechner sind modular und hochverfügbar, wie bereits im Abschnitt 2.1 erklärt wurde, in der 2von3- oder der 2x(2von2)-Struktur aufgebaut.

In diesem Rechnersystem arbeiten im Wesentlichen die Rechnertypen:

- Bedien- und Anzeigerechner (BAR) und Kommunikationsserver (COM-Server)
  Zur Verarbeitung der Bedieneingaben und Aufbereitung der Informationen für die Anzeigen.

- Eingabe-, Kontroll- und Interpretationsrechner (EKIR)/Overhead-Rechner (OHR)
  Zur Speicherung anlagenspezifischer Daten und weiteren Bearbeitung der Bedieneingaben.
- Bereichsstellrechner (BSTR)
  Zur Einstellung, Überwachung und Auflösung der Fahrstraßen.
- Bedienanpassrechner (BAnpR)
  Zur Ansteuerung ausgelagerter Relaisstellwerke. Dieser Rechner wurde bei der Deutschen Bahn AG nur einmal im Bereich des ESTW Frankfurt Zentralstellwerk eingesetzt.
- Bedienplatzrechner (BPR)
  Zur Verwaltung der einzelnen Komponenten des Arbeitsplatzes bzw. der einzelnen Arbeitsplätze untereinander.

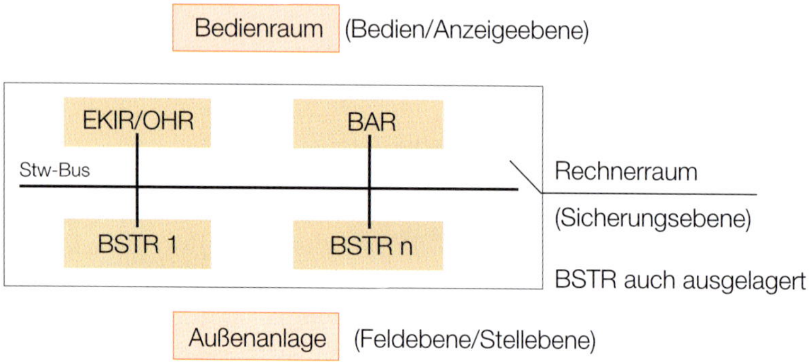

Abbildung 5: Schematische Darstellung des SIMIS-Prinzips mit den drei Rechnertypen EKIR, BAR und BSTR.

Das SIMIS-Prinzip

Mit zusätzlichen regelmäßig ablaufenden Prüfprogrammen wird kontrolliert, ob die Mikrocomputer ihre Aufgaben exakt ausführen. Eine zusätzliche Online-Prüfung aller Rechnerfunktionen mit Ergebnisvergleich sorgt dafür, dass sich auch zunächst noch verdeckte Ausfälle innerhalb einer Zeit von maximal 30 Minuten offenbaren. Im Elektronischen Stellwerk der Siemens AG werden Rechner der Bauart SIMIS C und SIMIS 3216 eingesetzt (Abbildung 6).

Alle Rechner der SIMIS-Reihe haben die gleiche Grundstruktur. Der SIMIS-Kern hat zwei bzw. drei Arten von Rechnerbusanschlüssen. Unter BUS verstehen wir die Verbindung der Rechner untereinander. Hieran lassen sich die speziellen Ein- und Ausgabebaugruppen, Baugruppen für Standardschnittstellen wie Monitore, Drukker, Tastatur usw. sowie Übertragungsbaugruppen für die Rechner-Rechner-Kommunikation anschließen.

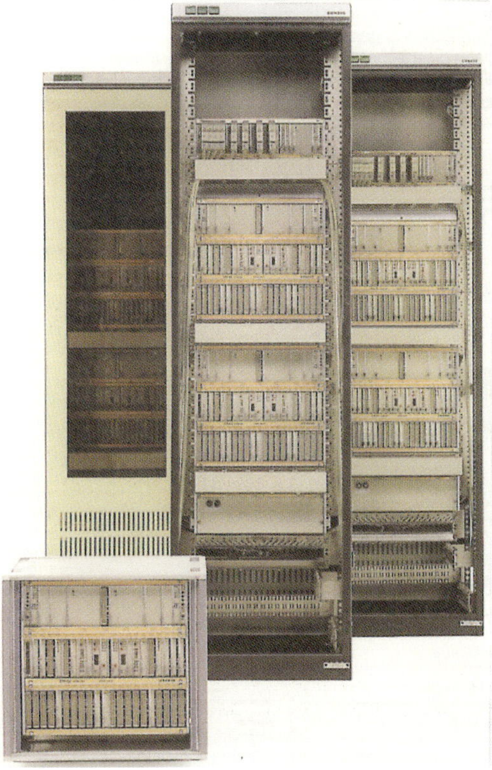

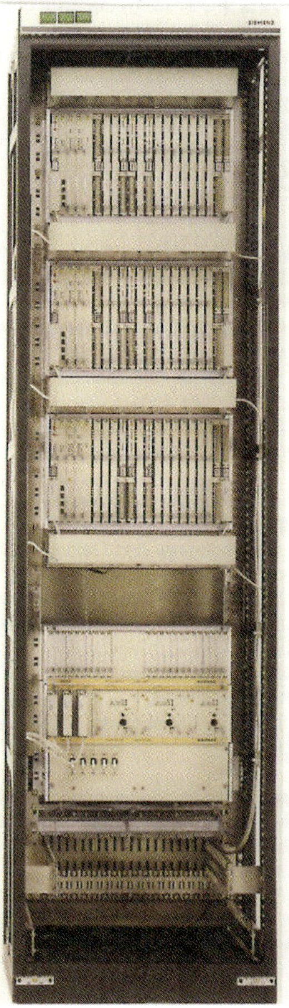

Bauart C Bauart 3216

Abbildung 6: Die Rechner der „SIMIS-Familie" nach Bauarten getrennt.

Der Bedien- und Anzeigerechner – BAR 16 – und der Kommunikationsserver

Der Bedien- und Anzeigerechner ist ein Rechner der Bauart SIMIS 3216 – 2von3-Philosophie. Er ist der sichere Partner des Bedienplatzsystems und verarbeitet die Bedieneingaben, prüft die Bedienzulässigkeit, führt die Fahrstraßenwahl aus und gibt die Bedienkommandos über den Stellwerks-BUS an den Eingabe-, Kontroll- und Interpretationsrechner bzw. Overheadrechner – kurz EKIR bzw. OHR genannt – weiter.

Ferner fordert er die Zustandsdaten der Elemente der Außenanlage an, verwaltet sie, übermittelt sie an andere Rechner und bereitet die Informationen für die Anzeige am Bedienplatz auf. Zur Kommunikation mit dem Bedienplatzrechner bedient er sich des Kommunikationsserver (COM-Server), der die Datentelegramme für die Anzeige umwandelt und externe Geräte (z.B. den Drucker) steuert. Der Kommunikationsserver ist nach einfacher Rechnerstruktur mit Ausfallschutz aufgebaut.

Aus der Sicht des Fahrdienstleiters ist der Bedien- und Anzeigerechner der Ansprechpartner seitens des Stellwerks im Rechnerraum.

● Der Eingabe-, Kontroll- und Interpretationsrechner – EKIR/ Overhead-Rechner – OHR

Der Eingabe-, Kontroll- und Interpretationsrechner – bei neueren Anlagen als Overhead-Rechner bezeichnet – ist ein Rechner der SIMIS-C – Bauart. Er arbeitet somit nach der 2x(2von2)-Konfiguration.

Seine wichtigsten Aufgaben sind:
- Speichern aller anlagespezifischen Daten.
- Aufrüsten der Bereichsstellrechner bei der Inbetriebnahme oder bei Wiederanlauf eines Rechners mit den anlagenspezifischen Daten, wie zum Beispiel den Elementadressen, der Bereichsaufteilung, den Nachbarelementbezeichnungen usw.
- Übernehmen und Bearbeiten der Bedienkommandos vom Bedien- und Anzeigerechner und anschließende Weitergabe der Kommandos zur Ausführung an die Bereichstellrechner.
- Bearbeiten der zählpflichtigen KF-Bedienhandlungen.
- Ausweisen der Störungsmeldungen auf dem Protokoll- und Störungsdrucker.
- Übergabe der Störungsmeldung an den BAR, damit diese dem Fahrdienstleiter am Bedienplatz (z.B. auf der Kommunikationsanzeige – KA) angezeigt wird.

● Der Bereichsstellrechner – BSTR

Bei dieser Einheit handelt es sich ebenfalls um einen Rechner der Bauart SIMIS-C. Auch er ist in der 2x(2von2)-Konfiguration aufgebaut. Seine wesentliche Aufgabe ist das Einstellen, Überwachen und Auflösen von Fahrstraßen. Hierzu überwacht er zyklisch die ordnungsgemäßen Funktionen aller Elemente der Außenanlage, wie zum Beispiel Weichen, Signale, Gleisfreimeldeeinrichtungen und die Stromversorgung. Man kann auch sagen, dass er das Stellwerk vor Ort darstellt, weil er in der Regel nicht im Elektronischen Stellwerk (Zentrale) untergebracht ist, sondern sich als „ausgelagerter Rechner“ bei der Bahnanlage, die er überwacht, befindet.

● Der Bedienanpassrechner – BAnpR

Der Bedienanpassrechner wird von der Siemens AG als Bindeglied zwischen einem Elektronischen Stellwerk und einem angeschlossenen Relaisstellwerk (RSTW) eingesetzt. Dieser Rechner – wie sein Name schon sagt – passt die Bedienkommandos vom Elektronischen Stellwerk an das Relaisstellwerk an. Er ist nach der 2von2-Philosophie aufgebaut und hat somit rechnerseitig keinen Ausfallschutz. Da das Relaisstellwerk jedoch im Ortsbetrieb jederzeit betrieben werden kann, ist ein

„Ausfallschutz“ in Form des alten Stellwerks vorhanden. Bereichsstellrechner und Bedienanpassrechner schließen sich somit gegenseitig aus.

Der Bedienplatzrechner – BPR

Der Bedienplatzrechner verbindet die einzelnen Komponenten des Arbeitsplatzes sowie die einzelnen Arbeitsplätze untereinander. Er ist in der Regel nur einfach aufgebaut, d.h. es gibt nur einen Rechner, der keinen Partner zum „Gegenrechnen“ hat. Die sicheren Anzeigemedien werden nicht von dem Bedienplatzrechner verwaltet. Diese Medien werden von der Sichtgerätedoppelschaltung – kurz als SIDOS bezeichnet – aufgeschaltet (Abbildung 7). Bei neueren Anlagen übernimmt der Kommunikationsserver – COM-Server – bzw. ein Referenzrechner die Aufbereitung der sicheren Anzeigen.

Abbildung 7: Systemübersicht des ESTW Hagen – Hersteller Siemens AG.

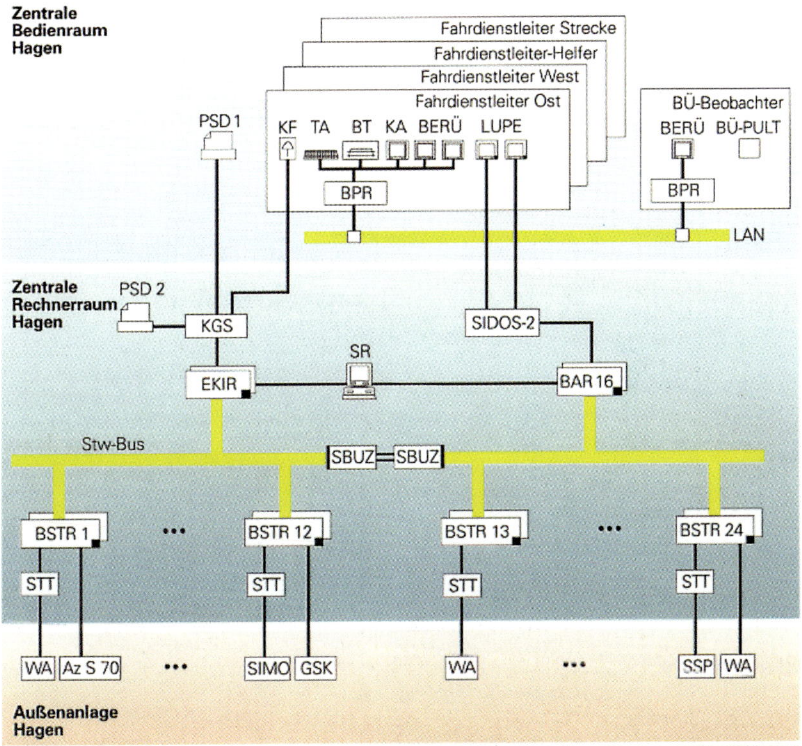

Az S 70	Achszählkreis	KA	Kommunikationsanzeigemonitor	SIDOS-2	Sichtgeräte-Doppelsteuerung
BAR 16	Bedien- und Anzeigerechner	KF	Kommandofreigabetaste	SIMO	Signalmodul
BERÜ	Bereichsübersichtsmonitor	KGS	Kommunikations-Geräte-Selektor	SR	Servicerechner
BPR	Bedienplatzrechner	LAN	Lokales Netz	SSP	Schlüsselsperre
BSTR	Bereichsstellrechner	LUPE	Lupenbildmonitor	STT	Stellteile
BT	Bedientablett	PSD	Protokoll- und Störungsdrucker	Stw-Bus	Stellwerksbus
EKIR	Eingabe-, Kontroll- und Interpretationsrechner	SBUZ	Stellwerksbus-Zentrale	TA	Tastatur
GSK	Gleisstromkreis			WA	Weichenantrieb

Erläuterungen zu den Abkürzungen in Abbildung 7:

Az S 70	*Achszählkreis Siemens 70* *Eine Überwachungseinrichtung der Gleisfreimeldeanlage.*
BAR 16	*Bedien- und Anzeigerechner* *Der zentrale Rechner im Siemensstellwerk.*
Berü	*Bereichsübersicht* *Die Grobübersicht des Stellbereiches – Anzeigemedium am Arbeitsplatz des Fahrdientsleiters.*
BPR	*Bedienplatzrechner* *Er verwaltet die einzelnen Komponenten des Arbeitsplatzes eines Fahrdienstleiters.*
BSTR	*Bereichsstellrechner* *Er ist als ausgelagerter Rechner "das Stellwerk" vor Ort.*
BT	*Bedientablett* *Das Eingabemedium älterer Elektronischer Stellwerke – gebaut bis 1999/2000.*
EKIR	*Eingabe-, Kontroll- und Interpretationsrechner* *Rechner, der die anlagenspezifischen Daten des Stellwerks verwaltet.*
GSK	*Gleisstromkreis* *Eine Überwachungseinrichtung der Gleisfreimeldeanlage.*
KA	*Kommunikationsanzeige* *Sie zeigt dem Fahrdienstleiter Systemzustände und Störungen an.*
KF	*KommandoFreigabe-Taste* *Gewisse Regelbedienungen und alle Hilfsbedienungen unterliegen der besonderen Freigabe durch den Fahrdienstleiter.*
KGS	*Kommunikations-Geräte-Selektor* *Selektiert die Daten für die einzelnen Ausgabegeräte.*
LAN	*Lokales Netz – Local area Network* *Lokales Netzwerk, über das Informationen ausgetauscht werden.*
LUPE	*Lupenmonitor* *Die sichere Anzeige im Stellwerk zur Bearbeitung von Unregelmäßigkeiten und Störungen.*
PSD	*Protokoll- und Störungsdrucker* *Dokumentiert wichtige Bedienungen und Störungen des Stellwerks.*
SBUZ	*Stellwerksbus-Zentrale* *Zentrale Verwaltung des Stellwerksbuses – Verbindung der einzelnen Rechnerkomponenten.*
SIDOS 2	*Sichtgeräte – Doppelsteuerung* *Bereitet die sicheren Anzeigen für die Lupenmonitore auf.*
SIMO	*Signalmodul* *Steuerung der Außensignale*
SR	*Servicerechner* *Rechner im Rechnerraum für die Fachkräfte "Leit- und Sicherungstechnik".*
SSP	*Schlüsselsperre* *Stellwerksabhängigkeit zur Außenanlage.*
SST	*Stellteile* *Verbindung zur Außenanlage.*
StwBUS	*Stellwerksbus* *Verbindung der einzelnen Rechnerkomponenten.*
TA	*Tastatur* *Die Tastatur dient zur Eingabe der Daten.*
WA	*Weichenantrieb* *Antrieb der beweglichen Teile einer Weiche.*

2.3 Aufbau und Funktion der Lorenz-Rechner – El L 90

Die Firma Alcatel SEL AG setzt bei den sicherheitsrelevanten Modulen – Modul bezeichnet in diesem Zusammenhang den Rechner – SELMIS ein. SELMIS steht für „**SEL Mi**krorechner-**S**ystem“ und wurde wie auch SIMIS speziell für den Einsatz in der Bahntechnik von der Firma Lorenz entwickelt. Es basiert ebenfalls auf den unter 2.1 beschriebenen Philosophien. Die Bezeichnung El L 90 bedeutet „Elektronisches Stellwerk der Firma Lorenz Entwicklungsjahr 1990.

Im Wesentlichen kennt man hier das Melde- und Eingabe-Modul – abgekürzt MEM, das Sicherungs-Modul – kurz SM – und das Element-Ansteuer-Modul – auch EAM. Des Weiteren wird Ihnen das Bildschirm-Modul – BM – (nur bei älteren Elektronischen Stellwerken vorhanden), der Arbeitsplatzrechner – APR – und die ISA – integrierte sichere Anzeige – erläutert.

Die Module im El L 90

- **Melde- und Eingabe-Modul (MEM)**

Das Melde- und Eingabe-Modul stellt das Bindeglied zwischen der Bedienebene des Fahrdienstleiters und den Sicherungs-Modulen dar. Es ist nach der 2von3 Philosophie aufgebaut und in der Regel nur einmal auf einem Stellwerk vorhanden. Je nach Datenflussrichtung können sich die Aufgaben auf den Kommando- oder den Meldeweg aufteilen. Somit kennt das MEM alle Bedienkommandos und die Außenanlage ohne Veränderungen.

Aufgaben des Kommandoweges

Eine der Hauptaufgaben des Kommandoweges ist sicherlich die Übernahme der Bedienkommandos vom Bedienplatz der Fahrdienstleiter, die mittels Bedientablett oder auch anderen Bediengeräten (Maus oder Dateneingabetastatur) eingegeben werden. Die empfangenen Kommandos werden auf den Bahnhofslupen (über Bildschirm-Modul oder ISA) und den Bereichsübersichten angezeigt und auf Plausibilität überprüft. Unter Plausibilitätsprüfung versteht man, dass der Stellbefehl einmal von seiner Syntax (Reihenfolge) und zum anderen von seinen Objekten (Weichen, Signale usw.) richtig zusammengesetzt ist. Diese Überprüfung gliedert sich somit in die Format- und Objektprüfung. Nachdem die Überprüfung positiv abgeschlossen wurde, leitet das Melde- und Eingabe-Modul die zum Stellbefehl gehörende Kommandonummer an das entsprechende Sicherungs-Modul weiter.

Eine weitere wichtige Aufgabe des Melde- und Eingabe-Moduls besteht in der Steuerung des Protokoll- und Störungsdruckers bzw. des Dokumentationsrechners – Doku-Rechner. Ferner ist es für das Registrieren der Hilfsbedienungen zum einen auf dem Protokoll- und Störungsdrucker bzw. des Dokumentationsrechners und zum anderen durch die Zählung im Gesamtzählwerk verantwortlich. Der Doku-

Rechner speichert bei neueren Anlagen alle wichtigen Systemzustände und Bedienungen auf seiner Festplatte.

Als zusätzliche Aufgabe – nur bei älteren Elektronischen Stellwerken – ist die Überwachung der Bildschirm-Module – BM – zu nennen. Das Melde- und Eingabe-Modul ist für den Vergleich der BM-Rechner und somit letztendlich für die sichere Anzeige der Bahnhofslupen verantwortlich.

Aufgaben des Meldeweges
Unter den Aufgaben des Meldeweges verstehen wir im Wesentlichen den Datenfluss entgegengesetzt zum Kommandoweg, also die Weiterleitung der Daten, die über das Element-Ansteuer-Modul und das entsprechende Sicherungs-Modul von der Außenanlage gemeldet werden, an die Bedienebene des Fahrdienstleiters. Des Weiteren überwacht es die Meldekanäle der angeschlossenen Einheiten, wie zum Beispiel Protokoll- und Störungsdrucker und Bildschirmmodul.

● **Sicherungs-Modul (SM)**
Die Sicherungsebene im El L 90 bildet – wie der Name des Moduls es auch schon ausdrückt – das Sicherungs-Modul. Es dient als Bindeglied zwischen Melde- und Eingabe-Modul und den Element-Ansteuer-Modulen. Auch dieses Modul ist nach der 2von3 Konfiguration aufgebaut. Je nach Größe der Anlage sind mehrere dieser Sicherungs-Module in einem Elektronischen Stellwerk vorhanden.

In der Sicherungsebene des El L 90 werden die Fahrstraßenelemente und deren Verfügbarkeit für den Eisenbahnbetrieb überwacht. Neben dem Verschluss dieser Elemente wird bei der Fahrstraßeneinstellung auch die Überprüfung des Flankenschutzes, des Durchrutschweges und der Fahrstraßenfestlegung vorgenommen sowie die Fahrstraßenauflösung angestoßen. Jede Zustandsänderung einer Fahrstraße wird hier registriert und bei Abweichungen entsprechend reagiert.

Außerdem gehört die Überwachung sicherheitsrelevanter Zusatzinformationen, wie zum Beispiel die Einhaltung von Befahrbarkeitssperren, die Prüfung und die Zulassung von Hilfsbedienungen, die Sicherung von Nahstellbereichen sowie das Sperren und Entsperren der Weichenlaufkette zu den Aufgaben der Sicherungs-Module. Somit wird in diesem Modul die Zulässigkeit der vom Fahrdienstleiter eingegebenen Stellbefehle überwacht – Zulässigkeitsprüfung.

● **Element-Ansteuer-Modul (EAM)**
Das Element-Ansteuer-Modul nimmt die Ansteuerung der Außenanlage vor. Auch dieses Modul ist nach dem Prinzip 2von3 aufgebaut. Es bildet wie der Bereichsstellrechner der Siemens AG das eigentliche Stellwerk vor Ort. Deshalb ist es auch sehr oft als „ausgelagerter Rechner" nicht im Elektronischen Stellwerk – sprich in der Zentrale – sondern bei den zu stellenden Bahnanlagen angeordnet.

Dazu übernimmt es die Daten vom Sicherungs-Modul und gibt sie weiter an die Außenanlage. Es sorgt ferner für die Rückgabe der „Außendaten" an das Sicherungs-Modul. Es überwacht auch die Stromversorgung und den Weichenlauf. Die Überwachung der Signale, die Signalbildkontrolle (Signalbildkombinationen) und die Sofortreaktion auf Verfälschungen von Signalbildern gehören ebenfalls zu den Aufgaben des Element-Ansteuer-Moduls.

Bildschirm-Modul (BM)

Das Bildschirm-Modul ist auf älteren Elektronischen Stellwerken installiert und wurde durch die integrierte sichere Anzeige – ISA – abgelöst. Die Aufgabe dieses Moduls ist es, für die Visualisierung der Meldebilder auf den Bahnhofslupen zu sorgen. Dazu erhält es vom Melde- und Eingabe-Modul die Daten, bereitet diese Daten zu Meldebildern auf und gibt sie an die Bahnhofslupen weiter.

Da das eigentliche Eingabe- und Anzeigemedium des Fahrdienstleiters im Regelbetrieb die Bereichsübersicht sein soll, ist das Bildschirm-Modul eine Recheneinheit im Gesamtsystem, die ohne eine bestimmte Logik aufgebaut ist – einfache Rechnerkonfiguration. Bei Ausfall dieses Systems sind in den Elektronischen Stellwerken dieser Bauart nur noch Bedienungen anhand der Bereichsübersicht möglich.

Arbeitsplatzrechner (APR)

Der Arbeitsplatzrechner steuert die einzelnen Komponenten der Bedienoberfläche. Er ist ein Rechner, der bei den ersten Elektronischen Lorenz-Stellwerken nur einfach ausgelegt war. Bei Ausfall dieses Rechners konnte ein Fahrdienstleiter mit seiner Dateneingabetastatur (DET) direkt Stellbefehle an das Melde- und Eingabe-Modul geben. Dies machte jedoch die Bediengeschwindigkeit des Stellwerks langsamer. Aus diesem Grund installierte man etwa ab 1995 diesen Rechner mit Ausfallschutz, d.h. man legte ihn doppelt aus.

Neuere Elektronische Stellwerke werden mit integrierter sicherer Anzeige – ISA – ausgelegt. Dies bedeutet, dass auch die Anzeige auf der Bereichsübersicht als signaltechnisch sicher gilt. Dazu arbeitet der Arbeitsplatzrechner, der nun auch für den Aufbau der Anzeigen auf der Bahnhofslupe und der Bereichsübersicht verantwortlich ist, mit einem Prüf-Monitor-Server (PrüfMOS) sowie den verschiedenen Monitorservern (MOS) – wie früher auch schon – am Arbeitsplatz des Fahrdienstleiters zusammen. Das besondere an diesem Prüf-Monitor-Server ist, dass er Fehlinformationen an den Arbeitsplatzrechner gibt und kontrolliert, ob diese Fehlinformationen von diesem Rechner offenbart werden. Ist dies nicht der Fall, ist die sichere Anzeige nicht mehr gewährleistet und nur noch Regelbedienungen im Stellwerk möglich.

Eine Übersicht der Rechner finden Sie in Abbildung 8a und 8b.

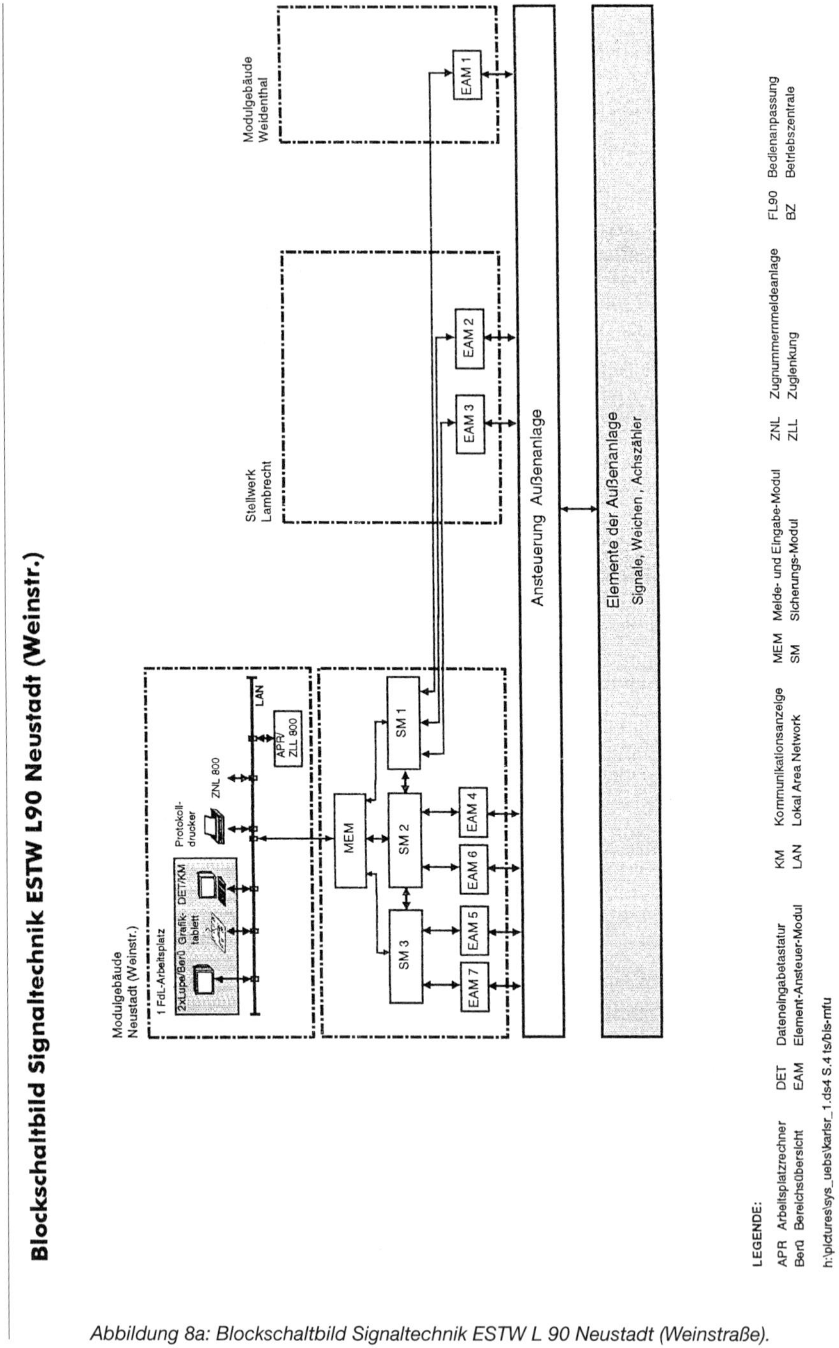

Abbildung 8a: Blockschaltbild Signaltechnik ESTW L 90 Neustadt (Weinstraße).

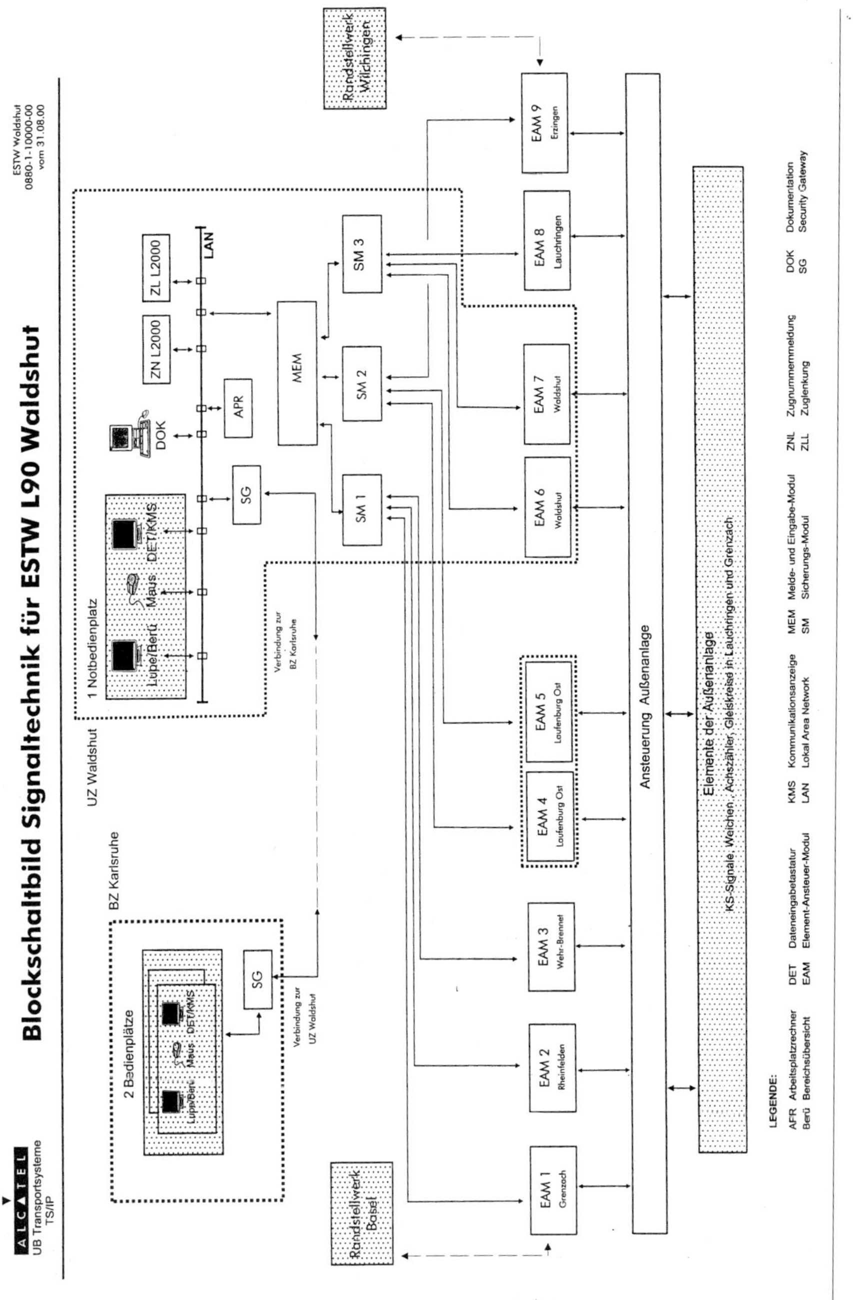

Abbildung 8b: Blockschaltbild Signaltechnik ESTW L 90 Waldshut.

3. Die Stromversorgung

3.1 Grundsätzliche Anforderungen an die Stromversorgung

Die Verfügbarkeit der Stellwerke der Deutschen Bahn AG ist für die Betriebssicherheit und Pünktlichkeit des gesamten Eisenbahnbetriebes wesentlich verantwortlich. Mit der Entwicklung der verschiedenen Stellwerkstypen – angefangen mit dem elektromechanischen Stellwerk – kommt der Elektrotechnik eine stetig wachsende Bedeutung zu. Je komplexer die Regel- und Steuerfunktionen werden, um so wichtiger wird es, dass diese Komponenten auch zuverlässig arbeiten sowie verfügbar sind. Konnte man sich bei konventioneller Stellwerkstechnik noch einen Ausfall der Stromversorgung für einige Minuten „leisten“, so ist dies bei den modernen Elektronischen Stellwerken der Deutschen Bahn AG aufgrund technischer Zwangspunkte (z.B. bei der Rechneranlage) nicht mehr möglich. Es muss, soweit dies wirtschaftlich zu vertreten ist, zu jedem Zeitpunkt eine ausreichende Versorgung mit elektrischer Energie gewährleistet sein. Die Stromversorgung der Energieversorgungsunternehmen (EVU) mit ihrer sehr hohen Zuverlässigkeit kann dieser Anforderung allein nicht genügen. Bereits das notwendige Auslösen einer Sicherung bei einem Kurzschluss oder Blitzeinschlag würde den Betriebsablauf der Deutschen Bahn AG erheblich beeinträchtigen.

Man muss hier geeignete Maßnahmen treffen, um einer solchen, zeitlich begrenzten Unterbrechung, begegnen zu können. Es muss also eine Energieversorgungsanlage für gewisse Komponenten des Stellwerks vorgehalten werden, die jeden Netzausfall überbrücken kann. Eine dieser Komponenten ist die Rechneranlage, die für ihr Funktionieren kontinuierlich mit Strom versorgt werden muss. Eine solche Versorgung mit elektrischer Energie bezeichnet man als unterbrechungsfreie Stromversorgung (USV). Lüfter, Weichen oder Signale hingegen können durchaus für kurze Zeit spannungslos werden. Ziel ist es, im Stellwerk Einrichtungen vorzuhalten, die bei Bedarf die notwendigen Stromkreise weiter mit elektrischer Energie versorgen. Hierzu eignen sich Batterien und Netzersatzaggregate sehr gut.

3.2 Die Stromversorgung des Elektronischen Stellwerks

Vom örtlichen Energieversorgungsunternehmen werden im Regelfall 400 Volt Drehstrom mit einer Frequenz von 50 Hertz (Hz) geliefert.

Dieses Stromsystem ist jedoch nicht für alle Verbraucher innerhalb der Stellwerksanlage geeignet. Die interne DB-Stromversorgungseinrichtung hat nun die Aufgabe, die erforderlichen Stromarten, Spannungen und Frequenzen herzustellen, um die verschiedenen Verbrauchergruppen dann mit elektrischer Energie versorgen zu können.

Der leistungsstärkste Verbraucher im Stellwerksbereich ist der Weichenantrieb. Er benötigt 400 Volt Drehstrom mit einer Frequenz von 50 Hertz.

Signale werden mit 230 Volt Wechselstrom und ebenfalls 50 Hertz im Betrieb der Tagspannung versorgt. Am Signal wird diese Spannung auf 12 Volt transformiert. Da die Signale bei Dunkelheit etwas schwächer geschaltet werden – nachts sieht der Triebfahrzeugführer die Lichtpunkte besser, somit brauchen die Lichtpunkte nicht so hell zu leuchten –, werden die Signale bei Dunkelheit nur mit 145 Volt 50 Hertz versorgt. Der Transformator am Signal gibt in diesem Fall 8 Volt an die Lichtpunkte weiter.

Die Gleisstromkreise werden auch mit 230 Volt Wechselstrom gespeist. Da dieser Strom durch den Schienenstrang im Gleis fließt und dort auf elektrisch betriebenen Strecken bereits der Triebrückstrom mit 16 2/3/16,7 Hertz fließt, wurde als Frequenz des Stromes für die Gleisstromkreise 100 Hertz gewählt, um eine sichere Unterscheidung zu 16 2/3/16,7 Hertz vornehmen zu können. Zur 100 Hz-Erzeugung werden Wechselrichter oder Frequenzwandler eingesetzt.

Ein weiterer Wechselstromverbraucher im Elektronischen Stellwerk ist der Bedienplatz der Fahrdienstleiter mit den angeschlossenen Geräten, wie zum Beispiel der Protokoll- und Störungsdrucker.

Gleichstromverbraucher im Stellwerk sind die Achszähler, die Rechner und die Relaisanlage. Die Rechneranlage wird mit 5 bis 24 Volt gespeist. Gleichrichter in Verbindung mit entsprechenden Transformatoren werden dazu eingesetzt, dass wir den vom Energieversorgungsunternehmen bezogenen Wechselstrom auf die benötigte Gleichspannung ändern können.

Der Energiespeicher zur Überbrückung von Netzausfällen ist die 60-Volt-Batterie. Sie versorgt das Stellwerk bei Netzausfall mit elektrischer Energie, bis die Netzersatzanlage – dies ist in der Regel ein Dieselmotor – die Versorgung des Stellwerks übernommen hat.

Die ordnungsgemäße Energieversorgung wird dem Fahrdienstleiter auf der Bahnhofslupe in der Sammelmelderzeile mit einem gelb bzw. grün leuchtenden „EV"-Melder (EV = Energieversorgung) angezeigt. In Abbildung 9 ist die Energieversorgung im Überblick dargestellt.

Fällt die Energieversorgung seitens der Energieversorgungsunternehmen aus, übernimmt die Batterie (Bleiakkumulator) unterbrechungsfrei die Energieversorgung der 60-Volt-Verbraucher. 230-Volt-Verbraucher werden je nach Erfordernis unterbrechungsfrei (z.B. Bedienplatz) oder mit Lücke (z.B. Weiche) weiterversorgt.

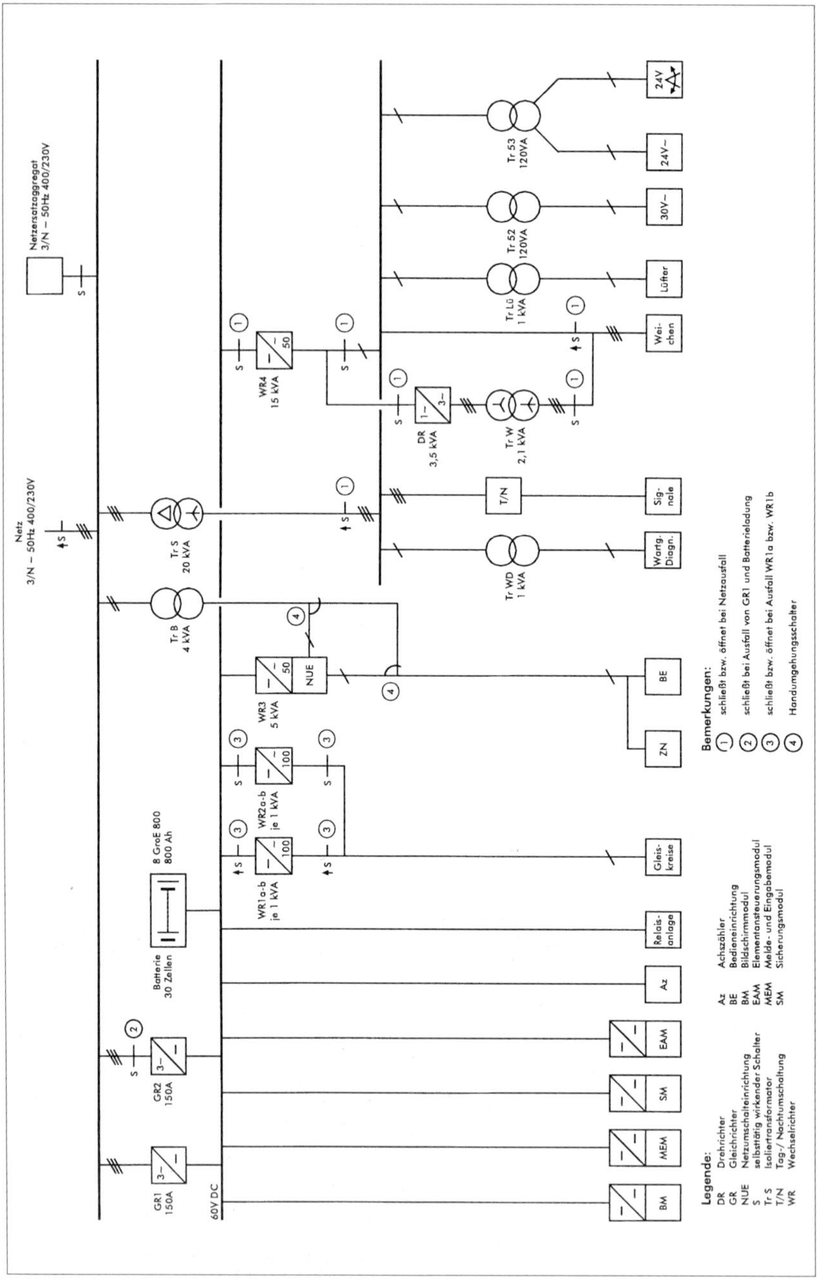

Abbildung 9: Übersicht der Energieversorgung des Elektronischen Stellwerks in Bingen (Rhein).

Vergleicht man die Energie, die in 50 kg Benzin gespeichert ist, mit dem Energieinhalt eines vollgeladenen Bleiakkumulators, so müsste dieser 30 Tonnen wiegen, um den gleichen Energiewert aufzuweisen. Die Batterien können demzufolge nur eine Lösung für einen eng gesteckten Zeitraum sein. Sie werden im „Standby-Betrieb" betrieben. Diese Batterien werden über eine Ladeautomatik ständig auf voller Kapazität gehalten bzw. nach Netzausfall wieder geladen (Abbildung 10). Zur Wiederaufladung schaltet die Ladeautomatik in die Starkladestufe (72 Volt = 2,4 Volt/Zelle), um schneller wieder die volle Einsatzbereitschaft der Batterie gewährleisten zu können. Nach Abschluss der Ladung wird automatisch wieder auf Ladeerhaltung (66,9 Volt = 2,23 Volt/Zelle) zurückgeschaltet.

Diese Batterien können mit den nachgeschalteten Gleich-, Wechsel- und Umrichter für die projektierte Batteriereservezeit (30 Minuten, 1 Stunde oder 3 Stunden) ausreichend Energie zur Verfügung stellen. Die Dauer der Verfügbarkeit des Stellwerks während des Batteriebetriebes hängt im Wesentlichen von der Handlungsweise des Fahrdienstleiters ab. Ist es erforderlich, dass in dieser Phase viele Weichen umlaufen müssen, werden die Batterien sehr schnell erschöpft sein. Dies ist auf den Umstand zurückzuführen, dass der Weichenantrieb mit seinem 400 Volt Drehstrommotor beim Umstellvorgang eine große Menge Energie verbraucht. Weichen laufen im Batteriebetrieb des Stellwerks nur noch durch Einzelumstellung um – der automatische Umlauf der Weiche bei der Fahrstraßeneinstellung bedingt durch die Weichenlaufkette wird von der Technik unterdrückt.

Abbildung 10: Die Batterieanlage des Elektronischen Stellwerks Bingen (Rhein).

Da man nie weiß, wie lange die Netzspannung ausfällt, wird gleich nach einem Netzausfall automatisch das mit einem Dieselmotor angetriebene Netzersatzaggregat angelassen, welches dann die Versorgung des Stellwerks mit Drehstrom übernimmt. Für den Start des Aggregates werden im Durchschnitt 10 – 15 Sekunden benötigt.

Sollte aus irgendeinem Grund das Netzersatzaggregat nicht nach dem dritten Startversuch die Versorgung übernommen haben, werden die Startversuche eingestellt und "Störung Netzersatz" gemeldet.

Noch einige Gedanken zum Einsatz eines Netzersatzaggregates. Es werden stationäre (fest in einem Stellwerk installiert) und mobile (als LKW-Anhänger fahrbar) Netzersatzaggregate eingesetzt. Kleinere Bahnanlagen (auch ausgelagerte Rechner) mit einfachen betrieblichen Verhältnissen rechtfertigen oft den Einsatz eines fest installierten Netzersatzaggregates aus wirtschaftlicher Sicht nicht. In diesen Fällen wird die Batterieanlage zur Überbrückung einer längeren Zeit (gedacht ist an drei Stunden) ausgelegt. Für mehrere solcher Stellen wird für längere Netzausfälle dann ein fahrbares Netzersatzaggregat vorgehalten. Abbildung 11 zeigt das stationäre Netzersatzaggregat des Elektronischen Stellwerks Bingen (Rhein).

Abbildung 11: Das Netzersatzaggregat des Elektronischen Stellwerks Bingen (Rhein).

Das Netzersatzaggregat liefert nach dem Anlaufen des Motors dann die benötigten 400 Volt/50 Hertz. Es ist in der Lage, das Stellwerk für einen Zeitraum von mindestens zwei Tagen vollständig mit elektrischer Energie zu versorgen. Mit dem Funktionieren dieser Einrichtung stellt somit ein Netzausfall noch keine Störung der Energieversorgung in einem Stellwerk dar.

3.3 Rückfallebenen

Man unterscheidet bei einem Elektronischen Stellwerk zwischen
- Netzausfall,
- Störung der Energieversorgung und
- Ausfall der Energieversorgung.

Die Siemens AG spezifiziert dies noch in
- Ausfall des Signalnetzes,
- Ausfall des Weichennetzes und
- Ausfall des Gleisnetzes.

Netzausfall

Unter Netzausfall verstehen wir die Umstände, dass eine zu hohe, zu niedrige oder keine Spannung vom Energieversorgungsunternehmen bereitgestellt wird. Die zugelassenen Toleranzen werden durch die Netzüberwachung kontrolliert. Die Phasenüberwachung stellt vor dem Wiedereinschalten die richtige Phasenfolge des Drehstromnetzes fest und lässt nur bei einem Rechtsdrehfeld die Versorgung aus dem EVU-Netz zu. Nur so ist sichergestellt, dass alle Drehstromverbraucher ordnungsgemäß arbeiten und keine Schäden entstehen.

Diese vier Möglichkeiten des Netzausfalles stellen lediglich einen Fehler in der Stromversorgung dar, weil die interne Stromversorgung einen uneingeschränkten Weiterbetrieb des Stellwerks sicherstellt. Die Außenanlage wird über Transformatoren – galvanisch getrennt vom EVU-Netz – erdfrei mit elektrischer Energie gespeist. Kommt es in dieser Anlage zu einem Erdschluss, so ist die Anlage in ihrer Funktion noch nicht eingeschränkt. Der Erd- und Gestellschlussmelder (Abbildung 12) zeigt dem Fahrdienstleiter auf seinen Anzeigemedien den Fehler an. Der Fahrdienstleiter merkt sich die letzten Bedienungshandlungen vor Eintritt des Fehlers und kann so den Entstörungsdienst bei seiner Fehlersuche unterstützen. Wie alle betriebswichtigen Anlageteile ist also auch die Versorgung der Außenanlage mit elektrischer Energie so aufgebaut, dass erst ein zweiter Fehler zum Ausfall der Anlage führen kann.

Abbildung 12:

Der Erd- und Gestellschlussmelder des Elektronischen Stellwerks Bingen (Rhein).

Störung der Energieversorgung

Eine Störung der Energieversorgung liegt vor, wenn das Netzersatzaggregat nach einem Netzausfall nicht startet, die Umschaltung der Signale auf Tag-/Nachtspannung nicht erfolgt oder im Batteriebetrieb ein Wechselrichter nicht arbeitet.

Wenn das Netzersatzaggregat nicht startet, muss nach Ablauf der Batteriereservezeit mit dem Ausfall der gesamten Stellwerksanlage gerechnet werden. Alle Stellvorgänge – besonders die, die einen hohen Energieverbrauch mit sich bringen – sind auf das geringst notwendige Maß zu beschränken. Die mit der Instandhaltung beauftragte Stelle ist dann sofort zu verständigen.

Wenn die Tag-/Nachtumschaltung der Signale unwirksam ist, müssen die Triebfahrzeugführer hiervon in Kenntnis gesetzt werden, so dass diese sich entsprechend den Sichtverhältnissen verhalten können.

Bei einer Störung der Batteriedauerladung ist der Betrieb erst nach Ablauf der Batteriereservezeit betroffen. Bedingt durch das Fehlen von Netz- bzw. Netzersatzspannung oder Ausfall von mindestens zwei Gleichrichtern, wird die Batterie nicht mehr geladen. Irgendwann wird die Batterie entladen sein und steht zur Überbrükkung eines Netzausfalles bis zum Anlaufen des Netzersatzaggregates nicht mehr zur Verfügung. Die Folge wäre, Ausfall der Anlage für diese Zeit.

In Abhängigkeit davon, welcher Wechselrichter im Batteriebetrieb gestört ist, können die Gleisstromkreise stromlos werden oder die Zugnummernmeldeanlage bzw. die Bedieneinrichtungen ausfallen.

Ausfall der Energieversorgung

Ist nach einem Netzausfall das Netzersatzaggregat nicht gestartet und sind die Batterien erschöpft, kommt es zu einem totalen Ausfall der Energieversorgung.

Bei Ausfall der Energieversorgung besteht die Gefahr, dass ein Zug ein dunkles Signal überfährt. Um dem entgegen zu wirken, muss der Fahrdienstleiter die Züge in seinem Stellbereich vorher zum Halten bringen und deren Standort festhalten. Zugverkehr kann nur noch im Rahmen eines Zugnotprogramms durchgeführt werden.

3.4 Anzeigen für den Fahrdienstleiter während der einzelnen Phasen der Stromversorgung

Die einzelnen Betriebszustände der Energieversorgung werden dem Fahrdienstleiter auf der Bahnhofslupe im oberen bzw. bei mausbedienten Stellwerken im unteren Bereich angezeigt. Die Anzeige

EV

in Ruhelicht signalisiert dem Fahrdienstleiter die ordnungsgemäße Energieversorgung aus dem Netz des Energieversorgungsunternehmen. Bei neueren Anlagen leuchtet die Anzeige grün.

Wechselt die Anzeige in gelbes Blinklicht, bedeutet dies, dass die Stromversorgung über das öffentliche Netz ausgefallen ist – Netzausfall. Es besteht jedoch eine gesicherte Stromversorgung über die Batterien bzw. über das Netzersatzaggregat.

Ein rot blinkender „EV"-Melder ist die Anzeige für eine gestörte Stromversorgung. Die Art der Störung wird dem Fahrdienstleiter auf dem Bild 2 des Kontrollmonitors bzw. der Kommunikationsanzeige angezeigt und auf dem Protokoll- und Störungsdrucker ausgedruckt bzw. im Doku-Rechner gespeichert. Wechselt bei Batteriebetrieb und gestörtem Netzersatzaggregat der Melder

EV

in Ruhelicht, kann die Batterie die Energieversorgung des Stellwerks nur noch für wenige Minuten übernehmen. Die Energieversorgung fällt dann vollständig aus.

Spätestens zu diesem Zeitpunkt sollte sich der Fahrdienstleiter den Standort der Züge im betroffenen Bereich merken. Ein Betrieb wird bis zur Rückkehr der Netzspannung bzw. bis zum Start des Netzersatzaggregates nur nach Zugnotprogramm durchführbar sein.

Bei neueren Anlagen wechselt das Blinklicht jeweils nach dem Quittieren des Fehlers/der Störung in Ruhelicht. Eine Zusammenfassung der Unregelmäßigkeiten, mit den entsprechenden Meldungen, Auswirkungen und den vom Fahrdienstleiter zu treffenden Maßnahmen ist in der Abbildung 13 dargestellt.

Unregelmäßigkeit		**Meldung**	**Auswirkung**	**Maßnahmen**
Fehler in der Energieversorgung	DC-Wandler/ Gleichrichter gestört	Melder EV blinkt gelb/rot	Dauerladung der Batterie gestört	Instandhaltungspersonal während der Arbeitszeit verständigen
	Netzausfall	Melder EV blinkt gelb	Weichen können nur einzeln gestellt werden	Bei längerem Ausfall Instandhaltungspersonal verständigen
Störung der Energieversorgung	Netzersatzgerät gestört	Störsummer ertönt und Melder EV blinkt rot	Kurzfristiger Ausfall der Anlage	Instandhaltungspersonal sofort verständigen
	Tag-Nachtumschaltung gestört	Störsummer ertönt und Melder EV blinkt rot	Die Umschaltung der Signale ist nicht erfolgt	Instandhaltungspersonal sofort verständigen Triebfahrzeugpersonal unterrichten
	Wechselrichter gestört	Störsummer ertönt und Melder EV blinkt rot	Die Wechselstrom verbraucher können im Batteriebetrieb nicht mit Energie versorgt werden	Instandhaltungspersonal sofort verständigen
Ausfall der Energieversorgung	Batterien sind entladen und keine weiter Energiequelle vorhanden	Störsummer ertönt und EV Melder zeigt rotes Dauerlicht	Das Stellwerk fällt in wenigen Minuten aus	Züge zum Halten bringen

Abbildung 13: Übersicht: „Unregelmäßigkeiten in der Stromversorgung“.

4. Die Bedienebene

4.1 Der Fahrdienstleiterarbeitsplatz

Der Arbeitsplatz des Fahrdienstleiters in einem Elektronischen Stellwerk – auch als Bedienebene bezeichnet – sieht dem eines herkömmlichen Stellwerkes kaum noch ähnlich. Die für Stellwerke der ersten Generation (mechanische Stellwerke) so charakteristischen Hebelbänke fehlen ebenso wie die tastenbedienten Stelltische der Relaisstellwerke. Mit seinen Geräten und deren Anordnung erinnert der Arbeitsplatz im Elektronischen Stellwerk eher an einen modernen Büroarbeitsplatz (Abbildung 14).

Die Gestaltung des Arbeitsplatzes wird mit folgenden Bedien- und Anzeigeelementen (Grundausbau) vorgenommen:

1. Dateneingabetastatur
2. Bedientablett (nur bei älteren Elektronischen Stellwerken)
3. Bereichsübersicht
4. Bahnhofslupe

Abbildung 14:
Der Bedienplatz des Fahrdienstleiters des Elektronischen Stellwerks Offenbach Ost.

5. Kontrollmonitor/Kommunikationsanzeige
6. Protokoll- und Störungsdrucker
7. Kommandofreigabe-Taste
8. Maus (nur bei neueren Elektronischen Stellwerken anstelle des Bedientabletts bzw. der Dateneingabetastatur)

Zur Ausstattung eines Elektronischen Stellwerks gehört selbstverständlich auch ein Allfernsprechgerät. Hier wurde überwiegend das Digitale Kommunikationssystem 210 (kurz DIKOS 210) eingesetzt, welches in den 80er Jahren als Bahnfunk 80 – BF 80 – entwickelt wurde (Abbildung 15).

Neuerdings setzt die Deutsche Bahn AG eine neue Telekommunikationsanlage – TK 2002 auch TKA 2002 abgekürzt – ein. Diese TK 2002 ist das Kommunikationssystem, mit dem die Betriebszentralen arbeiten (Abbildung 16).

Es handelt sich hierbei um eine bildschirmgestützte Telekommunikation. Der Bildschirm des Telekommunikationssystems ist identisch mit den anderen Bildschirmen und integriert sich somit sehr gut in den Arbeitsplatz einer Betriebszentrale (BZ) (Abbildung 17).

Zusätzliche Geräte, wie zum Beispiel Bahnübergangs-Überwachungsmonitore können den Arbeitsplatz des örtlich zuständigen Fahrdienstleiters vervollständigen.

Abbildung 15: Die DIKOS 210-Anlage des Elektronischen Stellwerks Offenbach Ost.

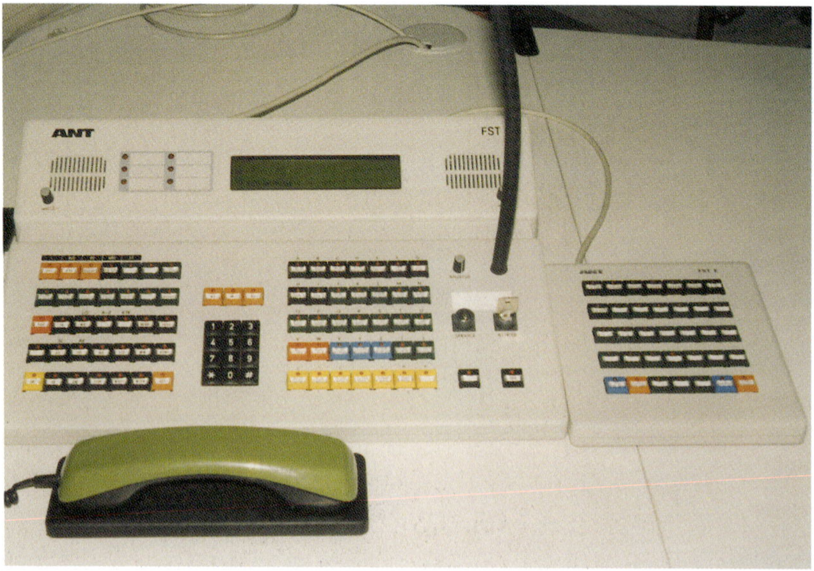

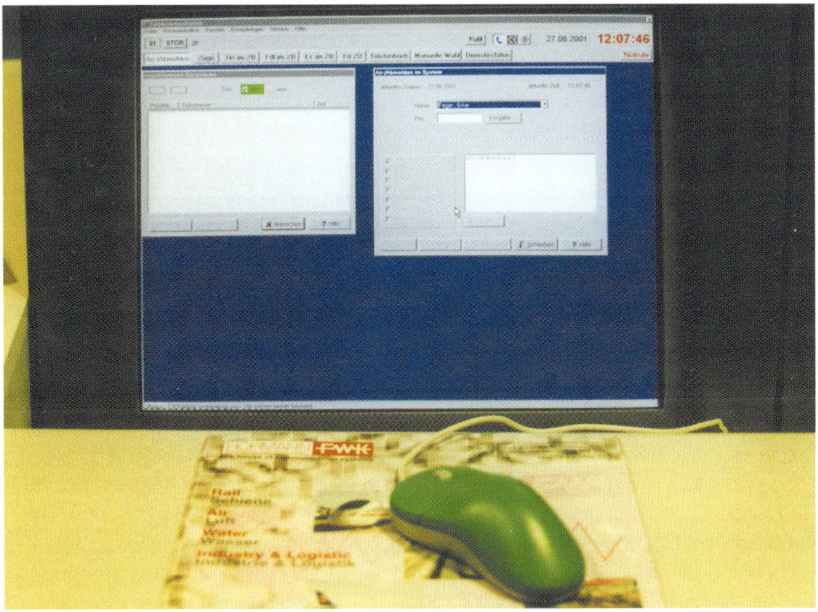

Abbildung 16: Das bildschirmgestützte Telekommunikationssystem – TK 2002.

Abbildung 17: Der Aufbau eines BZ-Arbeitsplatzes – ESTW Waldshut.

Seit der Inbetriebnahme des ersten Elektronischen Stellwerks sind nun weit über zehn Jahre verstrichen. Innerhalb dieser Zeit hat sich der Bedienplatz des Fahrdienstleiters sehr verändert. Die ersten Elektronischen Stellwerke konnten nur mit einer Tastatur – einer sogenannten Dateneingabetastatur – bedient werden. Da die Bedienung des Stellwerks über Tastatur sehr zeitaufwendig war, entwickelten die Hersteller das Bedientablett. Mit der Einführung des Bedientabletts – auch als Grafiktablett oder Grafiktableau bezeichnet – wurde die Eingabe der Bedienkommandos einfacher und somit bedienerfreundlicher. Einer der Nachteile des Bedientabletts liegt in der Eingabe der Bedienkommandos. Der Fahrdienstleiter schaut nach jeder Eingabe vom Bedientablett auf den Monitor, um zu kontrollieren, ob seine Eingabe von den Rechnern registriert wurde und demzufolge auf den Monitoren angezeigt wird. Die daraus resultierende Kopfbewegung ist auf Dauer sehr lästig.

Die Entwicklung blieb jedoch an diesem Punkt nicht stehen. Elektronische Stellwerke neuester Generation werden mittels Mausklick bedient. Bei diesen Stellwerken entfällt nun diese Kopfbewegung. Ferner führen diese Arbeitsplätze innerhalb eines Steuerbezirkes der Betriebszentrale zu mehr Flexibilität, da nun die Stellbereiche nicht mehr an den entsprechenden „Stelltisch" (Arbeitsplatz) gebunden sind. Denn je nach Größe der zu bedienenden Bahnanlage kann das Elektronische Stellwerk mehrere Arbeitsplätze umfassen. Die ab 1999/2000 in Betrieb genommenen Elektronischen Stellwerke werden in den Betriebszentralen installiert und dort zu Steuerbezirken zusammengefasst. In einem Steuerbezirk werden wiederum mehrere Elektronische Stellwerke (unbesetzte ESTW-Zentralen = Unterzentralen der Betriebszentrale) eines zusammenhängenden Streckenbereiches integriert.

So umfasst z.B. der Steuerbezirk „Saar" in der Betriebszentrale Karlsruhe die Eisenbahnstrecke von Saarhölzbach (Saarstrecke) bis Limburgerhof (Pfalzstrecke) mit den Unterzentralen Dillingen (Saar), Saarbrücken Hbf mit Homburg (Saar), Einsiedlerhof und Neustadt (Weinstraße). Zwei dieser Unterzentralen (Homburg (Saar) und Neustadt (Weinstraße)) sind als Elektronische Stellwerke schon in Betrieb. Diese werden in absehbarer Zeit „hochgerüstet" und in die BZ Karlsruhe integriert. Die anderen werden danach sukzessive realisiert und dann direkt in der Betriebszentrale installiert.

Die Herstellerfirmen bezeichnen die ESTW-Arbeitsplätze je nach Ausstattung unterschiedlich. Die Siemens AG nennt ihre Arbeitsplätze, die mit Mausbedienung und sicherer Bereichsübersicht ausgestattet sind, BPS 901. BPS steht in diesem Zusammenhang für **Bedienplatzsystem**. Alle anderen Bedienplätze tragen die Bezeichnung BPS 900.

Bei der Alcatel SEL AG verhält es sich so ähnlich. Die Bezeichnung der älteren Stellwerke lautet El L 90. Hat ein Elektronisches Stellwerk eine sichere Bereichsübersicht wird die Bezeichnung durch „mit BO L ISA" ergänzt. Das Langwort für die Abkürzung lautet: „**B**edien**o**berfläche **L**orenz mit **i**ntegrierter **s**icherer **A**nzeige". Die neuen mausbedienten Stellwerke der Alcatel SEL AG tragen die Bezeichnung El L 90 mit BO L ISA 2. Die Bezeichnung 2 gibt den Entwicklungsstand der ISA an.

4.2 Die Dateneingabetastatur

Die Dateneingabetastatur (DET) dient bei neueren Elektronischen Stellwerken überwiegend zur Eingabe von Texten. Nur in Ausnahmefällen wird sie noch zur Eingabe von Stellbefehlen, wie dies bei den ersten Elektronischen Stellwerken üblich war, benutzt. Man kann sie auch als Rückfallebene zum Bedientablett bzw. zur Maus nur beschränkt einsetzen. Beschränkt deshalb, weil die Eingabe der Stellbefehle sehr zeitaufwendig ist und somit einer flüssigen Betriebsabwicklung entgegensteht. Die Herstellerfirmen unterschieden sich bis vor kurzer Zeit hinsichtlich der Umsetzung dieser Tastatur sehr.

Die Siemens AG hat sich von Beginn an für eine handelsübliche PC-Tastatur entschieden. Sie hat den Gedanken der Rückfallebene jedoch erst Ende der neunziger Jahre umgesetzt, indem den KF-Feldern 1 und 2 auf dem Bedientablett (siehe hierzu auch Abschnitt 4.8 – wichtige Bedienkommandos unterliegen einer besonderen **K**ommando**F**reigabe durch den Fahrdienstleiter) die Funktionstasten F6 und F9 (bei einigen Anlagen auch F10) auf der Dateneingabetastatur zugeordnet wurden. Diese F-Tasten sind in Verbindung mit der STRG-/Alt-Taste zu bedienen.

Nachstehend ist eine solche Dateneingabetastatur mit der entsprechenden Erläuterung der einzelnen Funktionstasten abgebildet (Abbildung 18).

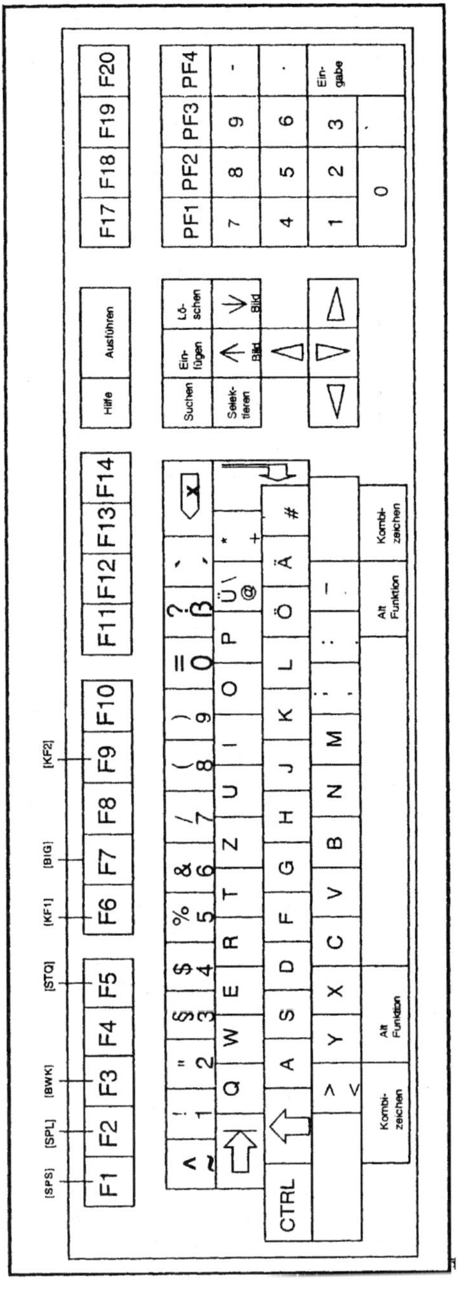

Abbildung 18: Die Dateneingabetastatur der Siemens AG.

Die Alcatel SEL AG hat anfänglich für ihre Elektronischen Stellwerke eine eigene Dateneingabetastatur entwickelt (Abbildung 19). Sie besteht aus

- dem alphanummerischen Tastenteil (vergleichbar mit der üblichen Schreibmaschine),
- dem für ein Elektronisches Stellwerk typischen Funktionstastenteil mit den schwarz unterlegten Tasten
  - LÖE (lösche EIN-Zeile),
  - LÖZ (lösche letztes Zeichen der EIN-Zeile),
  - VL (verarbeite den Stellbefehl und lösche ihn danach),
  - STOP (Schließvorgang am Bahnübergang stoppen),
  - HaGT (Signale auf Halt stellen),
  - BWL (Bildwechsel Lupe),
  - BWK (Bildwechsel Kontrollmonitor) und
- dem nummerischen Tastenfeld im rechten Bereich der Tastatur.

Abbildung 19: Die Dateneingabetastatur der Alcatel SEL AG.

Diese Dateneingabetastatur wird – wie man in Abbildung 19 erkennen kann – durch einen Schlüsselschalter wirksam geschaltet.

In mausbedienten Stellwerken werden nun auch von dieser Firma handelsübliche Tastaturen eingesetzt.

Die Dateneingabetastatur als Rückfallebene zum Bedientablett wurde von der Alcatel SEL AG anfänglich in vollem Umfang umgesetzt. Seit jedoch die KF-Taste durch die KF-Felder 1 und 2 auf dem Bedientablett ersetzt wurde, gilt bei Ausfall des Bedientabletts der Gedanke der Rückfallebene nur noch für Regelbedienungen ohne KF-Pflicht. Mit Einführung der mausbedienten Stellwerken tauschte die Alcatel SEL AG diese spezifischen Tastaturen gegen handelsübliche aus und ordnete – wie auch bei Stellwerken der Siemens AG – den Funktionstasten F6 und F9 die KF-Funktionen 1 und 2 zu. Somit ist der Gedanke der Rückfallebene auf diesen Stellwerken wieder in vollem Umfang gegeben.

4.3 Das Bedientablett

Das Bedientablett (BT) ist dort, wo es vorhanden ist, das eigentliche Eingabemedium des Fahrdienstleiters. Der überwiegende Teil der Elektronischen Stellwerke der Deutschen Bahn AG sind mit einem Bedientablett ausgestattet. Nur die ersten Elektronischen Stellwerke arbeiten mit Dateneingabetastatur und die neuesten sind mit Mausbedienung ausgestattet. Nach und nach sollen jedoch alle Elektronischen Stellwerke auf Mausbedienung hochgerüstet werden, um sie auch aus einer Betriebszentrale steuern zu können.

Das Bedientablett besteht aus einem Digitalisierungstablett und einer für den Bediener sichtbaren, farbigen Abdeckfolie, die eine grafische Abbildung des zu bedienenden Bereiches zeigt. Sie vermittelt dem Fahrdienstleiter ein wirklichkeitsähnliches Bild der zu überwachenden Gleis- und Signalanlagen. Da die Anzeigeeinrichtungen (Bilder auf den Bahnhofslupen und Bereichsübersichten) und die Bedieneinrichtung (hier das Bedientablett) voneinander getrennt sind, muss die Darstellung der Gleistopografie der Anzeige und der Bedienung topografisch ähnlich sein.

Jedem Element (wie zum Beispiel Gleis, Signal, Weiche usw.) der Bahnanlage sowie jeder erforderlichen Funktion (zur Steuerung der Signalanlage und der Dateneingabe für die Rechner) wird ein Bedienfeld auf dem Bedientablett mit je einer universellen, einheitlichen Funktion zugeordnet. Diese Bedienfelder kann man nach Innenfelder (Felder der Bahnanlage) und Außenfelder (Funktionsfelder) unterscheiden. Die Funktionsfelder sind entsprechend ihrer Zugehörigkeit in farbige Gruppenfelderblöcke übersichtlich im äußeren Bereich des Tabletts zusammengefasst. Die farbliche Hinterlegung ist entsprechend den herkömmlichen Stellwerken gewählt – rot für Signale, blau für Weichen, grün für Fahrstraßen, gelb für Bahnübergänge, grau für Streckenblock usw.. Gruppenfelderblöcke wenig benutzter Gruppenfelder sollen am oberen Rand des Bedientabletts angeordnet werden. Häufig benutzte sowie sehr wichtige Bedienfelder, wie zum Beispiel HaGT (Signal auf Halt stellen), V bzw. VL (verarbeite bzw. verarbeite und lösche das Bedienkommando), STQ (Störungsquittung) sollen größer als die anderen Bedienfelder im unteren Bereich des Bedientabletts projektiert werden (Abbildung 20).

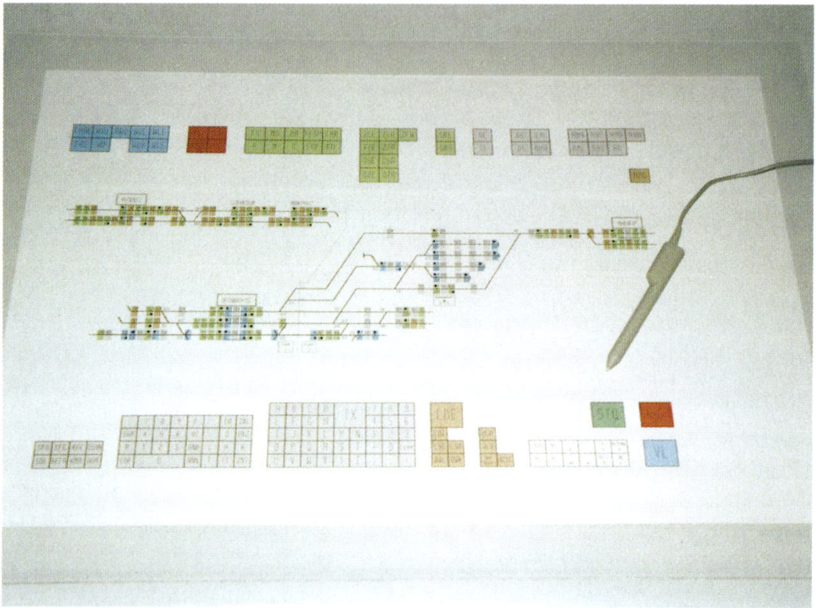

Abbildung 20: Das Bedientablett des Elektronischen Stellwerks Offenbach Ost.

Die wichtigen Felder (HaGT, STQ und VL bzw. V) sollen auch in der linken und rechten unteren Ecke gespiegelt dargestellt werden, damit für Rechts- und Linkshänder gleichermaßen eine einfache Bedienung sichergestellt ist (Abbildung 21).

Abbildung 21: Das Bedientablett des Elektronischen Stellwerks Bingen (Rhein).

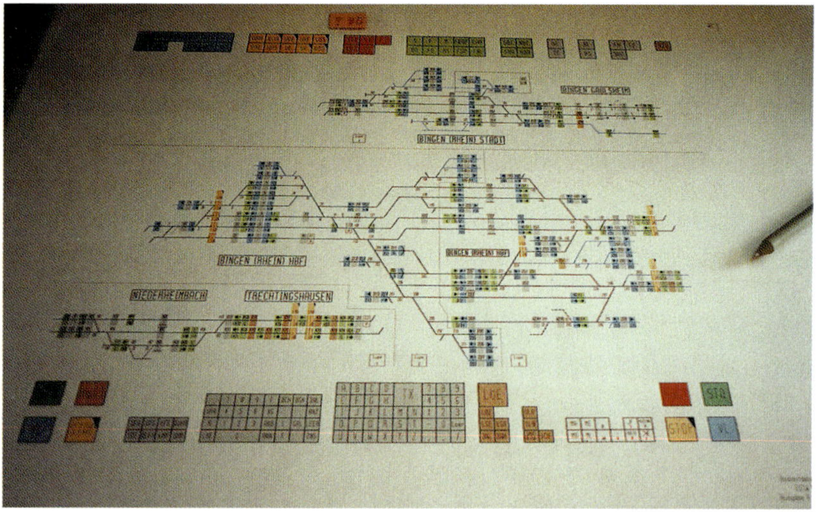

Die optimale Größe eines Bedienfeldes soll ein Regelmaß von 50 mm^2 nicht unterschreiten. Die kleinste Gesamtfläche eines Bedienfeldes, darunter versteht man die Fläche des Bedienfeldes zuzüglich des halben Zwischenraums zum nächsten Bedienfeld, soll daher mindestens 65 mm^2 groß sein – dies entspricht dann einem Bedienfeldabstand von 1 mm. Falls die Platzverhältnisse es jedoch nicht anders zulassen, darf die optimale Größe eines Bedienfeldes bis zu einer minimalen Größe von 30 mm^2 verkleinert werden. Die kleinste Gesamtfläche eines Bedienfeldes beträgt demzufolge 42 mm^2. In Höhe und Breite bedeutet dies bei rechteckiger Darstellung bezüglich der Gesamtfläche 4 mm x 7,5 mm bzw. gemessen mit Zwischenrand 5 mm x 8,5 mm. Hieran erkennen Sie, dass dies wirklich nur die Ausnahme sein kann. Die Schriftgröße ist bei einem Leseabstand von 60 cm auf mindestens 2,4 mm festgesetzt.

Die Eingabe der Stellbefehle per Bedientablett erfolgt bei der Siemens AG durch einen kabellosen Stift.

Die Alcatel SEL AG hat sich für einen mit dem Bedientablett durch ein Kabel verbundenen Bedienstift entschieden.

Auf dem Bedientablett sind jedoch nicht nur alle zu bedienenden Elemente und alle Steuerungsfunktionen für die Rechneranlage dargestellt. Zur Unterstützung des Bedieners sind auch weitere Hinweise visualisiert, wie zum Beispiel Bereichsübersichts- und Lupenbildgrenzen, Bahnsteige, Bezeichnungen der Betriebsstellen und vieles mehr.

Das Bedientablett ist in den Arbeitstisch des Fahrdienstleiters eingelassen oder bei älteren Stellwerken der Siemens AG auch schräg, in einem Neigungswinkel bis zu 10 Grad, in einem beweglichen Pult vor dem Fahrdienstleiter angeordnet. Bei einer Schräganordnung darf natürlich der Sehwinkel auf die Monitore nicht beeinträchtigt werden. Forderung seitens der Deutschen Bahn AG bzw. der Deutschen Bundesbahn war es, das Bedientablett flächenbündig in den Arbeitstisch des Fahrdienstleiters zu integrieren, damit das Bedientablett auch als Schreibfläche benutzt werden kann.

Die aktive Fläche eines Bedientabletts darf nicht breiter als 140 cm sein. Die Greifweite (Tiefe des Bedientabletts) soll 45 cm nicht überschreiten. Bedienfelder, die außerhalb dieser Greifweite dargestellt und bedient werden müssen, sind entsprechend größer darzustellen. Die Höhe dieser Bedienfelder richtet sich nach folgender Formel:

Greifweite : 53 = gesamte Bedienfeldhöhe.

Alle anderen Maße sind im gleichen Verhältnis wie die gesamte Bedienfeldhöhe zu vergrößern. Die Greifweite wird von der Tischkante aus gemessen.

4.4 Die Bereichsübersicht

Die Bereichsübersicht (Berü) stellt dem Fahrdienstleiter den gesamten Bedienbereich in der Regel auf maximal zwei 20-Zoll-Monitoren dar. Bei größeren Stellbereichen können auch mehrere Bereichsübersichtsbilder projektiert sein, von denen sich der Fahrdienstleiter je nach Bedarf verschiedene aufschalten kann. Bei neueren Elektronischen Stellwerken sind die Bereichsübersichten nicht mehr an bestimmte Monitore gebunden, sondern auf jeden Farbmonitor aufschaltbar. Durch die Bereichsübersicht soll erreicht werden, dass der Fahrdienstleiter sich schnell einen groben Überblick der Betriebslage in seinem Stellbereich verschaffen kann. Ferner dient sie dem Fahrdienstleiter dazu, den Regelbetrieb abzuwickeln.

Bei älteren Elektronischen Stellwerken ist die Anzeige der Bereichsübersicht „signaltechnisch nicht sicher". „Signaltechnisch sicher" bedeutet in diesem Zusammenhang, dass mindestens zwei voneinander unabhängige Systeme (Rechner) die Anzeige der Bereichsübersicht aufbereiten. Dies ist nur bei neueren Stellwerken der Fall. Im Elektronischen Stellwerk Magdeburg wurde bei der Deutschen Bahn AG die sichere Bereichsübersicht zum erstenmal eingesetzt. Gebaut wurde sie von der Siemens AG.

Da, wo die Bereichsübersicht nicht sicher ist, darf der Fahrdienstleiter sie für sicherheitsrelevante Feststellungen natürlich nicht auswerten. Trotz ihres geringen Informationsgehaltes genießt die Bereichsübersicht auch auf diesen Elektronischen Stellwerken einen relativ hohen Stellenwert bezüglich der Stellwerksbedienung. Denn auch dort ist sie für die Abwicklung des „Regelbetriebes" ausreichend und bietet dem Fahrdienstleiter bedingt durch die geringe und vereinfachte Anzeige den erforderlichen Überblick. Leider müssen bei diesen Stellwerken alle KF-pflichtigen Bedienhandlungen (siehe hierzu auch Abschnitt 4.8) mit aufgeschaltetem Lupenbild vorgenommen werden. Hierzu zählt unter anderem auch die Freimeldung eines Bahnübergangs. Dieser Umstand – Lupenbildaufschaltung bei relativ einfachen Bedienhandlungen – macht diese Generation der Elektronischen Stellwerke sehr träge (Abbildung 22).

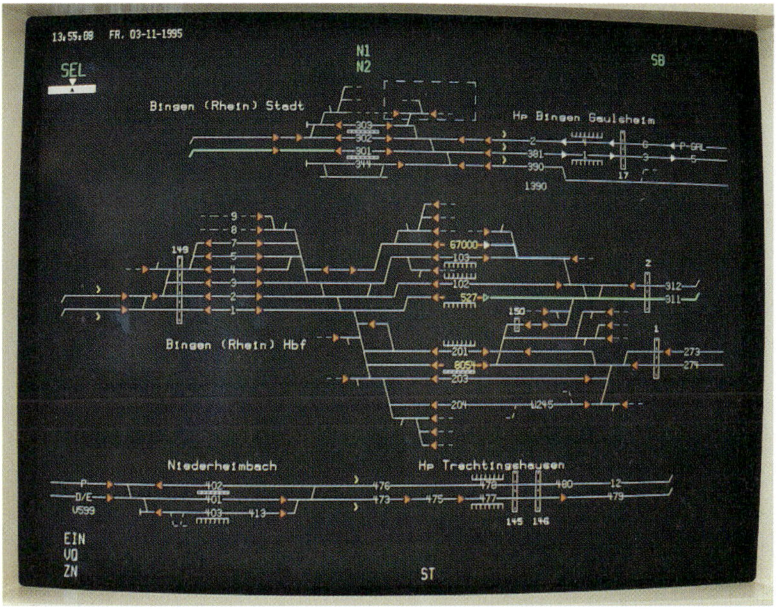

Abbildung 22: Die Bereichsübersicht des Elektronischen Stellwerks Bingen (Rhein).

Bei neueren Anlagen (Inbetriebnahme ab 1996) ist dieses Anzeigemedium „signaltechnisch sicher“. Dies bedeutet, dass nun eine Reihe von KF-pflichtigen Bedienhandlungen, die für den Fahrdienstleiter Regelbedienungen sind, nun mit Hilfe der Bereichsübersicht vorgenommen werden können. Hierzu zählen unter anderem das Zurücknehmen von Rangierstraßen, das Freimelden eines Bahnübergangs und das Einstellen von Fahrstraßen in Gleise ohne Oberleitung. Dies war eine sehr frühe Forderung der Bahn an das Elektronische Stellwerk, die die Herstellerfirmen jedoch erst sehr spät realisiert haben.

Man kann die Melder der Bereichsübersicht in Innen- und Außenmelder einteilen. Die Innenmelder stellen die zu bedienende Bahnanlage dar. Die Grundstellung der Gleise und Weichen ist die weiße bzw. bei neueren Anlagen die gelbe Ausleuchtung. Sind diese Elemente besetzt, sind sie rot dargestellt. Zugstraßen werden grün und Rangierstraßen blau ausgeleuchtet. Nach dem Bedienen des Start- und des Zielfeldes wird eine topografische Eingabekontrolle (Einrahmung des Fahrweges) angezeigt. Je nach Beanspruchung wird sie zwischen diesen beiden Elementen mit dem gewählten Durchrutschweg verschiedenfarbig (Zugstraße grün und Rangierstraße blau) angezeigt. Diese topografische Eingabekontrolle – auch Parallel- oder Vorschaulinie genannt – wird dem Fahrdienstleiter nur dargestellt, wenn die Fahrstraße dem Rechner bekannt ist. Ist die Fahrstraße nicht programmiert, wird nur das Start- und das Zielsymbol eingerahmt. Dies dient dem Fahrdienstleiter als erste

Eingabekontrolle. Interessant ist, dass sich der Fahrdienstleiter bei älteren Anlagen der Siemens AG die verschiedenen Durchrutschwege einer Zugstraße nacheinander einblenden lassen kann. Dies ist eine willkommene Eingabehilfe.

Die Signale werden als Dreiecke (bei Stellwerken nach Systemvertrag II auch als Fünf- oder Sechsecke) dargestellt (Signalmelder), wobei die Spitze stets die Fahrtrichtung angibt. Halt zeigende Signale sind als volle rote Dreiecke abgebildet. Dabei spielt es keine Rolle, ob es sich um ein Haupt- oder Sperrsignal handelt. Fahrt zeigende Hauptsignale werden grün ausgeleuchtet. Es wird dem Fahrdienstleiter jedoch nur der Fahrtbegriff und nicht die Signalstellung angezeigt. Somit kann der Fahrdienstleiter nicht zwischen Hp 1 und Hp 2 bzw. zwischen Ks 1 und Ks 2 unterscheiden. Dies ist auch im Regelbetrieb nicht erforderlich. Sh 1 bzw. Ra 12 und Kennlicht werden als weiße Dreiecke dargestellt. Wird an den Hauptsignalen der Selbststellbetrieb eingeschaltet, wechseln die Signalsymbole in hohle Dreiecke. Konnte eine Fahrstraße im Selbststellbetrieb nicht eingestellt werden, beginnt nach Ablauf einer fest definierten Zeit u.a. der Signalmelder zu blinken.

Um sich einen noch besseren Überblick zu verschaffen, kann der Fahrdienstleiter alle Lichtsperrsignale/Sperrsignale, die sich in Stellung Sh 0/Hp 0 befinden und nicht in eine Zugstraße eingebunden sind, ausblenden lassen.

Des Weiteren werden dem Fahrdienstleiter Gleisabschnittsbezeichnungen, Zugnummern und Bahnübergänge dargestellt. Am Bahnübergangsbezeichnungsfeld lassen sich die einzelnen Sicherungszustände und am Bahnübergangssymbol die einzelnen Betriebszustände erkennen.

Statische Anzeigen, wie zum Beispiel Bahnsteige und die Bezeichnung der einzelnen Betriebsstellen, vervollständigen die Ansicht im Innenbereich der Bereichsübersicht (Abbildung 23).

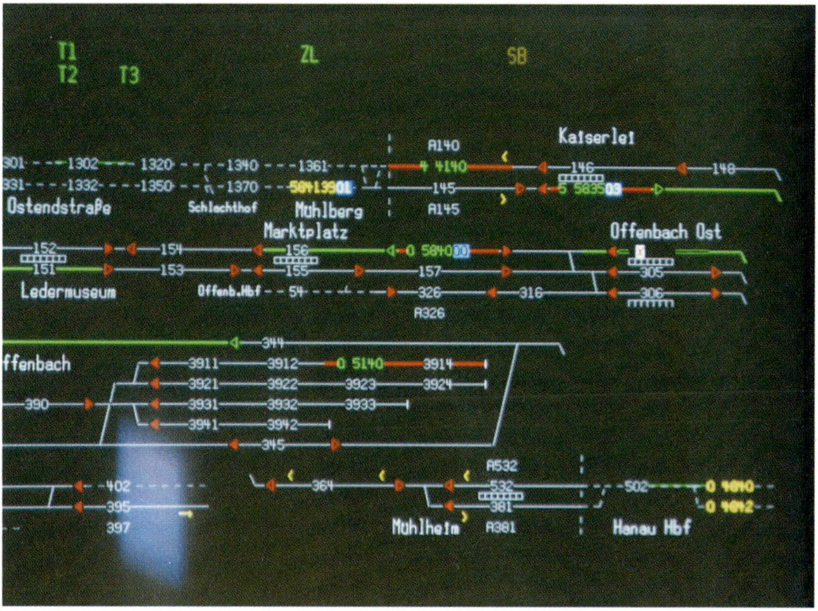

Abbildung 23: Die Bereichsübersicht des Elektronischen Stellwerks Offenbach Ost.

Im Außenbereich der Bereichsübersicht befindet sich bei stiftbedienten Elektronischen Stellwerken in der linken oberen Ecke des Monitors die „Melder der sicheren Anzeige". Bei Elektronischen Stellwerken ohne sichere Bereichsübersicht haben die Herstellerfirmen dort ihr Logo projektiert. Die „Melder der sicheren Anzeige" signalisieren dem Fahrdienstleiter, ob die Anzeige signaltechnisch sicher ist und somit vom Fahrdienstleiter ausgewertet werden darf. Des Weiteren ist rechts neben diesen Meldern das Datum, die Uhrzeit und die Bezeichnung der Bereichsübersicht eingeblendet. Direkt darunter befindet sich die Sammelmelderzeile. In ihr werden ausschließlich folgende Melder gezeigt:

- „T" bzw. „N" für die Tag-/Nachtschaltung der Signale. Sind mehrere Tag-/Nachtschaltung vorgesehen, werden diese mit fortlaufenden Ziffern, z.B. mit N1 beginnend, nummeriert.
- „SB" bzw. „ZL", wenn an mindestens einem Signal im gesamten Zuständigkeitsbereich der Selbststellbetrieb bzw. die Zuglenkung eingeschaltet ist.
- „EV" für die gesamte Energieversorgung des Stellbereiches (nur bei einigen Elektronischen Stellwerken).

Bei den über die Bereichsübersicht möglichen KF-pflichtigen Bedienungen wird dem Bediener nach der Bedienung des Verarbeitungsfeldes „V" bzw. „VL" unterhalb der Sammelmelderzeile ein Kontrolltext, in der Regel weiß auf rotem Hintergrund, angezeigt. Dieser Kontrolltext gibt nähere Hinweise zur KF-Bedienung.

Am unteren Rand des Monitors der Bereichsübersicht befindet sich die Eingabekontrollanzeige (EKA). Sie besteht aus den Zeilen „EIN“ für die Darstellung der eingegebenen Bedienkommandos, „VQ“ für die Verarbeitungsquittung, „ZN“ für Eingaben und Anzeigen der Zugnummernmeldeanlage und „ST“ für die Anzeige des Lupenbildes, auf dem eine eingetretene Störung, die noch nicht quittiert wurde, zu finden ist. Für die Quittierung der Störung muss das aktuelle Lupenbild aufgeschaltet werden. Dieser Hinweis ist schon deshalb notwendig, da in aller Regel weitere Handlungen notwendig werden, die das Aufschalten des Lupenbildes erforderlich machen. Ferner soll und muss sich ja auch der Fahrdienstleiter ein umfassendes Bild über die Art der Störung und die damit zusammenhängenden betrieblichen Auswirkungen machen – dies ist nur über die entsprechende Lupenbildanzeige möglich. Erst dann sollte der Fahrdienstleiter die Störung quittieren und die erforderlichen betrieblichen Maßnahmen treffen.

Die Anzeige der Bereichsübersicht eines mausbedienten Elektronischen Stellwerks ist etwas anders aufgebaut. Im oberen Teil des Monitors ist das Anzeigefenster – auch Berü-Bildfenster oder Berü-Bildbereich genannt – dargestellt, in dem die Bahnanlage abgebildet und bedient wird. Im unteren Teil der Anzeige befindet sich das Dialogfenster – auch Berü-Bedienfenster oder Berü-Bedienbereich genannt –, in dem die Melder für die „Sichere Anzeige“, die Bedienfelder (Verarbeiten, KF1, KF 2, Grundstellen, Rücknehmen und Abbrechen), die Zeile für den Kontrolltext der KF-Bedienungen, die Eingabekontrollanzeige mit der „EIN“-Zeile, der „VQ“-Zeile, der „ZN“-Zeile für die Zugnummerbedienung sowie der „ST“-Zeile, in der das Lupenbild mit einem gestörten Element angezeigt wird, angeordnet sind. Ferner können hier die tagesaktuellen Daten sowie die Berü-Bezeichnung angezeigt werden. Bei einem BZ-ESTW ist zusätzlich die Zeile Betriebs- und Störanzeige (BSA) und Meldung des Dialogmanager (MLD) angezeigt.

Nachfolgend sehen Sie die Bereichsübersichten mausbedienter Elektronischer Stellwerke der Siemens AG und Alcatel SEL AG im Vergleich. Sie erkennen, dass zwischen den Darstellungen beider Firmen nur geringe Abweichungen existieren (Abbildungen 24a und b).

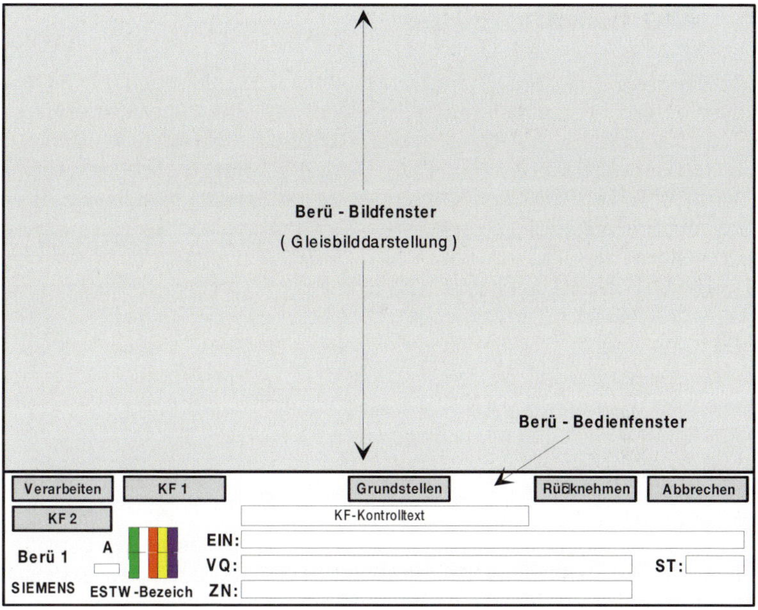

Abbildung 24a: Die Bereichsübersicht eines Elektronischen Stellwerks mit Mausbedienung der Siemens AG.

Abbildung 24b: Die Bereichsübersicht 1 des ESTW Waldshut.

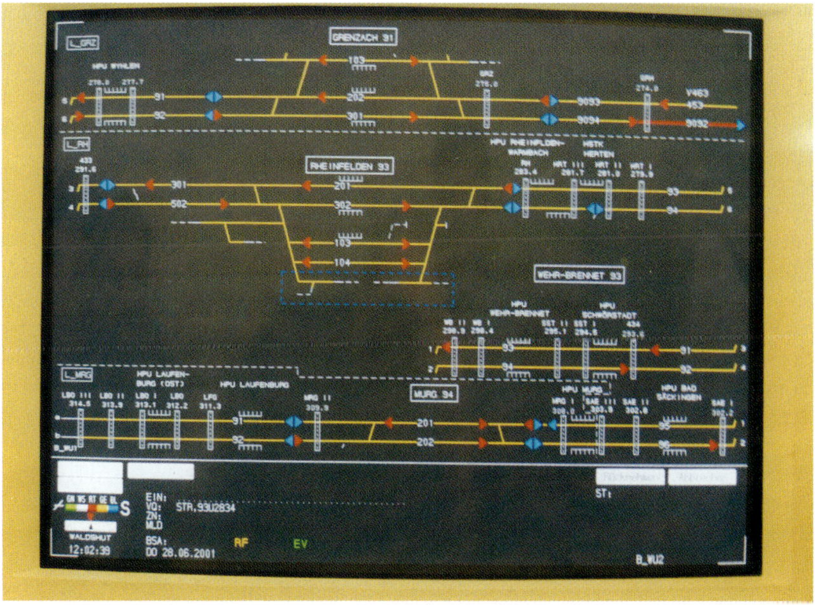

4.5 Die Bahnhofslupe

Die Anzeige der Bahnhofslupen (Farbmonitor oder Lupe) ist hinsichtlich der Meldeanzeigen vergleichbar mit dem Stelltisch oder der Stell- und Meldetafel eines Drucktastenstellwerks. Auf den ersten Elektronischen Stellwerken nannte man diesen Monitor auch Farbmonitor – FM. Der auf der Bereichsübersicht bzw. den Bereichsübersichten dargestellte Bedienbereich des Fahrdienstleiters wird in kleinere Stellbereiche aufgeteilt. Die einzelnen Stellbereiche können als Lupenbilder aufgeschaltet werden. Die Lupenbilder sind von ihrer Ausdehnung nicht veränderbar und werden fortlaufend nummeriert. Die Siemens AG vertritt die Philosophie, dass in einem Stellwerk mit mehreren Arbeitsplätzen ein Lupenbild insgesamt nur einmal aufgeschaltet werden kann – außer in Betriebszentralen. Bei Stellwerken des Herstellers Alcatel SEL AG kann jedes Lupenbild an jedem Arbeitsplatz gleichzeitig aufgeschaltet werden. Dies ist bei Störungen von Vorteil, wenn ein Fahrdienstleiter die Störung bearbeitet und ein anderer Fahrdienstleiter des gleichen Stellwerks die Abwicklung des sonstigen Zugverkehrs und weitere Bedienungshandlungen übernimmt.

Bei älteren Elektronischen Stellwerken sind je Arbeitsplatz bis zu zwei Lupenmonitore installiert. Bei den Lupenmonitoren handelt es sich wie bei der Bereichsübersicht in der Regel um 20-Zoll-Monitore. Ab Inbetriebnahme 1997/98 ist die Lupenbildaufschaltung nicht mehr monitorbezogen, d.h. Lupenbilder lassen sich auch auf den Monitoren der Bereichsübersicht und umgekehrt darstellen. Dies bringt dem Fahrdienstleiter mehr Flexibilität in außergewöhnlichen Situationen. Er kann sich zum Beispiel bei der Störungsbearbeitung nun drei Lupenbilder und eine Bereichsübersicht gleichzeitig aufschalten. So erhält er durch die „breite" Lupenansicht sehr viel Detailwissen und durch die Aufschaltung nur einer Bereichsübersicht doch den notwendigen Gesamtüberblick zur Abwicklung des Betriebes.

Die Lupenbilder zeigen im Innenbereich alle erforderlichen Detailangaben der Bahnanlage (Abbildung 25).

Gleisabschnitte werden gelb dargestellt. Diese Gelbausleuchtung bedeutet für den Fahrdienstleiter eine positive Freianzeige. Bei eingestellten Fahrstraßen wechselt die Ausleuchtung je nach Beanspruchung in grün (Zugstraße) oder blau (Rangierstraße). Besetzte Abschnitte werden rot dargestellt. Der Verschlussmelder der einzelnen Gleisbereiche leuchtet bei aktivem Verschluss in der Farbe der Beanspruchung. Ist der Verschluss nicht vorhanden, leuchtet der Verschlussmelder weiß. Die weiße Ausleuchtung auf der Bahnhofslupe hat generell für den Fahrdienstleiter keine Aussagekraft. Sie symbolisiert ihm lediglich die Möglichkeit einer Darstellung. Dies lässt sich gut am Beispiel einer Weiche verdeutlichen. Die Stellungsmelder einer Weiche werden weiß und gelb dargestellt. Der gelb ausgeleuchtete Zweig zeigt die Fahrmöglichkeit (ohne Auffahren der Weiche) über die Weiche an. Der andere Stellungsmelder (weiße Ausleuchtung) signalisiert dem Fahrdienstleiter, dass es hier eine Möglichkeit der Befahrung gibt, wenn die Weiche entsprechend umgestellt wird.

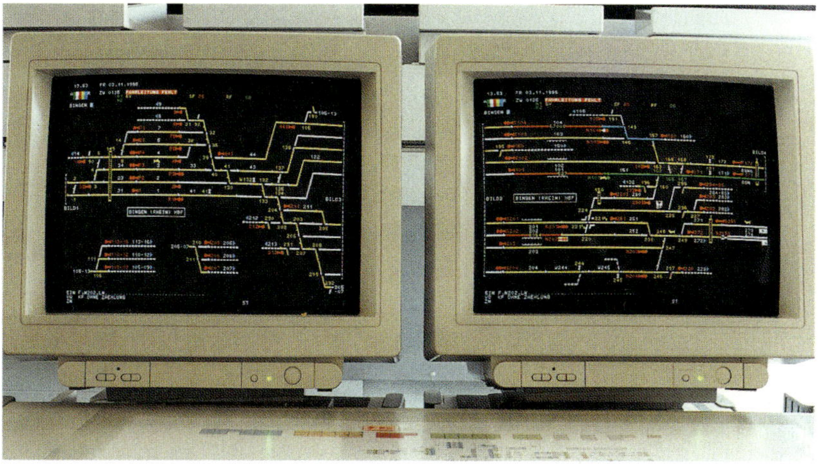

Abbildung 25: Zwei Lupenmonitore mit den Lupenbildern 2 und 3 des Elektronischen Stellwerks Bingen (Rhein).

Des Weiteren werden die wichtigen Lichtsignale der zu bedienenden Bahnanlage im Innenbereich des Monitors dargestellt. Lediglich einige Zusatzsignale, wie zum Beispiel Zs 6 – Gleiswechselanzeiger – werden auf der Bahnhofslupe in der Regel nicht dargestellt. Bei der Ausleuchtung der Signalsymbole bezüglich der Haupt- und Vorsignale wird dem Fahrdienstleiter entgegen der Bereichsübersicht auf der Lupe nicht nur die Fahrtstellung, sondern auch die entsprechende Signalstellung angezeigt. Allein an diesem Umstand lässt sich erkennen, dass die Bahnhofslupe für den Fahrdienstleiter das notwendige Anzeigemedium ist, um Unregelmäßigkeiten sicher zu bewältigen.

Darüber hinaus werden ähnlich der Bereichsübersicht auch auf der Bahnhofslupe zusätzliche Anzeigen wie zum Beispiel Bahnsteige, Standort des Stellwerks, Bahnübergänge, Bezeichnung der Betriebsstellen und vieles mehr angezeigt.

Um diese Melder des Innenbereiches herum befinden sich – ähnlich der Bereichsübersicht – die Außenmelder der Bahnhofslupe (stiftbediente Elektronische Stellwerke).

In der linken oberen Ecke befinden sich wie bei einer sicheren Bereichsübersicht die Melder der „sicheren Anzeige“. Daneben findet man die aktuellen Tagesdaten (Tag, Datum und Uhrzeit), Bezeichnung des Bedienplatzes und das Feld für die Darstellung des Kontrolltextes bei KF-pflichtigen Bedienungshandlungen. Diese Anzeigen sind analog der Bereichsübersicht.

Da Hilfsbedienungen nur mit entsprechend aufgeschaltetem Lupenbild möglich sind, wird die Registrierung dieser Handlungen auch nur auf der Bahnhofslupe vorgenommen. Die Registrierung einer solchen Handlung erfolgt unabhängig von dem Ausdruck auf dem Protokoll- und Störungsdrucker und dem Speichern in den Rechnern in einem Gesamtzählwerk, das direkt neben den Meldern für die „sichere Anzeige" angeordnet ist. Jede Hilfsbedienung wird hier gezählt und kann vom Fahrdienstleiter entweder auf dem Protokoll- und Störungsdrucker oder – bei Ausfall dieses Druckers – im Nachweis der Zählwerke belegt werden.

Neben diesem Gesamtzählwerk sind die Sammelmelderzeilen angeordnet. In ihnen werden Systemzustände (entsprechend der Bereichsübersicht – Tag- und Nachtspannung der Signale, Energieversorgung und Selbststellbetrieb bzw. Zuglenkung) sowie Fehler- und Störungssammelmelder angezeigt. Es werden unter anderem folgende Melder gezeigt:

WL	Anzeige des Weichenumlaufs – bei einigen Elektronischen Stellwerken auch blinkend.
WS	Weichenstörung.
LK1	Weichenlaufkette 1 gesperrt.
DS	Druckerstörung – der Fahrdienstleiter muss den Nachweis der Zählwerke führen – oder Dokumentationssystem gestört.
SF	Signalfehler – das entsprechende Signal wird auf der Kommunikationsanzeige/Kontrollmonitor benannt und ist weiter bedienbar.
SS	Signalstörung – das entsprechende Signal wird auf der Kommunikationsanzeige/Kontrollmonitor genannt. Das Signal ist nicht mehr bedienbar. Ist das Signal erloschen, blinkt zusätzlich der Signalkopf.
RF	Rechnerfehler – ein Teilrechner ist ausgefallen, die Redundanz ist in Betrieb.
RS	Rechnerstörung – es ist mit betrieblichen Einschränkungen zu rechnen, weil mindestens ein Rechner ausgefallen ist.
EG	Erd- oder Gestellschluss liegt vor.
EG	Erd- und Gestellschlussmelder ist ausgefallen.
SB	Selbststellbetriebssammelmelder – an mindestens einem Signal im Stellwerksbereich ist der Selbststellbetrieb eingeschaltet.

BÜ	An einem Bahnübergang liegt ein Fehler vor – keine betrieblichen Beeinträchtigungen.
BÜ	An einem Bahnübergang liegt eine Störung vor – nähere Erläuterung zur Störung wird auf dem Protokoll- und Störungsdrucker ausgedruckt bzw. werden auf der Kommunikationsanzeige/Kontrollmonitor angezeigt.
ZL	Zuglenkung – an mindestens einem Signal im Stellbereich ist die Zuglenkung eingeschaltet. Bei neueren Anlagen wird ZL grün dargestellt.
BF	Bauteilefehler – ein Fehler im Bereich der Bauteile liegt vor.
BS	Bauteilestörung – nur die blinkenden Elemente gelten als gestört. Gestörte Elemente, die nicht dargestellt werden können, werden auf dem Kontrollmonitor/der Kommunikationsanzeige angezeigt.

In der letzten Zeile des oberen Bereiches der Bahnhofslupe ist die Bezeichnung des Elektronischen Stellwerks und des aufgeschalteten Lupenbildes genannt.

Im unteren Bereich der Bahnhofslupe sind bei stiftbedienten Elektronischen Stellwerken, wie bei der Bereichsübersicht, die Zeilen „EIN" – zur Visualisierung der eingegebenen Stellbefehle/Bedienkommandos, „VQ" – Verarbeitungsquittung zu den Eingaben des Fahrdienstleiters, "ZN" – für die Bedienung der Zugnummernmeldeanlage und die Zeile „ST" zur Angabe des Lupenbildes, auf dem eine Störung aufgetreten ist, dargestellt.

Der Aufbau der Bahnhofslupen ist bei mausbedienten Elektronischen Stellwerken etwas anders. Wie bei der Bereichsübersicht ist die Anzeige in einen Lupen-Bildbereich und einen Lupen-Bedienbereich bzw. bei Siemens in ein Lupen-Bildfenster und ein Lupen-Bedienfenster aufgeteilt.

Im Lupen-Bildbereich bzw. Lupen-Bildfenster wird die Bahnanlage, wie bei den Innenmeldern der herkömmlichen Elektronischen Stellwerken, dargestellt.

Im Lupen-Bedienbereich bzw. Lupen-Bedienfenster sind die Bedienknöpfe Verarbeiten, KF1 und KF2, Quittieren, Rücknehmen und Abbrechen angeordnet. Darunter befinden sich die Melder für die „sichere Anzeige" und die Sammelmelderzeilen für die Betriebs- und Störanzeigen sowie die ST-Zeile, in der das Lupenbild mit einem gestörten Element angezeigt wird. In der nächsten Zeile ist das Zählwerk (Gesamtzählwerk) für die Hilfsbedienungen und die Zeile für den KF-Kontrolltext projektiert. Als nächstes folgt die Eingabekontrollanzeige (EKA) mit den Zeilen EIN, VQ und ZN

In der letzten Zeile wird der Stellbereich und die Lupenbildbezeichnung sowie bei der Alcatel SEL AG die tagesaktuellen Daten angezeigt.

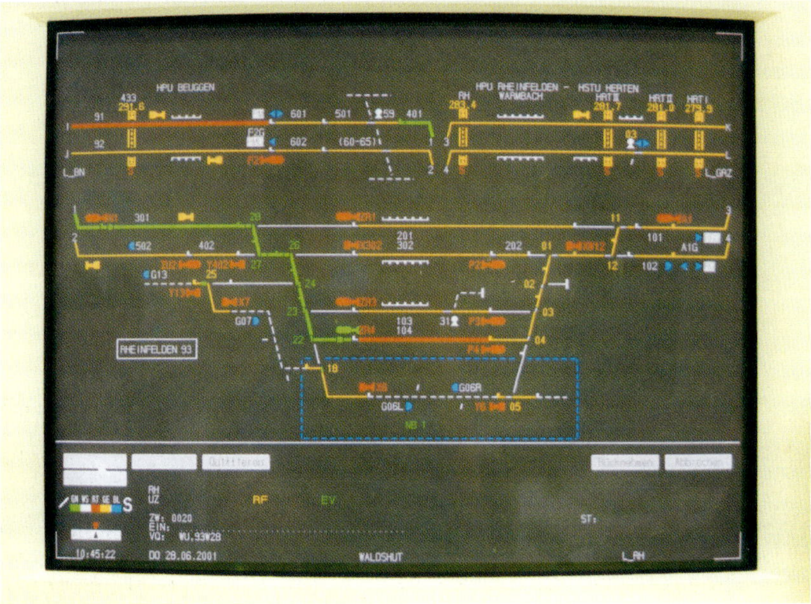

Abbildung 26: Das Lupenbild L_RH des ESTW Waldshut mit dem Bahnhof Rheinfelden.

4.6 Der Kontrollmonitor/die Kommunikationsanzeige

Die Herstellerfirmen bezeichnen diese Anzeige unterschiedlich, obwohl sinngemäß die gleichen Anzeigen/Bilder damit verbunden sind. Die Alcatel SEL AG nimmt den größeren Bezug auf den Monitor und bezeichnet die Anzeige als Kontrollmonitor (KM) Bild 1 und Bild 2. Dieser Monitor ist etwas kleiner als die übrigen Monitore am Arbeitsplatz des Fahrdienstleiters und ist in der Regel rechts von ihnen installiert.

Die Siemens AG nimmt einen Monitor gleich den anderen Monitoren am Arbeitsplatz (Lupen- bzw. Bereichsübersichtsmonitor) und bezeichnet die Anzeigen als Kommunikationsanzeige (KA) Bild 1 und Bild 2. Mit Einführung der mausbedienten Elektronischen Stellwerke nennt die Alcatel SEL AG diese Anzeige ebenfalls Kommunikationsanzeige getrennt nach ESTW PSD-Spiegel und ESTW-Störungsmeldungen.

Wie zuvor schon erklärt, besteht die Anzeige bei beiden Herstellern aus zwei Bildern. Bild 1 spiegelt die letzten Ausdrucke des Protokoll- und Störungsdruckers wider. Da der Protokoll- und Störungsdrucker immer etwas abseits im Bedienraum steht und zudem noch, um eine geringere Lärmbelästigung zu erhalten, in der Regel fest in einem Schrank eingebaut ist, wäre es dem Fahrdienstleiter nicht zuzumuten, die Ausdrucke ständig einzusehen. Er müsste hierzu in aller Regel seinen Arbeitsplatz verlassen. Aus diesem Grund werden die letzten Registrierungen des Protokoll- und Störungsdruckers dem Fahrdienstleiter auf dem Bild 1 gespiegelt. Der Aufbau des Bild 1 ist bei beiden Firmen gleich (Abbildung 27). Es sieht folgende Spalten von links nach rechts vor:

- Störungsnummer (STN),
- Uhrzeit und Datum,
- Bahnhof (Bf) und Nummer (Nr),
- Bedienplatz (Bp),
- Zählwerk/in Ordnung (Zw/IO),
- Störung/Eingabe,
- Abschlusszeichen.

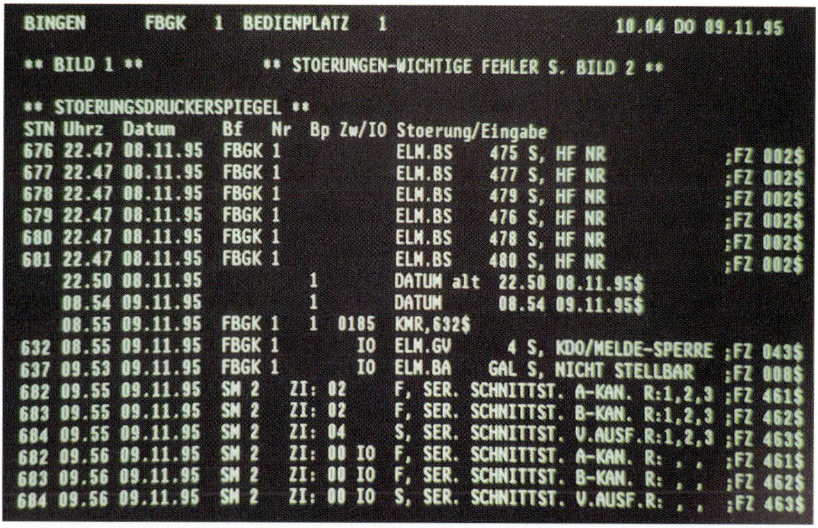

Abbildung 27: Das Bild 1 des Kontrollmonitors der Firma Lorenz – ESTW Bingen (Rhein).

Die Siemens AG zeigt zusätzlich auf dem Bild 1 der Kommunikationsanzeige oberhalb des Druckerspiegels den Kommandospeicher. Er besteht aus drei Blöcken (Block A – C) wobei jeder Block wiederum fünf Speicherplätze beinhaltet. Dies ist eigentlich ein Überbleibsel aus der ersten Generation der Elektronischen Stellwerke, als die Bedienung des Stellwerks nur über die Dateneingabetastatur vorgenommen wurde. Die Bediener dieser Stellwerke haben die Möglichkeit, in jeden Block fünf Bedienkommandos abzulegen. Die Bedienkommandos werden dann einfach durch die Blockanwahl zur Ausführung an die Rechner gegeben, zum Beispiel Block A und

1. Speicherzeile – mit der Eingabe „A1". Dies bringt gerade bei sehr langen und umfangreichen Bedienkommandos/Eingaben einen enormen Zeitgewinn. Spätestens seit der Einführung des Bedientabletts und damit verbunden die rasche Eingabe der Bedienkommandos mittels Bedienstift, haben diese Kommandospeicher wesentlich an Bedeutung verloren. Bei neueren Elektronischen Stellwerken wird man auch diesen Kommandospeicher in der Kommunikationsanzeige nicht mehr vorfinden.

Des Weiteren ist unterhalb des Druckerspiegels eine „EIN"- und „VQ"-Zeile. Sie sind für die Eingaben, die mit der Dateneingabetastatur getätigt werden (Abbildung 28).

MAGDEBURG FDL BEDIENPLATZ: 2 18.11.1995 Mi.

Kommando-Speicher

A	B	C
1 F,12N3.BBAT	1 13N1-1361 L6 1381	1 ELD6,41,3757,b
2 13N1.1361 BGOL	2 F,12N3-L6 1382	2 ELD6,40,3533,b
3	3	3
4	4	4
5	5	5

ESTW - PSD - SPIEGEL

	16.48	28.11.95	GSN 3 0031	BHA,2939$		
	16.49	28.11.95	B04.1	DIEBE: FEHLER 02 (F8/84/03/77/00)$		
320	16.49	28.11.95	GN	FEHLER BÜ U90$		
321	17.00	28.11.95	GN	LADUNGSFERNÜBERWACHUNG BÜ U90$		
	17.07	28.11.95	GSN 3 0032	BHA,2929$		
	17.08	28.11.95	3	ZUZW 0030 - 0032 SIEHE ZMB$		
	17.13	18.11.95	M 3	MERKHINWEISE$		
				G211X:	BÜ	$
				G1739:	X	$
				B251Y:	RP	$
				3 ELEMENTE MIT MERKHINWEISEN$		

EIN: 11PZ.BGZ

VQ: MIT V" oder „SPS" abschließen

Abbildung 28: Beispiel für Bild 1 der Kommunikationsanzeige der Siemens AG.

Mit dem Bedienkommando

BWK

Bild**w**echsel **K**ontrollmonitor/**K**ommunikationsanzeige – kann der Fahrdienstleiter zwischen den Bildern 1 und 2 des Kontrollmonitors bzw. der Kommunikationsanzeige umschalten. Das Bedienfeld BWK befindet sich im braunen Gruppenfelderblock „Systemfelder" am unteren Rand des Bedientabletts und bei älteren Stellwerken der Alcatel SEL AG zusätzlich im Funktionsfelderblock der Dateneingabetastatur.

Das Bild 2 des Kontrollmonitors (Alcatel SEL AG) zeigt dem Fahrdienstleiter alle anstehenden bzw. noch nicht grundgestellten Störungen an. Ferner sind in der ersten Zeile die Stellwerksbezeichnung, die Bezeichnung des Bedienplatzes sowie die Uhrzeit, der Wochentag und das Datum zu finden. In der zweiten Zeile wird angezeigt, ob der Ersatzrechner des Bedienplatzsystems in Ordnung oder defekt ist. Beide Zeilen sind gleich dem Bild 1. Danach werden im Hauptteil der Anzeige die letzten 18 Fehler und Störungen, die in dem Stellbereich anstehen, dargestellt. Treten gleichzeitig mehr als 18 Fehler und Störungen auf, werden diese nicht alle im Bild 2 angezeigt. Es erfolgt in der letzten Zeile des Monitors der Hinweis „noch weitere (Anzahl der nicht dargestellten Fehler und Störungen) Störungen und wichtige Fehler vorhanden“. Neu auftretende Fehler und Störungen kann der Fahrdienstleiter direkt auf dem Protokoll- und Störungsdrucker bzw. auf dem Bild 1 einsehen. Mit dem Bedienkommando

SFA

– **S**törungen und **F**ehler **a**usgeben – lassen sich alle – also auch die nicht mehr dargestellten Fehler und Störungen – ausdrucken. Sie erscheinen somit nicht nur auf dem Drucker selbst, sondern auch auf dem Bild 1 des Kontrollmonitors (Abbildung 29).

Abbildung 29:

Bild 2 des Kontrollmonitors der Alcatel SEL AG – ESTW Bingen (Rhein).

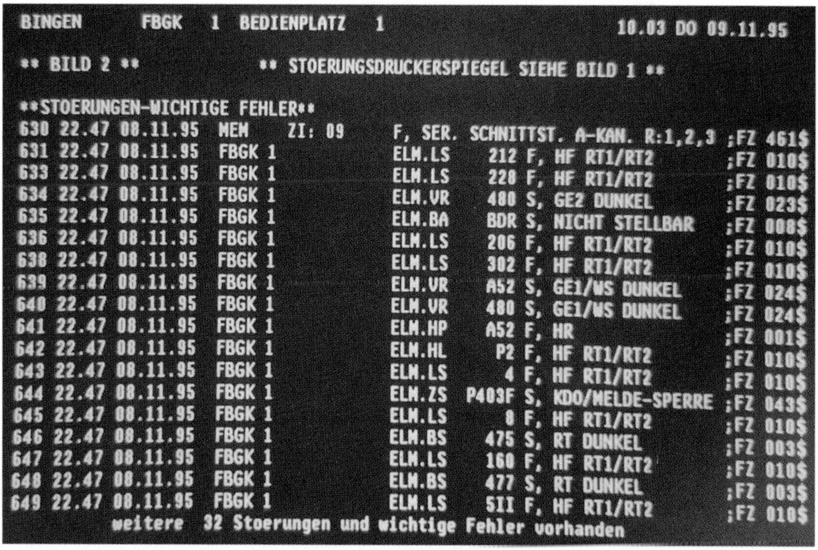

Das Bild 2 der Kommunikationsanzeige der Siemens AG ist ähnlich dem Bild 2 des Kontrollmonitors aufgebaut. Wie bei dem Bild 1 der Kommunikationsanzeige ist auch im Bild 2 in den Zeilen 4 bis 8 eine Besonderheit – der Merkspeicher. Diesen Merkspeicher kann man mit einem Notizblock vergleichen. Er besteht aus drei Speicherblöcken, in denen je fünf Speicherzeilen enthalten sind. Da diese Speicherzeilen sehr kurz sind, können nur sehr begrenzte Notizen, zum Beispiel „Lok in Gl 5 für Z 52932" abgelegt werden (Abbildung 30).

MAGDEBURG FDL BEDIENPLATZ: 2 18.11.1995 Mi.		
Merkspeicher		
A	B	C
1BETRA 4794 in Kraft	1 GL 2605 Baumaschinen abgest.	1 Störungsbuch lfd.-Nr. 40
2	2	2 noch nicht ausgetragen
3	3	3
4	4	4
5	5	5
ESTW STÖRUNGSMELDUNGEN		
0 BÜ UF 62 FuE-ZEITÜBERSCHREITUNG		
0 SIGNAL Z6 AA FADENFEHLER SIGNAL HP0		
EIN: 11PZ.BGZ		
VQ: MIT „V" oder „SPS" abschließen		

Abbildung 30: Beispiel für Bild 2 der Kommunikationsanzeige der Siemens AG.

Mit Einführung der mausbedienten Elektronischen Stellwerke hat sich das Aussehen und der Aufbau der Kommunikationsanzeigen Bild 1 und Bild 2 stark verändert.

Die Kommunikationsanzeigen eines Elektronischen Stellwerks mit BPS 901 (Siemens AG) besteht aus:

- der Menüleiste
  Mit den Menüpunkten Datei, ESTW-Drucker, Merktext, Zugnummer und Bildaufschaltung. Zu diesen Menüs existieren wiederum einzelne Untermenüs. Zur Bedienung und damit zum Öffnen eines „Pulldown-Menüs" (Fenster, das sich nach unten öffnet und in dem dann die weiteren Untermenüs angezeigt werden) wird der betreffende Menüpunkt mit der linken Maustaste angeklickt. Es kann nun

das entsprechende Untermenü mit der linken Maustaste angeklickt und somit ausgewählt werden. Das Menüfenster kann wieder geschlossen werden, indem die „Esc"-Taste bedient, der jeweilige Menüpunkt erneut angeklickt oder auf eine freie Fläche der Kommunikationsanzeige geklickt wird.

- dem Arbeitsbereich
  Dieser Arbeitsbereich besteht wahlweise aus Bild 1 und Bild 2 sowie künftig Bild 3 – „Betriebsstatus".
  Im Bild 1 (Protokoll- und Störungsdruckerspiegel) befindet sich am oberen Rand der arbeitsplatzbezogene Merkspeicher, der wie gewohnt aus drei Speicherblökken mit jeweils fünf Speichermöglichkeiten besteht.
  Das Bild 2 enthält die Störungsmeldungen des Stellwerks und ist vom Aufbau und Inhalt gleich der Anzeige herkömmlicher Elektronischer Stellwerke.

- dem Bedien- und Meldungsbereich
  Im Bedienbereich sind die Schaltflächen „Verarbeiten" (zum Aktivieren der ausgewählten Bedienfunktion), „Löschen" (zum Löschen eines im Merkspeicher selektierten Merktextes), „Bildwechsel" (zum Umschalten zwischen den KA-Bildern im Fenster der Kommunikationsanzeige) und „Abbrechen" (zum Abbrechen des Bedienkommandos) angeordnet.
  Der Meldungsbereich enthält die Dialogzeilen „EIN" und „VQ". In der „EIN"-Zeile werden alle Tastenbedienungen des BPS 901 mitgeschrieben. Das Anzeigen der Verarbeitungsquittungen, der Bedienerführung und ausgewählte Meldungen des Bedienplatzsystems werden in der VQ-Zeile ebenfalls visualisiert.
  Zusätzlich wird auf jedem Bild im oberen Bereich die Stellwerksbezeichnung, der Arbeitsplatz, der Bedienplatz, das Datum, der Wochentag und die Uhrzeit angezeigt.

Die Kommunikationsanzeige der Alcatel SEL AG besteht aus:

- der Titelzeile
  In der Titelzeile ist der Hinweis „Kommunikationsanzeige" angebracht.

- der Menüleiste
  Hier sind die Menüs Datei, ESTW-Kommandos und Zugnummer projektiert.
  Das Menü „Datei" beinhaltet im Pulldown-Menü das Untermenü „Beenden", um die Anzeige ganz abzuschalten.
  Im Menü „ESTW-Kommandos" sind die Untermenüs UHR (zum Stellen der Uhr), TX (zur Texteingabe), KMR (um Kommando-Meldesperren rückzustellen), SFA (um Störungen und wichtige Fehler auszugeben bzw. auszudrucken) und SFG (um Störungen und wichtige Fehler grundzustellen) angeordnet.
  Das Menü „Zugnummer" dient zur Zugnummerneingabe.

- dem Arbeitsbereich
  Dieser Bereich dient der wechselseitigen Darstellung der einzelnen KA-Bilder 1 und 2. Im Inhalt und Aufbau sind diese Bilder gleich denen eines herkömmlichen Elektronischen Stellwerks (Abbildung 31).

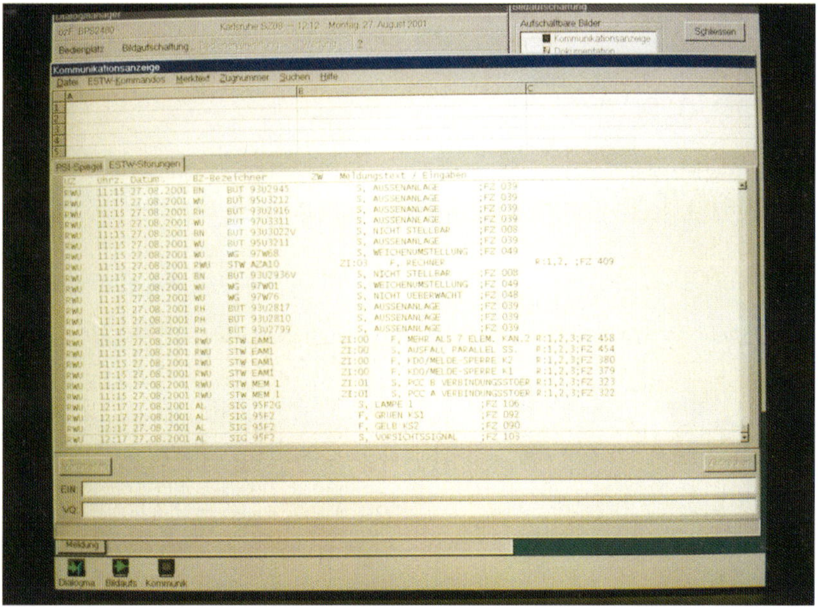

Abbildung 31: Die KA des ESTW Waldshut.

4.7 Der Protokoll- und Störungsdrucker

Der Protokoll- und Störungsdrucker (PSD) registriert alle wichtigen fahrdienstlichen Handlungen und Zustandsdaten des Elektronischen Stellwerks. Es handelt sich hierbei um einen handelsüblichen Nadeldrucker. Da er ein vollständiges Protokoll der wichtigen Betriebsabläufe liefert, ersetzt er das Führen des „Nachweis der Zählwerke". Der Protokoll- und Störungsdrucker ist stets eingeschaltet (Abbildung 32).

Der Bediener kann selbst verfasste Texte, zum Beispiel zur Erläuterung einer Hilfsbedienung, an den Drucker zum Registrieren geben.

Hinsichtlich der Eingabe dieser Texte unterscheiden sich die Hersteller Siemens und Alcatel nur gering.

Bei der Siemens AG wird der Text mit der Dateneingabetastatur in die „EIN"-Zeile der Kommunikationsanzeige eingegeben. Die Eingabe muss mit „TX," eingeleitet werden, damit die Rechner die Eingabe als frei verfassten Text erkennen. Abgeschlossen wird die Bedienung mit der „Enter"-Taste der Dateneingabetastatur. Die Länge des Textes ist durch die Länge der „EIN"-Zeile begrenzt. Ein zu langer Text führt zu der negativen Verarbeitungsquittung:

Abbildung 32: Der Protokoll- und Störungsdrucker des ESTW Bingen (Rhein).

ZU LANG

Dies wird dem Bediener in der „VQ"-Zeile angezeigt.

Die Eingabe bei den Elektronischen Stellwerken der Alcatel SEL AG verhält sich ähnlich. Lediglich die Anzeige des Eingabetextes erfolgt nicht auf dem Kontrollmonitor, sondern in der „EIN"-Zeile der Bereichsübersicht und der Bahnhofslupe. Der Abschluss erfolgt mit dem Verarbeitungsfeld/der Verarbeitungstaste „VL" bzw. auf neueren stiftbedienten Elektronischen Stellwerken dieses Herstellers mit dem Verarbeitungsfeld „V". Die Besonderheit ist, dass sich die Eingabe auch ohne Tastatur nur über das Bedientablett vornehmen lässt.

Sollte der Protokoll- und Störungsdrucker gestört oder ausgeschaltet sein, erscheint bei einer registrierpflichtigen Bedienung in der „VQ"-Zeile der Text:

KF MIT ZÄHLUNG – STÖRUNGBUCH FÜHREN

Wenn die Störung beseitigt ist bzw. der Drucker wieder eingeschaltet werden soll, ist dies auf zwei Arten vorzunehmen. Zum einen muss der Drucker am Netzschalter und zum anderen auch softwaremäßig eingeschaltet werden. Die softwaremäßige Einschaltung geschieht mit dem Bedienkommando:

SDE

Hinter dem Kürzel „SDE" verbirgt sich das Langwort „**S**törungs**d**rucker **e**inschalten". Bei einigen Elektronischen Stellwerke der Alcatel SEL AG wird das Bedienkommando durch die Angabe des Stellbereiches ergänzt. Dies ist z.B. in Neustadt (Weinstraße) der Fall. Hier lautet der Stellbefehl:

SDE, RN

Erwähnenswert an dieser Stelle wäre, dass die Protokoll- und Störungsdrucker der Siemens AG nach dem Auftreten einer Störung zuerst mit dem KF-pflichtigen Bedienkommando

SDA

softwaremäßig ausgeschaltet werden müssen.

Die Anlage kann nur eine gewisse Anzahl von Druckbefehlen speichern. Deshalb muss bei einer Druckerstörung der Fahrdienstleiter sofort die entsprechenden Unterlagen manuell führen.

Bei Elektronischen Stellwerken mit BPS 901 (Siemens AG) gibt es den Protokoll- und Störungsdrucker in dieser Form nicht. Dort werden alle Systemzustände und Handlungsabläufe im Rahmen der Protokoll- und Störungsinformation (PSI) protokolliert. Störungen werden mit Datum und Uhrzeit erfasst. Im Bild 1 der Kommunikationsanzeige werden die letzten 27 protokollierten Datensätze für den Bediener angezeigt. Auf dem Dokumentationsrechner, dies ist ein besonderer Rechner im PSI-System, werden diese Daten auf der Festplatte bis zur ihrer endgültigen Archivierung zwischengespeichert. Bei Bedarf besteht die Möglichkeit, alle Meldungen innerhalb eines individuell wählbaren Zeitfensters aus der Vergangenheit anzeigen und auf einem an das PSI-System angeschlossenen Drucker ausdrucken zu lassen.

Bei den neueren mausbedienten Stellwerken der Alcatel SEL AG verhält es sich ebenso. Auch hier werden die registrierpflichtigen Systemzustände und Handlungsabläufe im Dokumentationsrechner – kurz Doku-Rechner genannt – protokolliert und dann bei Bedarf auf einer CD archiviert. Auch hier besteht die Möglichkeit, Meldungen über einen angeschlossenen Drucker auszugeben.

4.8 Die Kommandofreigabe-Taste (KF-Taste) bzw. die KF-Felder 1 und 2

Zur Historie dieser Taste
Bei den älteren Elektronischen Stellwerken handelt es sich bei der KF-Bedienung um das Niederdrücken einer Taste, die sich außerhalb des Bedientabletts befindet.

Die Alcatel SEL AG hat diese rote Taste fest neben dem Bedientablett in den Arbeitstisch des Fahrdienstleiters eingelassen (Abbildung 33a).

Die Siemens AG entschied sich für ein bewegliches Gehäuse mit einer gelben Taste, das neben dem Bedientablett angeordnet ist. Dieses Gehäuse hat etwa die Größe einer Computer-Maus (Abbildung 33b).

Etwa ab 1995/96 gingen die Herstellerfirmen dazu über, die KF-Funktion in das Bedientablett zu integrieren. Dazu wählten beide Firmen zwei blaue Felder im unteren Bereich des Bedientabletts (KF1 und KF2), die nach Aufforderung in einer zeitlichen Abhängigkeit zueinander bedient werden müssen.

Abbildung 33a:
Eine KF-Taste des ESTW Bingen (Rhein) – Alcatel SEL AG.

Abbildung 33b:
Die KF-Taste des ESTW Dieburg – Siemens AG.

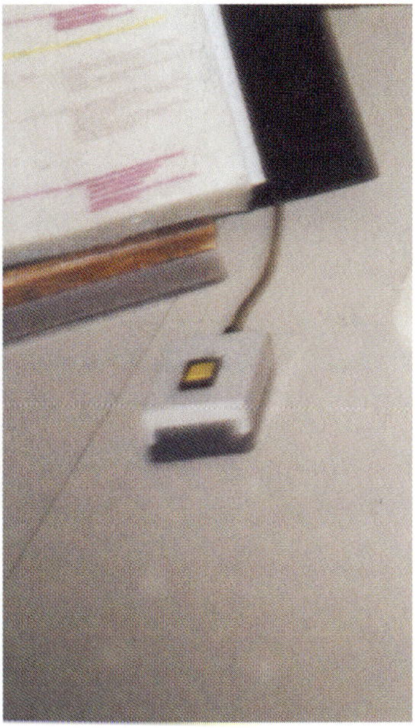

Bei den mausbedienten Elektronischen Stellwerken ist die KF-Funktion in Form von zwei Bedienfeldern (KF1 und KF2) auf den Monitoren der Bereichsübersichten und Bahnhofslupen im Bedienbereich bzw. -fenster realisiert. Zusätzlich finden wir auf diesen Stellwerken als Rückfallebene die KF-Funktion auf der Dateneingabetastatur bei den Funktionstasten F6 und F9 als KF1 und KF2 hinterlegt.

Die KF-Bedienung dient dazu, bei einigen Regelbedienungen und allen Hilfsbedienungen die Anzeige des Fahrdienstleiters systemtechnisch nochmals auf Sicherheit zu überprüfen.

Nach dem Bedienen des Verarbeitungsfeldes erscheint als positive Verarbeitungsquittung eines KF-pflichtigen Bedienkommandos die Anzeige

KF MIT ZÄHLUNG

oder

KF OHNE ZÄHLUNG

Zusätzlich wird ein entsprechender Kontrolltext im oberen Bereich der Bahnhofslupe bzw. der Bereichsübersicht eingeblendet, damit der Fahrdienstleiter nochmals angezeigt bekommt, um welche KF-pflichtige Bedienung es sich handelt. Dieser Kontrolltext lautet zum Beispiel für die Umstellung einer Weiche mit Besetztanzeige:

WEICHE HILFSUMSTELLUNG

Bei einigen Stellwerken mit dem Bedienplatzsystem 901 der Siemens AG ist die Farbgebung gerade umgekehrt. Die Anzeige erfolgt in roter Schrift auf weißem Hintergrund.

Nach dem Überprüfen der Kontrollmelder (Melder für die „sichere Anzeige" – siehe hierzu auch Abschnitt 6.1 – und weiße Hinterlegung des zu bedienenden Elementes) auf der Bahnhofslupe bzw. der Bereichsübersicht, bedient der Fahrdienstleiter die KF-Taste. Diese Bedienung darf frühestens drei Sekunden nach der „V"- bzw. „VL"-Bedienung erfolgen. Ansonsten erscheint die negative Verarbeitungsquittung:

KF ZU FRÜH

Wird die KF-Taste länger als 3 Sekunden gedrückt gehalten, kann das System nicht mehr unterscheiden, ob die Taste durch den Fahrdienstleiter zu lange gedrückt wurde oder wegen eines Defektes hängt. In diesem Falle erscheint die negative Verarbeitungsquittung

KF ZU LANG

und unmittelbar danach

KF-TASTE GESTÖRT

Die Entstörung wird mit dem Bedienkommando

KFE

vorgenommen (KFE = **KF**-Taste **e**ntstören). Diese Bedienung ist natürlich KF-pflichtig; denn während der KF-Bedienung wird durch die Technik überprüft, ob die zuvor beschriebene zeitliche Abfolge der Bedienung mit dem entsprechenden Absenken und Anheben der Taste verbunden ist. Ist dies nicht der Fall, bleibt die Taste weiterhin gestört.

Bei den KF-Feldern 1 und 2 verhält es sich ähnlich. Nach der Aktivierung des Verarbeitungsfeldes wird der Fahrdienstleiter auf die KF-Bedienung analog der KF-Taste hingewiesen. Das System sagt ihm durch den Zusatz in der „VQ"-Zeile

KF1 BEDIENEN

ab welchem Zeitpunkt die KF-Bedienung wirksam ist. Bei manchen Elektronischen Stellwerken erscheint die Anzeige „KF1 BED.".

Die KF2-Bedienung muss nun, um den Zusammenhang der Bedienung zu gewährleisten, innerhalb von fünf Sekunden erfolgen. Auf die Bedienung wird der Fahrdienstleiter durch die Anzeige

KF2 BEDIENEN

entsprechend der KF1-Bedienung hingewiesen. Erfolgt diese Bedienung zeitgerecht, wird der Stellbefehl von den Rechnern ausgeführt.

Wird durch den Fahrdienstleiter das KF1-Feld doch zu früh bedient, erscheint bei Stellwerken der Alcatel SEL AG der Hinweis

BEDIENUNG ABGEBROCHEN

oder auch

KF1 ZU FRÜH

und bei der Siemens AG

ZU FRÜH

in der „VQ"-Zeile.

Wenn das KF2-Feld später als fünf Sekunden nach KF1 bedient wird, erscheint die Meldung:

KEIN KF-ZUSTAND

oder aber auch

KF2 NICHT BETÄTIGT

bei der Siemens AG.

Bei Elektronischen Stellwerken mit Mausbedienung werden die KF-Felder auf dem Anzeigemedium erst sensitiv (aktiv = schwarze Darstellung der Schrift oder rote Ausleuchtung) geschaltet, wenn diese bedienbar sind. Der Bediener wird so zusätzlich zu den einzelnen Bedienungen aufgefordert. Deshalb sind hierbei in der Regel Fehlbedienungen durch den Fahrdienstleiter ausgeschlossen.

4.9 Die Mausbedienung

Ab den Jahren 1999/2000 wurden bei der Deutschen Bahn AG nur noch mausbediente Elektronische Stellwerke gebaut und in Betrieb genommen.

Der Aufbau der Bereichsübersichts- und Lupenbilder aufgeteilt nach Gleisbilddarstellung (Bildfenster bzw. -bereich) und Eingabekontrollanzeige sowie Statusanzeigen (Bedienfenster bzw. -bereich) wurde für die Elektronischen Stellwerke mit Mausbedienung beibehalten. Zusätzlich wurde im Bedienfenster bzw. –bereich noch eine „Werkzeugleiste" mit „zentralen" Bedienknöpfen (Verarbeiten, KF1 und KF2, Grundstellen, Quittieren, Rücknehmen und Abbrechen) eingefügt (Abbildung 34).

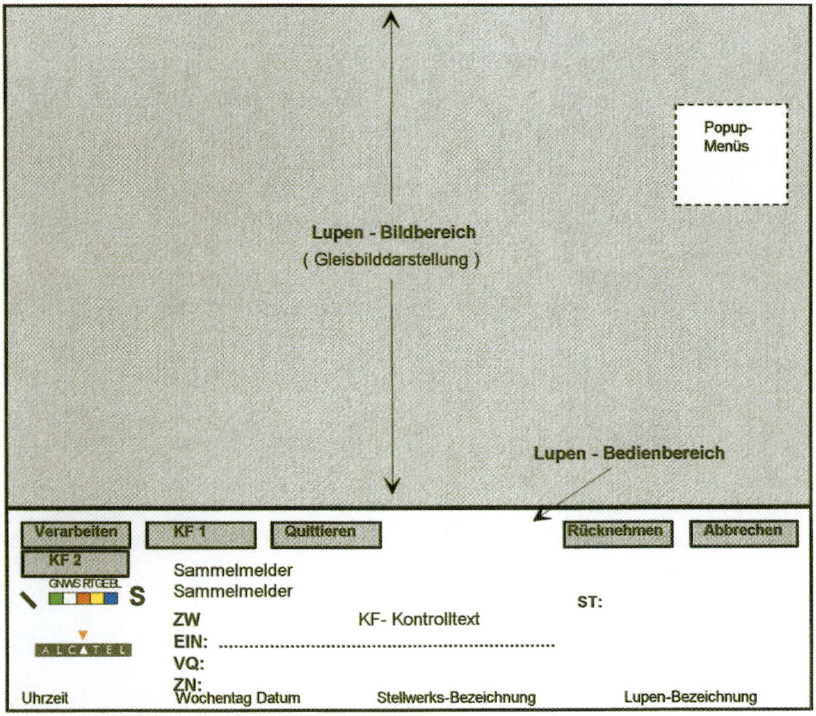

Abbildung 34: Aufbau eines Lupenbildes mit Mausbedienung.

Veränderungen zum herkömmlichen Elektronischen Stellwerk lassen sich nur bezüglich der Art und Weise der Bedienung erkennen. Anstelle des Stiftes und des Bedientabletts wird das Stellwerk mit einer Maus und dem Mauspfeil in den Monitoren bedient.

Gefordert seitens der Deutschen Bahn AG ist eine „Drei-Tasten-Maus“. Die Herstellerfirmen realisieren jedoch nur eine Zwei-Tasten-Funktion.

Die Bedienung wird nun objektorientiert vorgenommen. Das heißt, es erfolgt zuerst die Wahl des Objektes mittels Mauszeiger in den Bereichsübersichts- oder Lupenbildern. Durch Mausklick mit der rechten Maustaste wird das Objekt (z.B. eine Weiche) selektiert und markiert, d.h. das Element wird mit einem Bedienreflex (Schraffur) hinterlegt. Dieses Markieren dient dem Fahrdienstleiter als erste topografische Eingabekontrolle. Danach ist bei Elektronischen Stellwerken der Siemens AG die Wahl der Bedienfunktion mit Hilfe eines bei dem Objekt angezeigten Bedienmenüs möglich. Elektronische Stellwerke der Alcatel SEL AG haben auf den Bereichsübersichts- und Lupenmonitoren eine Fläche/Fenster fest projektiert, in dem das Bedienmenü mit den objektorientierten Bedienfunktionen eingeblendet wird. Dies hat den Vorteil, dass keine Anzeigen durch das sich öffnende Fenster verdeckt werden. Die gewünschte Funktion (zum Beispiel WU – Weiche umstellen) wird durch Klick mit der linken Maustaste ausgewählt und dann erst in der „EIN“-Zeile angezeigt. Jetzt besteht erst die Möglichkeit der alphanummerischen Eingabekontrolle. Durch Bedienen des Knopfes „Verarbeiten“ im Bedienfenster bzw. Bedienbereich des entsprechenden Bereichsübersichts- bzw. Lupenbildes mittels Mausklick oder Bestätigen der „Enter“-Taste wird das Kommando zur Ausführung gebracht.

Fahrstraßeneinstellungen erfolgen durch Bedienen des Start- und danach des Zielelementes mit der linken Maustaste. Bei Sonderbedienungen, z.B. die Wahl eines anderen als des Regeldurchrutschweges oder die Wahl einer Umfahrzugstraße, wird das Startelement mit der linken Maustaste angeklickt. Wenn nun das Zielelement mit der rechten Maustaste angeklickt wird, öffnet sich wie vor schon beschrieben ein Popup-Menü entweder direkt am Zielpunkt der Fahrstraße (Siemens AG) oder in einem gesonderten Fenster (Alcatel SEL AG). In diesem Menü sind weitere Bedienungen vorzunehmen, z.B. die Wahl des gewünschten Menüs oder das Öffnen eines weiteren Untermenüs. Diese Bedienungen sind mit der linken Maustaste durchzuführen. Die rechte Maustaste dient somit nur zum Öffnen des entsprechenden Bedienfensters und die linke Maustaste zum Selektieren der einzelnen Bedienfunktionen bzw. zum Markieren der Start- und Zielelemente bei der Fahrstraßeneinstellung.

Bedienungen in der Kommunikationsanzeige werden nur mit der linken Maustaste vorgenommen.

Noch einige Worte zu den verschiedenen Menüs oder Fenstern, die sich im Anzeigemedium öffnen. Es gibt das Popup-Menü, das Pulldown-Menü und das Dialogfenster.

- Popup-Menü
  Wird ein Objekt auf dem Anzeigemedium mit der rechten Maustaste angeklickt, öffnet sich ein Bedienfenster, in dem Bedienfunktionen enthalten sind – Popup-Menü.
- Pulldown-Menü
  Die Kommunikationsanzeige verfügt über eine Menüleiste mit den Feldern „Datei“, „ESTW Drucker“, „Merktext“, usw. Werden diese Menüs mittels Mausklick angesprochen, öffnet sich nach unten ein Fenster – Pulldown-Menü.
- Dialogfenster
  Verschiedene Pulldown- und Popup-Menüs (z.B. „D-Weg Wahl“ oder „Umfahrzugstraßen“) benötigen weitere Angaben, um das gewünschte Bedienkommando ausführen zu können. Dazu werden Dialogfenster geöffnet, aus denen dann die entsprechenden Angaben entnommen werden können, z.B. die verschiedenen D-Wege einer Fahrstraße.

Bei der Mausbedienung sind folgende allgemeine Prinzipien zu beachten:

- Zur Bedienung mit der Maus ist der Mauszeiger (Cursor) auf das zu bedienende Objekt (Element) zu bewegen und dem Bedienziel entsprechend die linke oder rechte Maustaste zu betätigen.

- Der Klick mit der linken Maustaste auf ein Element, das ein Fahrstraßenstart ist, führt zur Markierung des Fahrstraßenstarts (Bedienrahmen) für das selektierte Element. Es wird als nächstes eine Zielbedienung Fahrstraße erwartet. Der Start wird in die „EIN"-Zeile eingetragen.
- Der Klick mit der linken Maustaste auf ein Element, das kein Fahrstraßenstart ist, führt zur Markierung des Elements mit einer Hinterlegung. Anstelle des Popup-Menüs wird nur der Name des Elementes aufgeblendet.
- Der Klick mit der rechten Maustaste auf ein Element bzw. auf die freie Fläche führt zu einem Bedienreflex am selektierten Element und zum Aufblenden des elementspezifischen Popup-Menüs bzw. zum Aufblenden des Popup-Menüs für die freie Fläche. Es erfolgt kein Eintrag in die „EIN"-Zeile.
- Eine angefangene Bedienung kann durch Klick mit der linken Maustaste in die freie Fläche oder durch Betätigen des Bedienknopfes „Abbrechen" im Monitor abgebrochen werden. Beim Abbrechen wird der Bedienreflex am Element und der Inhalt der „EIN"-Zeile gelöscht.
- Das Anklicken der freien Fläche mit der linken Maustaste bei einem aufgeblendeten Bedienmenü schließt das Menü ohne Eingabe. Wurde ein Bedienreflex angezeigt, wird dieser wieder gelöscht und der Ausgangszustand wieder hergestellt.
- Für eindeutige Bedienschritte (Auswahl von Objekten und Popup-Menüs bzw. Untermenüs) wird der Mauszeiger mitgeführt und zeigt auf das ausgeführte Objekt bzw. Menü.
- Der Bedienknopf „Abbrechen" im Monitor kann erst nach Beenden des Dialogs bedient werden, wobei dann die komplette Bedienungseingabe gelöscht wird.
- Der Bedienknopf „Rücknehmen" löscht immer die letzte Eingabe, d.h. den letzten Mausbedienschritt in der „EIN"-Zeile.
- Eine angefangene Bedienung kann auf einem anderen Monitor fortgesetzt werden.

Der große Vorteil dieser Bedienung mit Maus ist die Führung des Bedieners im System. Dem Bediener werden nach dem Anklicken eines Elementes nur noch Funktionen zur Ausführung angeboten, die in einem sinnvollen Zusammenhang zum Element stehen. Obwohl sicherlich ein guter Fahrdienstleiter diese Hilfen im Normalfall nicht benötigt, können sie ihn in Stresssituationen vor Fehlhandlungen schützen.

4.10 Die Elektronischen Stellwerke nach Systemvertrag II

Der Systemvertrag II, der zwischen der Deutschen Bahn AG und den Herstellerfirmen Alcatel SEL AG und Siemens AG 1998 geschlossen wurde, regelt die Erstellung von Elektronischen Stellwerken. Gegenstand des Vertrages ist die Gesamtleistung vom Ausgangszustand der Anlage bis zum betriebsfertigen Endzustand des Elektronischen Stellwerks. Er legt somit nicht nur das Investitionsvolumen, das Wettbewerbsverfahren, die Lieferbedingungen und den technischen Standard fest, sondern bestimmt u.a. auch die Ausstattung und die Bedienung des Elektronischen Stellwerks.

Im Systemvertrag II wird für das ESTW die BZ-Fähigkeit gefordert. Hierunter ist die Steuerung der Unterzentrale (bisherige besetzte ESTW-Zentrale) aus einer der sieben Betriebszentralen der DB Netz AG zu verstehen. Die genauen Anforderungen an ein solches Elektronisches Stellwerk sind vorher von der Deutschen Bahn AG in Lastenheften genau spezifiziert worden.

Mit der Mausbedienung hat das Elektronische Stellwerk einen Bedienstandard und einen Bedienkomfort erreicht, der für die BZ-Fähigkeit seitens der Eingabe und der Bedienung ausreichend ist. Jedoch von der Funktionalität des Stellwerks wird seitens der BZ-Fähigkeit ein höherer Standard verlangt, als man von den herkömmlichen mausbedienten Elektronischen Stellwerken kennt. Dies beginnt schon bei der Zuordnung von Aufschaltbereichen und Zuständigkeitsbezirken und endet bei einer intelligenten Zuglenkung, die den Eisenbahnbetrieb über einen längeren Zeitraum eigenverantwortlich steuern kann. So ist bei den Stellwerken, die in die Betriebszentrale integriert werden, seitens der reinen ESTW-Bedienung und den Anzeigen für den Fahrdienstleiter kaum Unterschiede zu den herkömmlichen (mausbedienten) Stellwerken vor Ort zu erkennen.

Für die Stellwerksbedienung werden am Arbeitsplatz des „örtlich zuständigen Fahrdienstleiters“ (Mitarbeiter in der Betriebszentrale, der die Aufgaben des Fahrdienstleiters vor Ort übernimmt) vier Monitore vorgehalten. Drei weitere Monitore sind für die Leitsysteme der Betriebsführung, besondere Melde- und Überwachungsverfahren sowie die Telekommunikation reserviert. Der letzte dieser acht Monitore wird für die integrierte Bedienung und Anzeige (IBA) – auch als integrierte Bedienerführung (IBF) bezeichnet – genutzt.

Weil in den Betriebszentralen der DB Netz AG unterschiedliche rechnergestützte Systeme zur Steuerung des Zugverkehrs zur Anwendung kommen, werden die Bedienoberflächen dieser Systeme in einer Bedienoberfläche für eine integrierte Bedienung und Anzeige zusammengefasst. Dieses Verfahren „integrierte Bedienung und Anzeige“ wird für alle Bedienplätze angewendet, die im Integritätsbereich I (Integritätsbereich I = die gesamte Sicherungstechnik und alle Bereiche in der

Betriebszentrale, die damit eng verbunden sind) vorhanden sind und den Charakter von multifunktionalen Arbeitsplätzen haben. Dies trifft somit für den zentralen Arbeitsplatz des örtlich zuständigen Fahrdienstleiters, den dezentralen Fdl-Arbeitsplatz und den Notbedienplatz zu. Der dezentrale Fdl-Arbeitsplatz und der Notbedienplatz befinden sich in der Unterzentrale und werden nur im Ausnahmefall besetzt.

Die Bedienung der IBA erfolgt menügesteuert. Voraussetzung dafür ist, dass die Bedienfunktionen in Gruppen zusammengefasst und als Menü dargestellt werden. Somit laufen alle Verwaltungsfunktionen eines Arbeitsplatzes über diese IBA.

Insbesondere ist mit Hilfe der IBA
- die Arbeitsübernahme/-übergabe einschließlich der Wahl der topologischen Zuständigkeit (Aufschaltbereich und Zuständigkeitsbezirk),
- das Starten und Beenden von Bedienoberflächen im Steuerbezirk sowie
- die Abwicklung von Bedienungen ohne topologischen Bezug

auf der Bedienoberfläche organisiert. Diese Anforderungen an die IBA werden über vier Funktionen realisiert.

1. Funktion – Dialogmanager
Die Dialogmanagerfunktion beinhaltet die Bedienplatzverwaltung, das Starten und Beenden der LST-Bedienoberfläche im Integritätsbereich I – IB I – und regelt die Parameterübergabe entsprechend den Werten der Arbeitsübernahme/-übergabe.

2. Funktion – Konfiguration von Bedienern und Berechtigungen
Das System muss Zugriffsrechte zu Applikationen anwenden, verwalten und deren Änderungen verarbeiten. Personen und deren Bedienrechte (funktionale und topologische) können von privilegierten Bedienern erfasst und geändert werden.

3. Funktion – Bedienerunterstützung
Auszüge aus Bedienungsanleitungen werden im Bedienplatz vorgehalten und können als Online-Hilfe genutzt werden. Die Anzeige aller Hilfefunktionen erfolgt über das Bedienplatzsystem. Ferner können ausgewählte Bedienhandlungen und Meldungen durch akustische Signale hervorgehoben werden.

4. Funktion – Meldeapplikation/Dokumentation
Meldungen und Störungen aus dem Systemverbund Steuerbezirk/Unterzentrale werden in einem Meldungsfenster visualisiert und parallel dazu im PSI archiviert.

Alle zu diesen Funktionen gehörenden Anwendungen können gleichzeitig auf einem Bedienplatz laufen. Deshalb müssen sie auf einer Bedienoberfläche verwaltet werden. Diese Verwaltung ist über den Dialogmanager realisiert. Der Dialogmanager wird bei Systemanlauf automatisch auf einen fest vorgegebenen Monitor am Arbeitsplatz in der Betriebszentrale bzw. in der Unterzentrale aufgeschaltet (Abbildung 35).

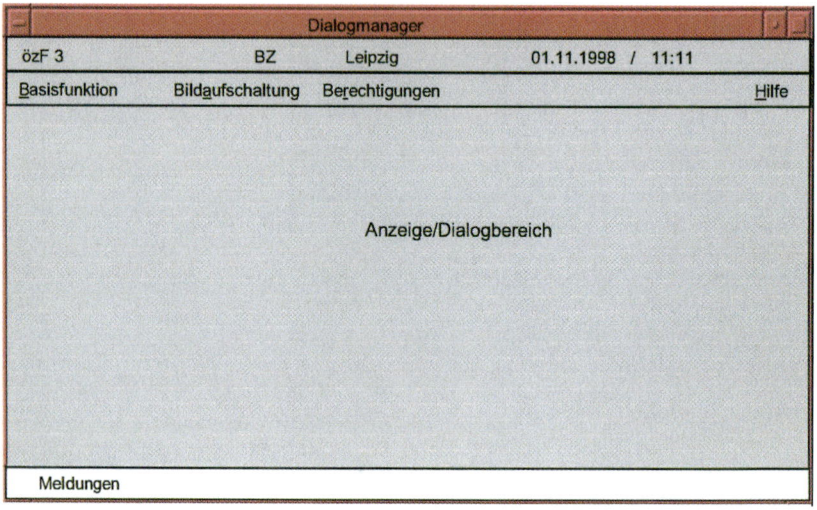

Abbildung 35: Beispiel für ein Basisfenster „Dialogmanager".

In der Menüzeile des Dialogmanager ist
1. die Basisfunktion (Aufgaben der Bedienplatzverwaltung)
2. die Bildaufschaltung (Anwendungen starten und beenden)
3. die Berechtigungen (Vergabe und Verwaltung von Bedienerrechten) und
4. die Meldungen (Verarbeitung und Anzeige von bedienerrelevanten Meldungen)

zu realisieren.

Die **Basisfunktion** stellt die Funktionen für die Bedienplatzverwaltung zur Verfügung. Hier wird die Arbeitsübernahme und -übergabe vorgenommen. Dazu gibt der Bediener seinen Namen und sein persönliches Kennwort ein. Er wählt seine Bedienerfunktion, z.B. örtlich zuständiger Fahrdienstleiter, aus. Ferner bestimmt er seinen Aufschaltbereich und Zuständigkeitsbezirk. Unter Aufschaltbereich versteht man den Bereich einer Unterzentrale. Innerhalb dieses Aufschaltbereiches erklärt sich der örtlich zuständige Fahrdienstleiter nun für einzelne Bezirke verantwortlich. Der kleinste Teil eines Zuständigkeitsbezirkes ist ein Lupenbild. Mit dem Zuständigkeitsbezirk definiert der örtlich zuständige Fahrdienstleiter somit seine zu bearbeitenden Lupenbilder. Zusätzlich kann hier ein Arbeitswechsel vorgenommen und das persönliche Kennwort geändert werden.

Im Bedienerprofil kann der Bediener sich die Zuordnung gewisser Monitore definieren und abspeichern.

In der Anwendungsübersicht wird dem Bediener die Belegung der Monitore dargestellt. Aus dieser Übersicht kann er ersehen, auf welchem Bildschirm welche Anwendung aufgeschaltet ist.

Mit der Applikation „Bedienplatz abschalten“ soll bei einer Störung eines Bedienplatzes von einem anderen aktiven Arbeitsplatz der gestörte abgeschaltet werden.

Ferner soll hier die Funktion „Anwendungen schließen“, „Hardcopy“ und „Datum/Uhrzeit einstellen“ realisiert werden.

Mit der **Funktion „Bildaufschaltung“** wird in Abhängigkeit von der Anmeldefunktion und der damit verbundenen Berechtigung des Bedieners an dem jeweiligen Arbeitsplatz aktivierbare Anwendungen gestartet. Es können u.a. die Bereichsübersichten, die Lupen, die Kommunikationsanzeige und die Gleisbenutzungstabelle aufgeschaltet werden.

Der Zugang zu den Bedienoberflächen der Anwendungen im Integritätsbereich I ist für den jeweiligen Bediener zu reglementieren. Hierzu dient die Funktion **„Berechtigungen“**. Bedienerbezogen werden funktionale (z.B. örtlich zuständiger Fahrdienstleiter) und topologische (z.B. ESTW Waldshut) Berechtigungen vergeben.

Im Bereich der **Funktion „Meldungen“** senden alle Anwendungen im Integritätsbereich I ihre bedienerrelevanten Meldungen (einschließlich der Meldungen für die technischen Komponenten im Systemverbund „Steuerbezirk“) mit einer Klassifikation an das Bedienplatzsystem, das die Meldungen im Anzeige/Dialogbereich zur Ausgabe bringt.

Die Meldeapplikation wird durch die Meldezeile am unteren Rand des Basisfensters „Dialogmanager“ repräsentiert. In dieser Meldezeile wird die aktuelle Meldung angezeigt. Parallel dazu werden alle in der Meldeapplikation angezeigten Meldungen in die Dokumentation übernommen.

Die Herstellerfirmen habe diese Forderungen der Deutschen Bahn AG bis auf kleine Unterschiede umgesetzt. Beide Firmen weichen nur geringfügig von diesen Forderungen ab.

In Abbildung 36 ist der Dialogmanager des ESTW Waldshut (Alcatel SEL AG) dargestellt.

Abbildung 36: Der Dialogmanager des ESTW Waldshut.

In der Menüzeile dieser Anzeige sind die Menüs Bedienplatz, Bildaufschaltung, Bedienerverwaltung, Wartung und Hilfe hinterlegt. Mit diesen Menüs werden die eben beschriebenen allgemeinen Forderungen der Deutschen Bahn an die Funktionen der IBA umgesetzt.

Im Menü „Bedienplatz“ sind die Untermenüs „Anmelden, Dienstwechsel, Abmelden, Bereichsübernahme, Kennwort ändern, Bedienplatzinfo“ abgelegt. Die einzelnen Eingaben werden windowsgestützt vorgenommen.

Im Menü „Bildaufschaltung“ können die verschiedenen Anzeigen des Arbeitsplatzes (Kommunikationsanzeige, Dokumentation, Gleisbenutzungstabelle, Bild löschen, SM-Bild, Bereichsübersichten und Lupen) aufgeschaltet und gelöscht werden. Dazu wird die gewünschte Aufschaltung per gedrücktem Mausklick auf das Monitorsymbol im darunter befindlichen Fenster „Monitore“ gezogen. Die Monitore am Arbeitsplatz sind durchnummeriert. Die Aufschaltungen „Kommunikationsanzeige“, „Dokumentation“ und „Gleisbenutzungstabelle“ können nur auf Monitor 1 – Dialogmanager – abgelegt werden. Für die Darstellung der restlichen Aufschaltungen sind die Monitore 2 bis 8 in der Betriebszentrale sowie 2 und 3 bzw. 2 bis 5 in der Unterzentrale reserviert. In Abbildung 37 ist das aktivierte Bedienfenster „Bildaufschaltung“ des Notbedienplatzes der ESTW-Unterzentrale Waldshut dargestellt.

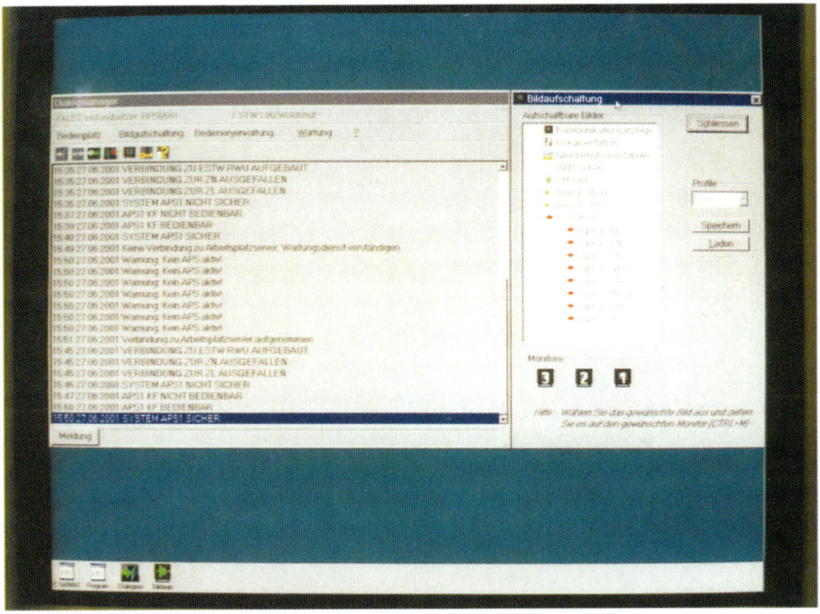

Abbildung 37: Aktiviertes Untermenü „Bildaufschaltung" der ESTW-Unterzentrale Waldshut.

Im Bereich Profile kann jeder Bediener seine speziellen Monitoreinstellungen abspeichern und laden.

Ein Vorteil der „Fensteraufschaltung/Windowsunterstützung" lässt sich gut in Abbildung 38 erkennen. Hier sind gleichzeitig auf Monitor 1 der Dialogmanager, die Bildaufschaltung und die Kommunikationsanzeige (aktiviertes Fenster) eingeblendet. Alle Bedienungen innerhalb der Fenster sind „windowsüblich".

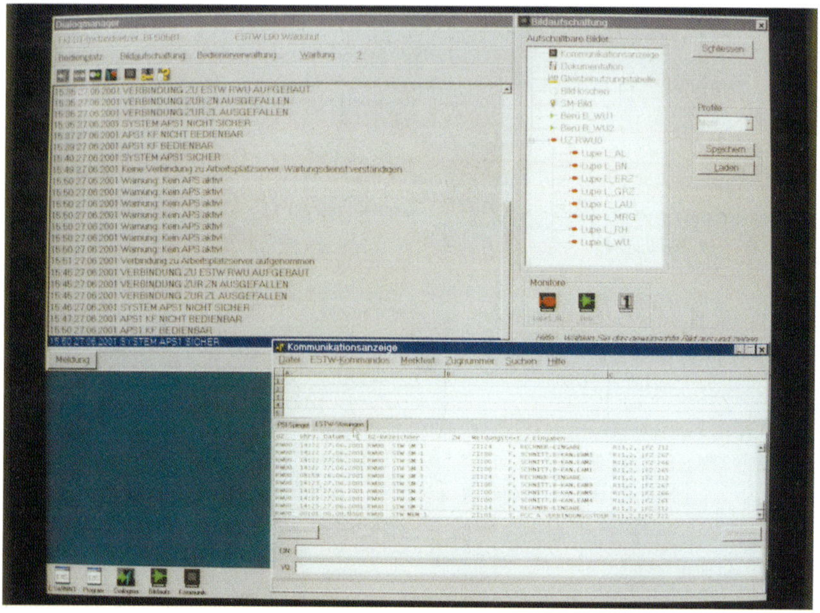

Abbildung 38: Monitor 1 des Notbedienplatzes der Unterzentrale Waldshut mit der Darstellung des Dialogmanagers, der Bildaufschaltung und der Kommunikationsanzeige.

Mit dem Menü „Bedienerverwaltung" werden die Bedienrechte vergeben und verwaltet.

Das Menü „Wartung" ist für die Bedienungen der Fachkraft Leit- und Sicherungstechnik vorgehalten.

Im Menü „?" (Hilfe) ist eine Online-Hilfe zur Bedienung der einzelnen Anwendungen am Arbeitsplatz abgelegt.

Bei den Elektronischen Stellwerken der Siemens AG sind die Funktionen der IBA ähnlich realisiert worden. Es werden zum Teil andere Bezeichnungen verwendet (z.B. Dialogmonitor für Dialogmanager), und es ist eine straffere und engere Windowsbindung/Menüfunktion zu erkennen, d.h. in den einzelnen Menüs sind wieder viele Untermenüs abgelegt.

Da die Unterschiede zwischen beiden Herstellern wirklich unerheblich und die Systeme beider Hersteller für einen normalen PC-Bediener sofort anwendbar sind, wird an dieser Stelle diese Thematik nicht weiter vertieft.

5. Eingabe, Verarbeitung und Speicherung von Stellbefehlen

5.1 Eingabe und Verarbeitung von Stellbefehlen/Bedienkommandos

Stellbefehle bzw. Bedienkommandos werden über die Dateneingabetastatur, das Bedientablett oder mittels Mausbedienung eingegeben. Die Bedienung über die Dateneingabetastatur ist jedoch zeitaufwendiger und komplizierter als die Eingabe über die anderen Eingabemedien. Dies erklärt sich darin, dass der Fahrdienstleiter den Stellbefehl von seinem Inhalt sowie von seinem Aufbau (Syntax) genau eingeben muss. Bereits bei der geringsten Unstimmigkeit wird der Stellbefehl nicht ausgeführt. Lediglich bei der Eingabe von längeren Texten bietet die Dateneingabetastatur dem geübten Schreibmaschinenschreiber Vorteile. Dies ist zum Beispiel bei der Kommentierung zählpflichtiger Hilfsbedienungen gegeben.

Jeder Stellbefehl wird dem Fahrdienstleiter in der „EIN"-Zeile der Eingabekontrollanzeige – EKA – entsprechend seiner Eingabe dargestellt.

Die bedienplatzbezogene Eingabekontrollanzeige – EKA – befindet sich im unteren Bereich der Bahnhofslupen sowie der Bereichsübersichten und besteht aus drei bzw. vier Zeilen. Die erste Zeile – „EIN" – stellt die eingegebenen Bedienkommandos bis zu ihrer Verarbeitung dar. In der zweiten Zeile – „VQ" – werden positive und auch negative Verarbeitungsquittungen über die Eingaben mitgeteilt. Für die Zugnummernmeldeanlage ist die dritte Zeile – „ZN" – reserviert. Des Weiteren werden erste Hinweise zu Störungen gegeben, indem die Bezeichnung des Lupenbildes mit dem gestörten Element hinter der Bezeichnung „ST" – Störungszeile – angegeben wird.

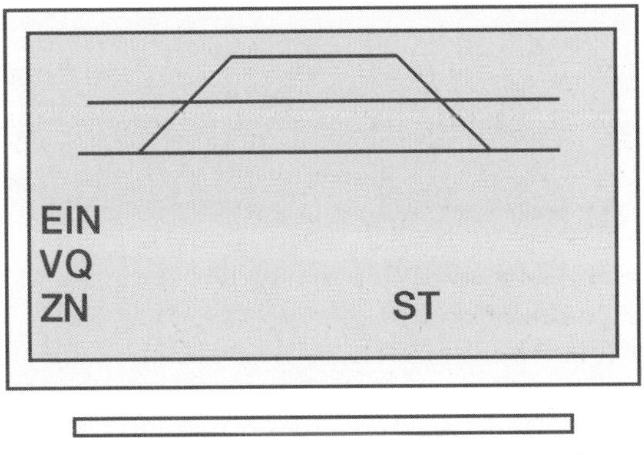

Es werden Elementeinzelbedienungen und Sammelbedienungen unterschieden.

Von einer **Elementeinzelbedienung** spricht man, wenn nur ein Element von dem Stellbefehl betroffen ist. Eine solche Elementeinzelbedienung ist zum Beispiel das Umstellen einer Weiche. Hier wird bei der Eingabe über das Bedientablett zuerst das Außenfeld (das Funktionsfeld) und dann das Innenfeld (das Fahrwegelement) bedient. Getrennt wird Start- und Zielbezeichnung durch ein Trennelement, das bei dieser Art der Eingabe durch das System selbst gesetzt wird.

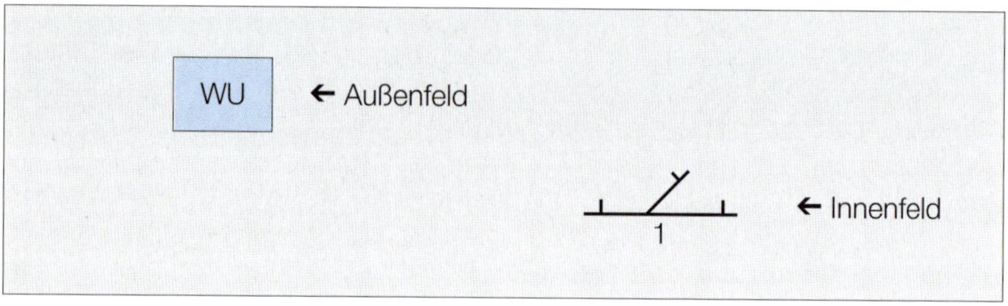

Wird das Bedienkommando mit der Dateneingabetastatur eingegeben, tippt der Fahrdienstleiter „WU, W1“ ein.

Bei der Bedienung des Stellwerks mit der Maus läuft die Elementeinzelbedienung objektorientiert ab. Der Mauspfeil ist im Lupenmonitor auf der Maustrefferfläche zu platzieren. Die Maustrefferfläche ist z.B. bei einer Weiche die Fläche um die Weichenspitze, den Weichenschenkel und den Weichenbezeichner. Wird der Mauspfeil auf diese Fläche gelegt und die rechte Maustaste betätigt, öffnet sich das Popup-Menü „Weiche“ bei der Siemens AG direkt am Objekt und bei der Alcatel SEL AG in einer besonderen Fensterfläche. Der Mauspfeil ist nun auf der Funktionsbezeichnung „WU“ im Popup-Menü auszurichten und die linke Maustaste zu klicken. Danach wird das Bedienkommando in der „EIN“-Zeile dargestellt. Durch Betätigen des Knopfes „Verarbeiten“ mit der linken Maustaste wird das Bedienkommando realisiert.

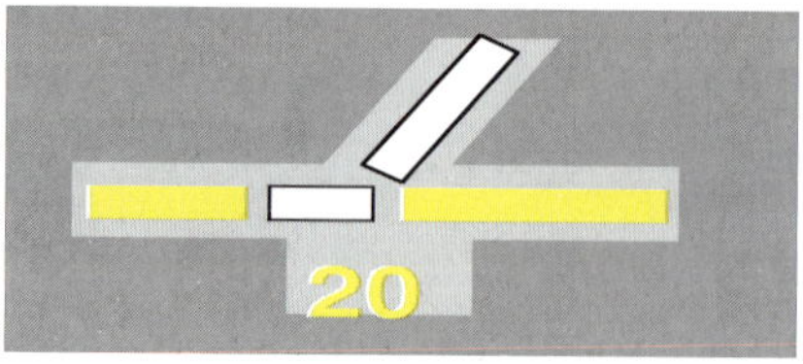

Weiche

Nach dem Ausrichten des Mauspfeils auf dem Symbol der Weiche 20 und dem Klick mit der rechten Maustaste erscheint das

Bedienmenü/Popup-Menü:

Objekt Weiche 20

W 20
WU
FPUE >
Merker >
AZG
Andere >

FPUE
GHU
THU
FHU

Merker
MA
ME...
ML...

Andere
WUS
WUE
WHU
AWU
FAE
FHAE

Nach dem Betätigen der Funktionsbezeichnung wird das Bedienkommando in die „EIN"-Zeile übernommen.

Wenn das Bedienfeld „Verarbeiten" aktiviert wird (linke Maustaste), erfolgt die Ausführung des Bedienkommandos.

Verarbeiten

Bei den **Sammelbedienungen** werden mit einem Bedienkommando mehrere Fahrwegelemente angesprochen. Das Einstellen einer Fahrstraße ist eine solche Sammelbedienung. Bei dieser Art der Bedienung wird zuerst das Start- und danach das Zielelement eingegeben. Ergänzt wird der Fahrstraßenbefehl eventuell durch entsprechende Zusätze, wie zum Beispiel F (**F**ahrleitung fehlt – für Fahrten in Gleisbereiche ohne Oberleitung), S (**S**perrumgehung – Fahrten in Gleisabschnitte, die mit einer Befahrbarkeitssperre belegt sind), M (**M**ittelweichenteilfahrstraße – Einstellung einer Mittelweichenteilfahrstraße) oder eine Kombination aus F, S und M. Dieser Zusatz wird dem Fahrstraßenbefehl vorangestellt und durch ein Komma getrennt. Des Weiteren können durch die Eingabe besonderer fahrwegbeschreibender Elemente „Umfahrzugstraßen" bzw. durch „besondere Zielfeldbeschreibungen" Fahrstraßen mit anderen Durchrutschwegen eingegeben werden.

Bei den einzelnen Stellbefehlen ist zwischen vier verschiedenen Trennelementen zu unterscheiden. Elementeinzelbedienungen erhalten zwischen den einzelnen Eingaben das Komma als Trennelement. Bei Rangierstraßen wird die Trennung der Start- und Zielelemente mit Hilfe des Bindestriches und bei Zugstraßen mit einem Punkt vorgenommen. Ein Leerfeld wird bei Umfahrzugstraßen am Umfahrelement gesetzt.

„ , “	Einzelbedienung
„ - “	Rangierstraßenbildung
„ . “	Zugstraßenbildung
„ “	Umfahrzugstraßenbildung

Nach visueller Überprüfung durch den Fahrdienstleiter kann der Stellbefehl durch Bedienung des Feldes „VL“ bei älteren Elektronischen Stellwerken der Alcatel SEL AG und „V“ bei der Siemens AG und neueren stiftbedienten Elektronischen Stellwerken der Alcatel SEL AG an die Rechner zur Überprüfung und späteren Ausführung weitergegeben werden. Bei mausbedienten Elektronischen Stellwerken muss die Schaltfläche „Verarbeiten“ mit der linken Maustaste betätigt werden. Fast jede Eingabe muss mit diesen Feldern abgeschlossen werden.

VL **bzw.** **V** **bzw.** **Verarbeiten**

Jeder Stellbefehl wird, bevor er zur Ausführung an die Rechner gegeben wird, auf Format, Objekt und Zulässigkeit überprüft.

Bei der **Formatprüfung** wird festgestellt, ob Fehler im Aufbau des Befehls vorliegen, d.h. die richtige Reihenfolge der Bedienungen vorlag (Syntax) und die richtigen Trennelemente verwendet wurden. Sollte ein solcher Fehler vorliegen, wird der Fahrdienstleiter bei Stellwerken der Alcatel SEL AG mit der negativen Verarbeitungsquittung „NEIN“ darauf hingewiesen. Bei den Stellwerken der Siemens AG wird der Fahrdienstleiter durch den Hinweis „FORM“ auf eine negative Formatprüfung aufmerksam gemacht.

Bei der **Objektprüfung** wird festgestellt, ob der Stellbefehl von seinen Objekten (zum Beispiel hinsichtlich des Start- oder Zielsignals, der Bezeichnung der Weiche, der Bezeichnung des Gleises usw.) richtig zusammengestellt ist. Sollten hier Unstimmigkeiten auftreten, wird dies dem Fahrdienstleiter ebenfalls mit der negativen Verarbeitungsquittung „NEIN“ bzw. „NEIN – ELEMENT UNBEKANNT“ bei Siemens angezeigt.

Verarbeitungsablauf:

Stellbefehl

Format- und Objektprüfung

➔ ggf.
VQ: „NEIN“

Bei Stellwerken der Siemens AG gibt es noch eine Reihe anderer Textaussagen, zum Beispiel „FEHLER BEHEBEN“ oder „FALSCHER BEDIENSCHRITT“ usw.

Nach dieser Format- und Objektprüfung wird der Stellbefehl noch auf seine Zulässigkeit überprüft – **Zulässigkeitsprüfung**. Das heißt, es wird überprüft, ob der Befehl überhaupt ausgeführt werden darf. Eine Abweisung aus diesem Grund wird dem Bediener in der Zeile „VQ“ durch Wiederholung des Stellbefehls mit dem Text „...ABGEWIESEN“ angezeigt. Es gibt viele Gründe für eine solche Abweisung. So können zum Beispiel bei der Einstellung einer Fahrstraße benötigte Fahrwegelemente mit einer durch den Fahrdienstleiter ausgegebenen Befahrbarkeitssperre versehen sein. Des Weiteren würde ein Stellbefehl abgewiesen werden, wenn der Fahrdienstleiter eine Weiche umstellen möchte, die er vorher gegen Umstellen gesperrt hat.

Zulässigkeitsprüfung

➔ ggf.
VQ: „...ABGEWIESEN“

Erst wenn alle drei Prüfungen positiv abgeschlossen wurden und keine KF-Pflicht besteht, wird der Stellbefehl von den entsprechenden Rechnern ausgeführt. Als Beleg für die Verarbeitung des Stellbefehls erscheint in der „VQ“-Zeile die positive Verarbeitungsquittung, z.B. „*“ oder „--*“. Bei neueren Elektronischen und allen Stellwerken der Siemens AG wird das Bedienkommando in der „VQ“-Zeile wiederholt.

Prüfung abgeschlossen

➔ VQ: „* “ / „--*“ oder
➔ Wiederholung des Kdo

Verarbeitung

➔ wenn keine KF-Pflicht

Nicht ausgeführte Stellbefehle können mit dem Funktionsfeld LÖE (lösche „EIN"-Zeile) ganz oder mit LÖZ (lösche letztes Zeichen in der „EIN"-Zeile bzw. lösche letzte Eingabe) teilweise gelöscht werden.

LÖE **LÖZ**

Bei den mausbedienten Elektronischen Stellwerken wird durch Betätigen der Schaltflächen

Rücknehmen

die letzte Eingabe und

Abbrechen

der gesamte Stellbefehl verworfen.

5.2 Speicherung von Stellbefehlen/ Bedienkommandos

Bei den ersten Elektronischen Stellwerken war eine Bedienung nur über die Dateneingabetastatur möglich. Diese Eingabe war, wie es unter Punkt 5.1 bereits beschrieben wurde, sehr schwierig und zeitaufwendig. Deshalb war es vom System her möglich, oft benutzte Stellbefehle bzw. Bedienkommandos in einem Kommandospeicher abzulegen. Die Ausführung dieser Stellbefehle veranlasst der Fahrdienstleiter durch einfache Anwahl der einzelnen Speicherplätze.

Bei älteren Lorenz-Stellwerken erinnert nur noch das Verarbeitungsfeld an diese Zeit. „VL" steht in diesem Zusammenhang für „Verarbeite den Stellbefehl und lösche ihn nach der Verarbeitung wieder". Das Verarbeitungsfeld bzw. die Verarbeitungstaste „VS – Verarbeite den Stellbefehl und speichere ihn nach der Verarbeitung ab –" ist mit Einführung des Bedientabletts weggefallen.

Die Siemens AG hat außer bei den mausbedienten Stellwerke an diesem Kommandospeicher festgehalten. Mit Hilfe der Funktionstaste F1 der Dateneingabetastatur kann jeder Stellbefehl, der mit dem Bedienstift oder der Dateneingabetastatur eingegeben wurde, in einem angewählten Speicherblock abgelegt werden. Die Speicherblöcke werden dem Fahrdienstleiter auf der Kommunikationsanzeige „Bild 1" angezeigt. Durch einfaches Anwählen der einzelnen Positionen der Speicherblöcke werden diese Befehle ausgeführt. Hierauf wurde bereits in Abschnitt 4.6 genauer eingegangen.

6. Bedienung des Elektronischen Stellwerks und die Anzeigen auf der Bahnhofslupe und der Bereichsübersicht

6.1 Melder für die „Sichere Anzeige“

Die Aufgabe der Melder für die „**Sichere Anzeige**“ ist es, dem Fahrdienstleiter anzuzeigen, dass die Bilder der Bahnhofslupe bzw. der Bereichsübersicht „signaltechnisch sicher“ sind. Nur in diesem Fall darf der Fahrdienstleiter diese Anzeige betrieblich auswerten. Deshalb sind diese Melder für den Fahrdienstleiter sehr wichtig, und er muss ihre Bedeutung genau kennen.

Die Melder für die „Sichere Anzeige“ haben sich im Laufe der Zeit sehr stark verändert. Diese Veränderung ist auf die ständige Weiterentwicklung der Elektronischen Stellwerke, insbesondere die der Rechner dieser Stellwerke, zurückzuführen. Diese für die Bedienung wichtigen Melder sind entweder in der linken oberen Ecke des entsprechenden Anzeigemediums oder im Bedienfenster bzw. im Bedienbereich links außen angeordnet.

Die erste Generation der Elektronischen Stellwerke der Siemens AG kennen das Umschaltverfahren. Bei diesem Verfahren besteht die Anzeige aus drei Meldern – dem Aktualitätsmelder, dem Monitorkontrollmelder und dem Umschaltmelder (Abbildung 39).

Abbildung 39: Die Melder für die „Sichere Anzeige“ im Umschaltverfahren – Siemens AG und die ersten Alcatel SEL-Stellwerke.

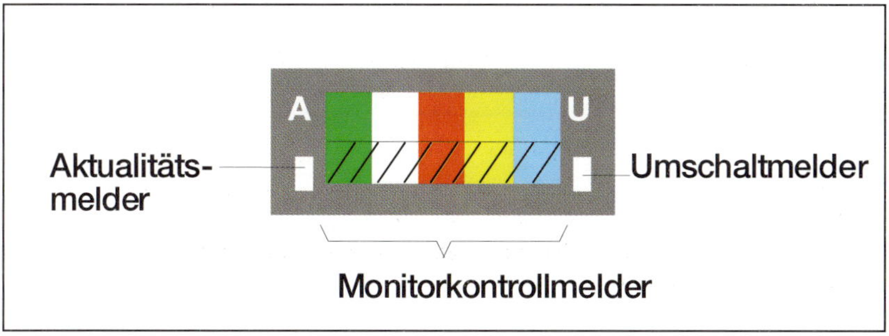

Der weiße Balken des **Aktualitätsmelders** (A) wechselt zwischen waagerechter und senkrechter Lage etwa einmal in der Sekunde. Der Melder zeigt an, dass das Bild vom Rechner aus aktualisiert ist und somit sämtliche Zustands- und Störungsmeldungen angezeigt werden. Wechselt der weiße Farbbalken seine Lage nicht mehr, sind die Anzeigen nicht mehr aktuell, d.h. dass Meldungen der Außenanlage nicht mehr zeitgerecht verarbeitet werden. Dieser Verarbeitungsrückstau in den Rechnern zeigt somit dem Fahrdienstleiter ein Bild an, das der Realität vor Ort nicht mehr entspricht. Ein Signal kann mittlerweile in die Haltstellung gefallen sein oder der Zug sich bereits im nächsten Zugfolgeabschnitt befinden, obwohl die Anzeige des Fahrdienstleiters dies so noch nicht darstellt.

Der **Monitorkontrollmelder** überwacht die Farben und die Blinkanzeigen. Alle Farben (in der Regel sind es fünf Farben), die auf dem Monitor eingeblendet werden können, müssen dem Fahrdienstleiter ordnungsgemäß angezeigt werden. Deshalb besteht der obere Teil dieses Melders aus einer statischen Anzeige. Eingeblendet werden die drei Grundfarben grün, rot und blau sowie die Mischfarben weiß und gelb. Sollten aus irgendeinem Grund die Rechner keine rote Farbe mehr darstellen können, fehlt neben jeder roten Darstellung im Meldebild natürlich auch in diesem Melder die rote Farbe.

Der untere Teil dieses Melders überwacht die Blinkanzeige. Hierzu blendet sich dieser Teil des Melders ständig ein und aus. Sollte ein Ruhelicht ein Blinklicht überlagern, fehlt dieses Blinken. So könnte z.B. bei einer Weiche, deren Zungen sich nicht in Endlage befinden, der Stellungs- und Überwachungsmelder nicht mehr blinken, sondern Ruhelicht anzeigen. Dem Fahrdienstleiter wird Ordnungsstellung signalisiert. Dies hätte beim Auswerten der Meldeanzeige und den anschließenden betrieblichen Maßnahmen schwerwiegende Folgen.

In diesem Zusammenhang sollte auch die Testbildaufschaltung erklärt werden. Denkbar wäre, dass auf dem Weg vom Rechner zum Monitor die Informationen der Farbgebung verfälscht werden könnten, d.h. dass der Rechner zwar die rote Darstellung eines Gleisabschnittes errechnet, aber im Bereich der Darstellung auf dem Monitor, durch einen Defekt im Monitor selbst, dort die rote Farbe nur als zum Beispiel gelbe Ausleuchtung dargestellt wird. Dieser Umstand hätte natürlich auch schwerwiegende Folgen bei der Auswertung der Anzeige. Deshalb muss der Fahrdienstleiter mindestens alle 12 Stunden bzw. immer bei Arbeitsübernahme einen Farbtest bei dieser ersten Generation der Elektronischen Stellwerken auf allen verfahrenssicheren Monitoren (Bahnhofslupen) vornehmen. Dazu gibt er das Bedienkommando

UL<Bahnhofslupe>,T

ein. Nun laufen auf diesem Monitor nacheinander alle fünf Farben ganzflächig auf. Eigentlich sind es sechs Farben, die dem Fahrdienstleiter angezeigt werden. Denn die erste Darstellung auf dem Monitor ist ganzflächig schwarz. Danach laufen die Farben nacheinander in der Regel wie im Monitorkontrollmelder dargestellt auf.

Sollte eine Farbe fehlen bzw. die Farbe nicht ganzflächig angezeigt werden (in der grünen Farbe sind zum Beispiel rote Punkte), ist dieser Monitor gestört und somit für den Fahrdienstleiter nicht mehr auswertbar. Die Durchführung und das Ergebnis dieses Testes ist vom Fahrdienstleiter im Zugmeldebuch oder einer anderen betrieblichen Unterlage zu dokumentieren.

Der weiße Farbbalken unterhalb des **Umschaltmelders** (U) wechselt zwischen waagerechter und senkrechter Lage. Dieser Melder steht – wie bereits beschrieben – für die „signaltechnisch sichere Anzeige". Dies bedeutet, dass das Bild der Bahnhofslupe von zwei unabhängigen Rechnern erzeugt wird, die abwechselnd im Takt von etwa einer Sekunde die Anzeige dem Fahrdienstleiter liefern. Beide Rechner erzeugen das gleiche Bild. Der eine Rechner hat jedoch den weißen Farbbalken unterhalb des A waagerecht und der andere Rechner hat diesen Balken senkrecht programmiert. Errechnen nun beide Systeme aus den Daten der Außenanlage das gleiche Meldebild, sieht der Fahrdienstleiter keinerlei Veränderung – außer den wechselnden Weißbalken. Kommt jedoch der eine Rechner zu dem Ergebnis, dass ein Gleisabschnitt zum Beispiel frei ist und der andere Rechner zeigt den Gleisabschnitt als besetzt an, blinkt der betroffene Gleisabschnitt auf dem Anzeigemedium wechselnd gelb und rot. Diese Anzeige ist für den Fahrdienstleiter so auffällig, dass er sofort die Störung an seiner Meldebildanzeige bemerkt. Die Anzeigen sind für den Fahrdienstleiter gestört und dürfen deshalb nicht mehr ausgewertet werden. Beide Hersteller der Elektronischen Stellwerke realisierten die „sichere Anzeige" anfänglich nach diesem Prinzip.

Ab 1993 „arbeiten" die Stellwerke der Alcatel SEL AG nach dem Rückleseverfahren. Die Melder für die „Sichere Anzeige" werden innerhalb des Rückleseverfahrens dem Fahrdienstleiter ähnlich denen des Umschaltverfahrens angezeigt. Hinsichtlich der Bedeutung und Funktionsweise des Monitorkontrollmelders mit Testbildaufschaltung und dem Aktualitätsmelder bestehen zu den Ausführungen des Umschaltverfahrens keinerlei Unterschiede. Lediglich bei der verfahrensgesicherten Anzeige bestehen kleine Unterschiede. Ferner besitzen die Melder unterhalb der Buchstaben keine Weißbalken, sondern wechseln bei gestörter Anzeige ihre Ausleuchtung von weiß in rot.

Abbildung 40: Die Melder für die „Sichere Anzeige" im Rückleseverfahren – Alcatel SEL AG.

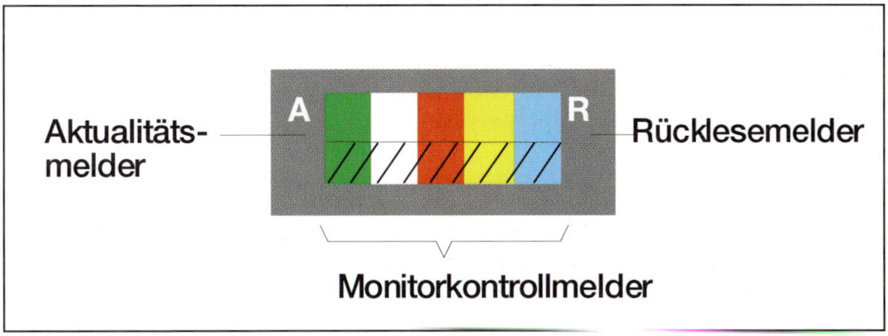

Das Rückleseverfahren basiert darauf, dass zwei Rechner des Bildschirmmoduls die Meldeanzeige errechnen, jedoch nur einer dieser Rechner das Meldebild auf den Monitoren anzeigt. Das Melde- und Eingabemodul, an dem beide Rechner des Bildschirmmoduls angeschlossen sind, kontrolliert die Ergebnisse beider Bildschirmmodul-Rechner. Kommen beide Rechner bei der Erarbeitung des Meldebildes zum gleichen Ergebnis, ist die Anzeige verfahrensgesichert. Sollte jedoch kein übereinstimmendes Ergebnis vorliegen, wird vom Melde- und Eingabemodul die Ausleuchtung des Buchstaben „R" in rot gesetzt. Somit darf die Lupenanzeige vom Fahrdienstleiter nicht mehr ausgewertet werden.

Die Entwicklung der Elektronischen Stellwerke ging weiter. Die Siemens AG entwickelte als erster Hersteller die „sichere Bereichsübersicht". Somit veränderten sich auch die Melder der „Sicheren Anzeige". Sie werden nun auf allen Monitoren – Bahnhofslupen und Bereichsübersichten – des Fahrdienstleiterarbeitsplatzes angezeigt und sehen wie folgt aus:

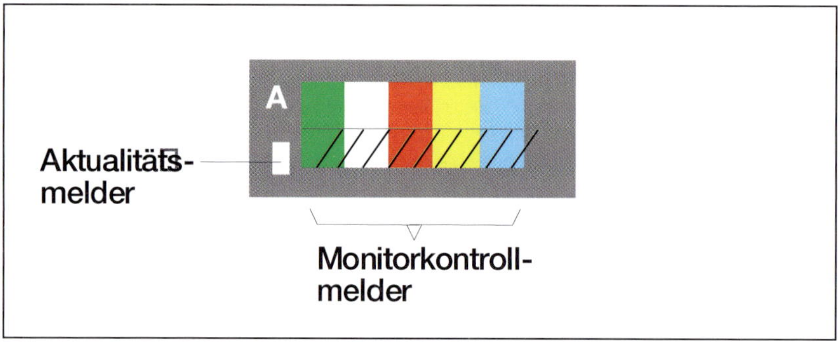

Abbildung 41: Die Melder für die „Sichere Anzeige" – bei neueren Elektronischen Stellwerken der Siemens AG.

Die Melder des Bedienplatzsystems 901 – BPS 901 – sind bis auf den Umschaltmelder mit den Meldern der ersten Generation identisch. Eine neue Software gewährleistet während der KF-Bedienung eine verfahrensgesicherte Anzeige, so dass der Umschaltmelder nicht gesondert angezeigt werden muss.

Die Testbildaufschaltung zeigt sich etwas verändert. Alle Monitore, auf denen die Bilder der Bahnhofslupe und der Bereichsübersicht aufgeschaltet werden können, müssen spätestens alle 10 Stunden durch Aufschalten des Testbildes geprüft werden. Wird diese Prüfung nicht durchgeführt, sind – wie vorher auch schon – auf dem Bedienplatz KF-pflichtige Bedienungen nicht mehr möglich. Der Ablauf dieser Ausfalloffenbarungszeit wird dem Fahrdienstleiter durch ein blinkendes "KF" im unteren Bereich des KA-Bildes angezeigt.

Für den Farbtest wird folgendes Bedienkommando eingegeben:

UMT,<Monitor>

In der „VQ"-Zeile erscheint

Mit „V" abschließen

und nach dem Bedienen von „V":

Testbildprüfung läuft

Über den gesamten Bildschirm erscheint das Testbild nacheinander in den Farben

- grün
- weiß
- rot
- gelb
- blau
- weiß mit Schraffur
- schwarz.

Die Monitore können in beliebiger Reihenfolge geprüft werden. Während der Testbildprüfung sind nur HaGT-Bedienungen (Signal auf Halt stellen) möglich. Alle anderen Bedienkommandos werden von den Rechnern mit dem Hinweis in der „VQ"-Zeile

Bedienung unzulässig–Testbildprüfung läuft!

abgewiesen.

Bei der Testbildprüfung darf keine Farbe fehlen. Außerdem müssen die Farben eindeutig sein. Werden die Farben nicht ordnungsgemäß angezeigt, ist der Monitor gestört.

Nach einer Testbildprüfung für einen Monitor erscheint die Meldung:

Testbildprüfung fortsetzen!

Bei fehlerhafter Testbildprüfung erscheint die Meldung:

Fehler bei Testbildprüfung – Wiederholen!

Erst wenn alle Monitore geprüft sind, erscheint die Meldung:

Testbildprüfung erfolgreich abgeschlossen

Neuere Elektronische Stellwerke der Alcatel SEL AG kennen ein ganz anderes Verfahren zur Umsetzung der „Sicheren Anzeige“ – ISA. Die Bezeichnung ISA steht in diesem Zusammenhang für „**I**ntegrierte **s**ichere **A**nzeige“. Dieses System besteht aus mehreren Komponenten, die sich gegenseitig überwachen. Ausfallschutz bietet die doppelte Auslegung des Systems. Eine Anzeige kann jedoch nur dann als sicher angesehen werden, wenn die entsprechenden Kontrollmelder dies anzeigen. Dies sind das **Lebenszeichen**, der **Monitorkontrollmelder** und der **Sicherheitsmelder** (Abbildung 42).

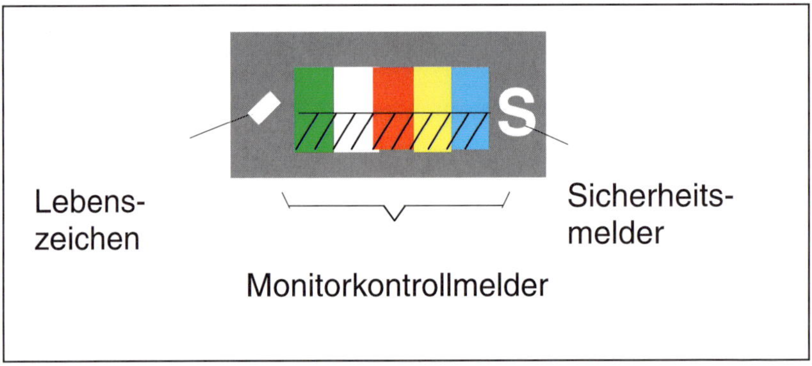

Abbildung 42: Die Melder für die „Sichere Anzeige“ mit BO L ISA – Alcatel SEL AG.

Der Balken des **Lebenszeichens** wechselt in 45°-Schritten im Uhrzeigersinn seine Stellung. Wenn sich das Lebenszeichen nicht mehr bewegt, bedeutet das in jedem Fall ein nicht sicheres Bild, unabhängig von der Darstellung des Sicherheitsmelders. Die Anzeige ist „eingefroren“ – nicht mehr aktuell. Dies könnte zum Beispiel daran liegen, dass die Außenanlage Informationen liefert, die noch nicht verarbeitet und somit noch nicht angezeigt werden – Verarbeitungsrückstände. Das System mit diesem Monitor darf nicht mehr betrieblich ausgewertet werden.

Der **Monitorkontrollmelder** überwacht – wie vor bereits beschrieben – die Farb- und die Blinkanzeigen.

Wenn das „S“ des **Sicherheitsmelders** rot leuchtet, sind keine KF-pflichtigen Bedienungen, für die auf dem aufgeschalteten Meldebild dargestellten Stelleinheiten, mehr möglich. Ursache hierfür könnte zum Beispiel keine übereinstimmenden Rechnerergebnisse sein. Sollte der Sicherheitsmelder aller Monitore längere Zeit rot leuchten und nicht mehr in weiße Ausleuchtung zurückkehren, ist die Fachkraft Leit- und Sicherungstechnik (LST) sofort zu verständigen. Nach Rücksprache mit der Fachkraft LST kann auf das vorhandene Ersatzsystem umgeschaltet werden.

Eine Testbildaufschaltung ist bei diesem System der Alcatel SEL AG nicht mehr erforderlich.

6.2 Bedienungen an Weichen, Kreuzungen, Gleis- und Schlüsselsperren

Die Bedienung des Elektronischen Stellwerks erfolgt in der Regel – wie bereits im Abschnitt 5 beschrieben – über das Bedientablett oder durch Mausklick. Als Basis der weiteren Betrachtungen dient das Bedientablett des ESTW Neustadt (Weinstraße), das in Anhang 1 abgebildet ist. Es handelt sich hierbei um ein Elektronisches Stellwerk der Baureihe L 90 mit BO L ISA und wurde in der Zeit vom 15. bis 17. Mai 1999 in Betrieb genommen. Der gesamte Stellbereich ist mit Ks-Signalen ausgerüstet. Eine Übersicht der Lupen- und Bereichsübersichtsbilder finden Sie in Anhang 2.

Die Unterschiede in der Bedienung zwischen dem Bedientablett und dem Mausklick werden Ihnen am ESTW Waldshut dargestellt. Dieses ist ebenfalls ein Elektronisches Stellwerk der Alcatel SEL AG. Es ist mit BO L ISA 2 ausgestattet und wurde vom 28. August bis 7. September 2001 in der BZ Karlsruhe in Betrieb genommen. Es steuert und sichert auf der Strecke Basel – Schaffhausen von Grenzach bis Erzingen den Eisenbahnbetrieb. Die Lupen- und Bereichsübersichtsbilder dieses Elektronischen Stellwerks sind ebenfalls in Anhang 2 dargestellt.

Umstellen von Weichen, Kreuzungen und Gleissperren

Beim Umstellen einer Weiche handelt es sich um eine Elementeinzelbedienung. Bei dieser Art der Bedienung über das Bedientablett muss zuerst das entsprechende Funktionsbezeichnungsfeld und danach das entsprechende Fahrwegelement eingegeben werden. Eine Auflistung aller Funktionsfelder mit genauer Beschreibung und Bedeutung des ESTW Neustadt (Weinstraße) finden Sie in Anhang 3.

Bei der Mausbedienung wird zuerst das Fahrwegelement angeklickt – Bedienung mit der rechten Maustaste. Danach wird ein Popup-Menü geöffnet und das Element mit einem Bedienreflex hinterlegt. Im Popup-Menü werden dem Fahrdienstleiter alle Funktionen, die bei diesem Element möglich sind, eingeblendet. Nach der Auswahl der Funktion erscheint das Bedienkommando in der „EIN"-Zeile. Nun ist das Abschlussfeld „Verarbeiten" sensitiv geschaltet und kann mit der linken Maustaste bedient werden. Danach wird das Bedienkommando ausgeführt.

Dies nun an einem praktischen Beispiel aus dem ESTW Neustadt (Weinstraße). Im Bahnhof Weidenthal soll die Weiche 102 umgestellt werden. Dazu bedient der Fahrdienstleiter das Funktionsbezeichnungsfeld „WU" – Bedeutung „Weiche umstellen" – und danach das Symbol der Weiche 102 auf dem Bedientablett.

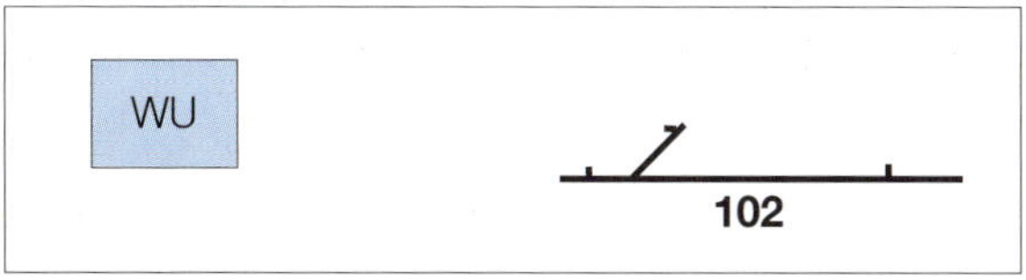

Der Stellbefehl wird in der „EIN“-Zeile im unteren Teil der Bahnhofslupe angezeigt:

EIN WU,102 ....
Trennelement für die Elementeinzelbedienung

Nach der Bedienung des Verarbeitungsfeldes „V“ wird das Bedienkommando ausgeführt.

Darstellung der Weiche auf der Bahnhofslupe

Auf der Bahnhofslupe wird die Weiche wie folgt angezeigt:

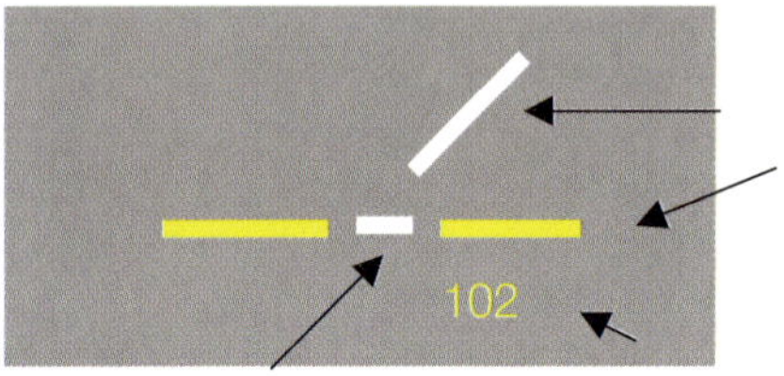

Abbildung 43: Die Darstellung der Weiche auf der Bahnhofslupe.

Die Stellung der Weichen, Gleissperren und Kreuzungen stimmt mit der Anzeige der Stellungsmelder überein, wenn diese Melder Ruhelicht zeigen – Ordnungsstellung. Für die Weichen und Kreuzungen ist in der Regel auf Elektronischen Stellwerken keine Grundstellung bestimmt, so wie dies noch bei einem mechanischen Stellwerk der Fall ist. Es gibt jedoch gerade bei neueren Elektronischen Stellwerken den Begriff der „**Weichenvorzugslage**“. Dies bedeutet, dass bei wichtigen Weichen eine Lage fest als gewünschte „Vorzugslage“ definiert wird. Die Weichenvorzugslage ist natürlich die Lage, in der die Weiche am häufigsten befahren wird. Es sind in der Regel die Weichen auf Überleitstellen und Bahnhofsweichen, die überwiegend in einer Stellung befahren werden. Sinn dieser Weichenvorzugslage ist es, dass bei Ausfall des Stellwerks oder Teilen des Stellwerks die Weichen sich in der Lage befinden, in der das Zugnotprogramm durchgeführt werden soll. Damit dies in den meisten Fällen gewährleistet ist, wurden zwei Verfahren realisiert. Das eine Verfahren lässt die Weiche nach Auflösung aus einer Zug- oder auch Rangierstraße und nicht vorhandener Vorzugslage sofort in die Weichenvorzugslage umlaufen. Bei dem anderen Verfahren wird der Fahrdienstleiter durch Blinken des Verschlussmelders der entsprechenden Weiche aufgefordert, die Weiche in die Vorzugslage umzustellen.

Bei dem ESTW Neustadt (Weinstraße) laufen die Weichen 207, 242, 243 und 246 automatisch in die Weichenvorzugslage. Bei den Weichen 731, 732, 733 und 734 wird der Fahrdienstleiter Neustadt (Weinstraße) durch den blinkenden Verschlussmelder zur Umstellung in die Weichenvorzugslage aufgefordert.

Der **Verschlussmelder** der Weiche leuchtet, wenn sie nicht in eine Fahrstraße eingebunden ist, weiß. Wird die Weiche innerhalb einer Zugstraße verschlossen, leuchtet der Verschlussmelder grün. Dies gilt sowohl für die Einbindung als befahrene Weiche als auch für die flankenschutzgebende Weiche. Innerhalb einer Rangierstraße leuchtet der Verschlussmelder blau. Ist die Weiche besetzt und verschlosssen, wechselt die Ausleuchtung des Verschlussmelder in rot. Blinkt der Verschlussmelder weiß, ist dies die Aufforderung an den Fahrdienstleiter, die Weiche umzustellen. Dies kann bei der Weichenvorzugslage – wie vor schon beschrieben – , beim fahrstraßenmäßigen Einlauf mit Sperrung der Weichenlaufkette sowie bei der Versorgung des Stellwerks mit Energie durch die Batterie vorkommen.

Die **Stellungsmelder** der Weichen sind gleichzeitig Überwachungs-, Besetzt-, Frei- und Auffahrmelder. Sie leuchten bzw. blinken dann in den entsprechenden Farben (rot = besetzt; grün = Überwachung in einer Zugstraße; blau = Überwachung in einer Rangierstraße; gelb = frei; rotes bzw. gelbes Blinken beider Stellungsmelder = Auffahrmeldung).

Die Weichenbezeichnung wirkt gleichzeitig als **Flankenschutzüberwachungsmelder** – kurz auch FlÜM genannt. Die Bezeichnung der Fahrwegweiche wechselt von gelbe in grüne Ausleuchtung, wenn aktiver Flankenschutz vorhanden ist und der Flankenschutzüberwachungsraum – auch als Flankenschutzraum bezeichnet –, dies ist der Gleisabschnitt zwischen der befahrenen Weiche und dem flankenschutzgebendem Element, als frei angezeigt wird.

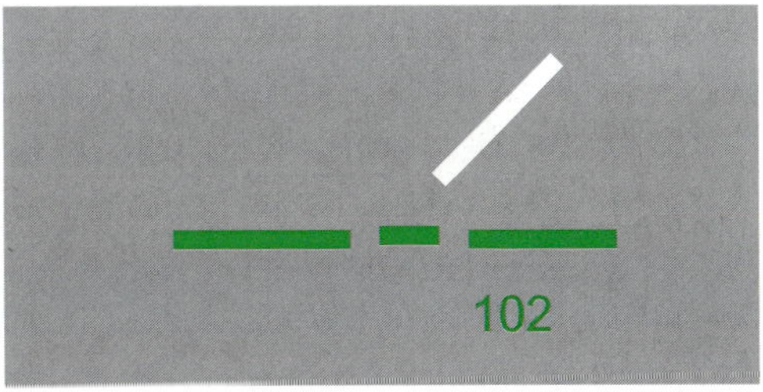

Abbildung 44: Die Weiche 102 ist in eine Zugstraße eingebunden und genießt durch ein anderes Fahrwegelement Flankenschutz.

Sonstige Bedienungen an Weichen

Das Bezeichnungsfeld der Weiche dient gleichzeitig auch als **Sperrmelder**. Sperre ist hier im Sinne von „Sperre gegen Umstellen" zu verstehen. Sperre kann auch wie bereits in modernen Drucktasten – Spurplanstellwerken als „Sperre gegen Befahren" verstanden werden. Dies muss der Fahrdienstleiter unterscheiden. Soll die

Weiche nicht mehr umgestellt werden, muss der Fahrdienstleiter die Weiche mit dem Bedienkommando

WUS,102

gegen Umstellen sperren. Das Bedienfeld „WUS“ befindet sich im blauen Funktionsfelderblock „Weichen“ und bedeutet „**W**eiche gegen **U**mstellen **s**perren“. Als Zeichen der vollzogenen Sperrung wird das Weichenbezeichnungsfeld auf der Bahnhofslupe rot hinterlegt und die Weichenbezeichnung wechselt in weiße Ausleuchtung. Diese Ausleuchtung bezeichnet man als „Sperrmelder“.

Abbildung 45:
Die Weiche 102 ist gegen Umstellen gesperrt.

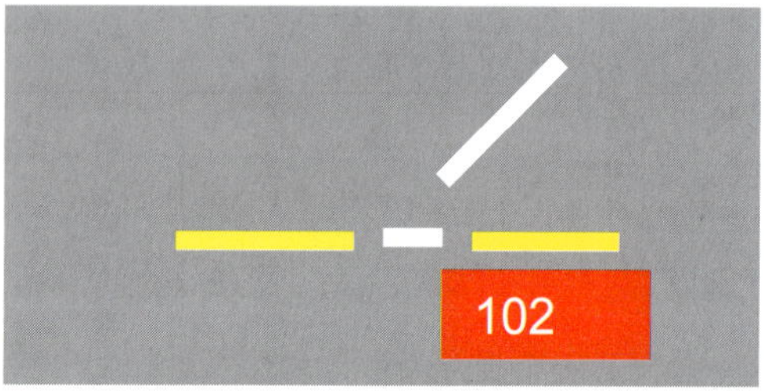

Die Sperre gegen Umstellen schließt natürlich nicht das Befahren der Weiche aus. Deshalb kann über eine Weiche, die gegen Umstellen gesperrt ist, jederzeit und ohne betriebliche bzw. technische Voraussetzung eine Fahrstraße eingestellt werden. Die Weiche nimmt im Weichensymbol die normale Ausleuchtung an. Lediglich die Weichenbezeichnung im Sperrmelder wechselt von weißer in grüne Ausleuchtung, sobald die Bedingungen für das Aufleuchten des Flankenschutzüberwachungsmelders gegeben sind.

Abbildung 46:
Die Weiche 102 ist in eine Zugstraße eingebunden;
sie ist verschlossen,
genießt Flankenschutz und ist gegen Umstellen gesperrt.

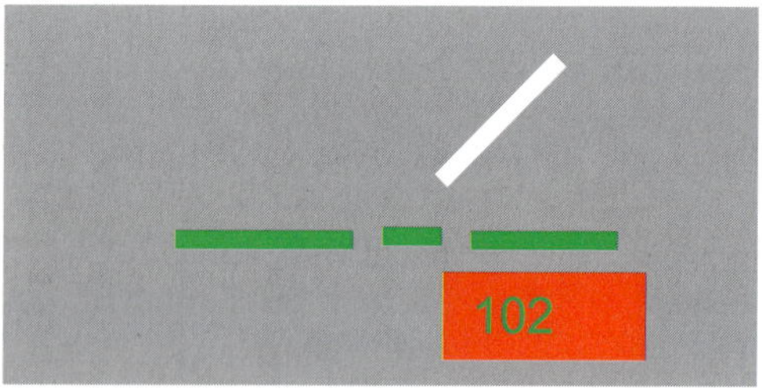

Mit dem KF-pflichtigen Bedienkommando

WUE,102

kann die Umstellsperre von der Weiche 102 wieder genommen werden, so dass die Weiche wieder nach den vorgenannten Bedingungen umlaufen kann. „WUE“ kann mit „**W**eiche zum **U**mstellen **e**ntsperren“ definiert werden.

Wie bereits vorher schon angeführt kann eine Weiche und auch alle anderen Fahrwegelemente, zum Beispiel Gleisabschnitte, gegen Befahren gesperrt werden. Das entsprechende Bedienkommando lautet:

FSP,102

Das Funktionsfeld „FSP“ befindet sich nicht im blauen Funktionsfelderblock „Weichen“ sondern im grünen Funktionsfelderblock „Fahrstraßen“. Dieser Umstand gründet sich darin, dass durch das Feld „FSP“ ja nicht nur Weichen, sondern alle Fahrstraßenelemente angesprochen werden können. Denn wenn man „FSP“ in Langworten sagt, könnte man es mit „**F**ahrstraßenelement **sp**erren“ übersetzen. Deshalb gehört das Feld entgegen der Meinung vieler Fahrdienstleiter in den grünen Funktionsfelderblock „Fahrstraßen“ und nicht in den blauen Funktionsfelderblock „Weichen“.

Die Kennzeichnung der gegen Befahren gesperrten Weiche wird auf der Bahnhofslupe in der Regel durch einen schwarzen Mittelstrich im gesamten Element vorgenommen.

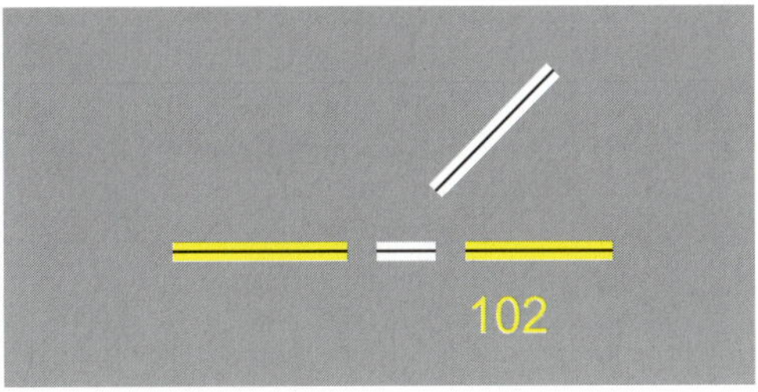

Abbildung 47:
Die Weiche 102 ist mit einer Befahrbarkeitssperre belegt (gegen Befahren gesperrt).

Auf einigen Elektronischen Stellwerken sind anstelle dieser Mittelstriche gestrichelte Linien vorzufinden.

Diese Befahrbarkeitssperre kann jederzeit vom Fahrdienstleiter umgangen – siehe hierzu „Einstellen von Fahrstraßen“ – und auch jederzeit abgelegt werden. Zum „Ablegen“ gibt der Fahrdienstleiter das KF-pflichtige Bedienkommando

FESP,102

ein. „FESP“ steht für „**F**ahrstraßenelement **ent****sp**erren“ und befindet sich ebenfalls im grünen Funktionsfelderblock „Fahrstraßen“.

Besonders enge räumliche Verhältnisse machen es erforderlich, dass Weichen gegeneinander nicht grenzzeichenfrei isoliert werden. Dies bedeutet, dass das Grenzzeichen des einen Gleises sich in dem Regellichtraum des „Nachbargleises“ befindet. Abbildung 48 soll dies veranschaulichen.

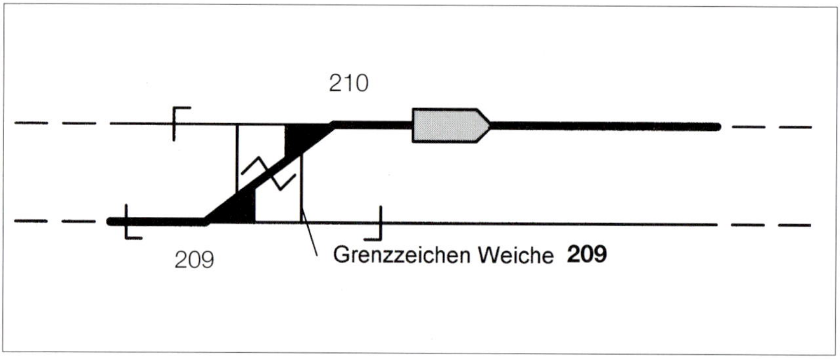

Abbildung 48: Die Darstellung nicht grenzzeichenfrei isolierter Weichen im Signallageplan.

Die Darstellung des oben genannten Umstandes zeigt sich auf der Bahnhofslupe wie folgt:

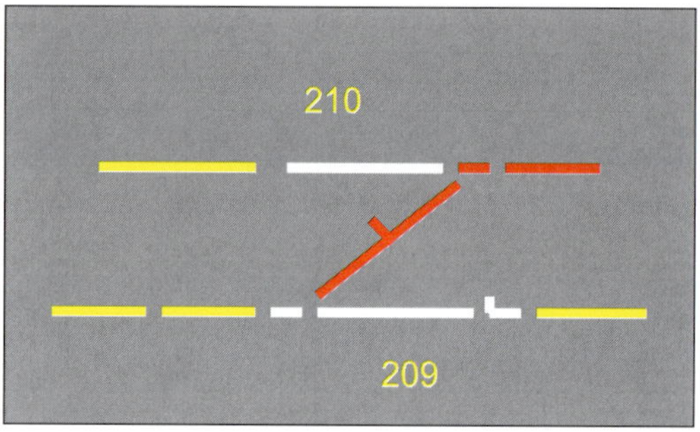

Abbildung 49: Die Darstellung nicht grenzzeichenfrei isolierter Weichen auf der Bahnhofslupe.

Der Stellungsmelder der Weiche 209 leuchtet im gemeinsamen Strang mit der Weiche 210 rot, weil die Isolierung der Weiche 209 (nicht grenzzeichenfrei isoliert) in den besetzten Teil der Weiche 210 hineinragt. Wird die geräumte Weiche 209 mit dem KF-pflichtigen und zählpflichtigen Bedienkommando

WHU,209

umgestellt (WHU = **W**eichen**h**ilfs**u**mstellung), wird der Stellungsmelder der Weiche 209 und der Spitzenmelder gelb ausgeleuchtet.

Ferngestellte Weichen laufen beim Einstellen der Fahrstraße – bedingt durch die Weichenlaufkette – fahrstraßenmäßig in die erforderliche Stellung.

Die **Weichenlaufkette** hat auf den Stellwerken zwei Aufgaben:
Als erstes soll sie verhindern, dass mehrere Weichen gleichzeitig anlaufen. Der Weichenantrieb mit seinem 400 Volt Drehstrommotor ist der Energieverbraucher auf dem Stellwerk schlechthin. Die meiste Energie wird hierbei beim Anlauf der abliegenden Weichenzunge benötigt (1. Phase des Weichenumlaufs). Wenn sich beide Zungen gleichzeitig bewegen (2. Phase des Weichenumlaufs) oder beim Verklammern der anliegenden Zunge (3. Phase des Weichenumlaufs) ist der Energiebedarf wesentlich geringer. Deshalb wird durch die Weichenlaufkette auch sichergestellt, dass die Weichen im Abstand von 0,25 Sekunden nacheinander zur Umstellung anlaufen.

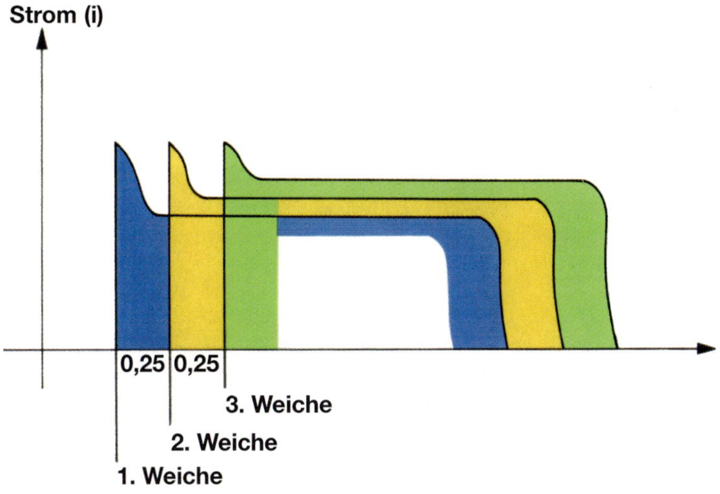

Abbildung 50: Die grafische Darstellung des Energieverbrauches beim Weichenumlauf bedingt durch die Weichenlaufkette.

Die zweite Aufgabe der Weichenlaufkette ist der fahrstraßenmäßige Einlauf der Zug- bzw. Rangierstraßen. Alle Weichen laufen nach Eingabe der Fahrstraße in die erforderliche Stellung. Dies trifft für Gleissperren nicht ohne Einschränkungen zu. So läuft bei den neuen Elektronischen Stellwerken der Alcatel SEL AG die Gleissperre als Flankenschutzelement bei der Einstellung einer Zugstraße nicht mehr durch die Weichenlaufkette angestoßen in den aufgelegten Zustand. Dieser Hersteller vertritt die Meinung, dass dies nur durch eine Einzelbedienung des Fahrdienstleiters geschehen sollte. Hintergedanke ist, dass eine Gleissperre im Normalfall aufgelegt ist.

Nur wenn sie zum Rangieren in eine Rangierstraße eingebunden ist, sollte sie abgelegt sein. Ist die Rangierstraße ausgefahren und somit auch aufgelöst, fordert der blinkende Verschlussmelder den Fahrdienstleiter zum Auflegen der Gleissperre auf. Dies geschieht durch Einzelbedienung mit dem Stellbefehl wie bei der Weichenumstellung. Somit befindet sie sich für die nächste Zugfahrt in der „vorgeschriebenen Grundstellung".

Während des Umstellvorganges eines Fahrwegelementes blinkt bei der Siemens AG bzw. leuchtet bei der Alcatel SEL AG der **Weichenlaufmelder**

in der Sammelmelderzeile der Lupe gelb. Die Anzeige „WL" wird eventuell durch die Bezeichnung der Weichenlaufkette ergänzt. Dieser Melder wird eigentlich falsch bezeichnet. Von seinem Namen her könnte abgeleitet werden, dass er den Weichenlauf anzeigt. Dem ist jedoch nicht so. Der Weichenlaufmelder zeigt an, dass der Stellstrom dem Antrieb der Weiche bzw. der Gleissperre zugeführt wird. Dabei ist es egal, ob die Zungen der Weiche oder die Gleissperre sich bewegen oder nicht.

Sobald die abliegende Zunge ihre Endlage verlassen hat, beginnt der Stellungsmelder für die gewünschte Stellung, grün für Zugstraßen, blau für Rangierstraßen und gelb ohne Beanspruchung, bis zum Erreichen der entsprechenden Endlage zu blinken.

Während des Umstellvorganges – bedingt durch eine Elementeinzelbedienung – muss das entsprechende Lupenbild aufgeschaltet sein.

Darstellung auf der Bereichsübersicht

Da die Bereichsübersicht für die Einzelbedienung einer Weiche als Anzeigemedium nicht zugelassen ist, können Weichen nur innerhalb einer Fahrstraßeneinstellung zum Umlauf angestoßen werden.

Dem Fahrdienstleiter ist es nicht möglich, die genaue Lage und die Bezeichnung der Weiche zu erkennen. Sie wird nur als Abzweig dargestellt. In unserem Beispiel zeigt die Bereichsübersicht folgendes Bild:

Abbildung 51: Die Darstellung der Weiche auf der Bereichsübersicht.

ältere ESTW | neuere ESTW

Die Ausleuchtung des Weichensymbols wechselt natürlich entsprechend ihrer Beanspruchung. Die Weiche, die mit einer Befahrbarkeitssperre belegt ist, wird mit einem Doppelstrich dargestellt.

ältere ESTW

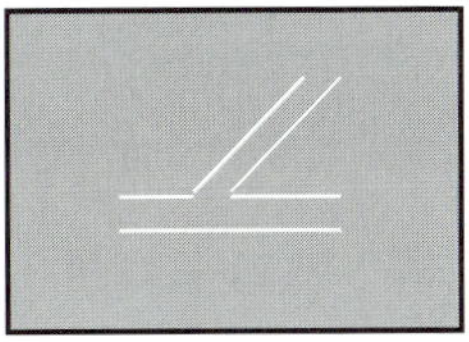

neuere ESTW

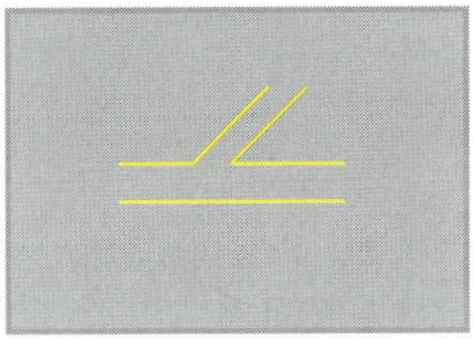

Abbildung 52: Die Darstellung der mit Befahrbarkeitssperre versehenen Weiche auf der Bereichsübersicht.

Aus diesem Grund ist die Bereichsübersicht für das Umstellen von Weichen ohne Bedeutung.

Ablauf nach Eingabe des Bedienkommandos

- Ausgangslage der Weiche (z.B. Rechtslage); der Stellungs- und Überwachungsmelder leuchtet „gelb".
- Umlauf der Weiche; der Stellungs- und Überwachungsmelder „blinkt gelb" in der Stellung, in die die Weiche einläuft.
  Anmerkung: Fordert das Stellwerk vom Fahrdienstleiter das Umstellen einer Weiche, blinkt der Verschlussmelder als Umstellaufforderung.
- Weiche erreicht Endlage (z.B. Linkslage); der Stellungs- und Überwachungsmelder zeigt die Ordnungsstellung an.
  Anmerkung: Wird die Endlage nicht erreicht, blinkt der Stellungs- und Überwachungsmelder weiter.
- Verschluss der Weiche tritt ein; der Verschlussmelder leuchtet in der Farbe des beanspruchten Fahrweges:

„grün"	bei Zugstraßen
„blau"	bei Rangierstraßen

  Anmerkung: Dies ist nur bei Einbindung in einer Zug- oder Rangierstraße der Fall.
- Weichenbezeichnung (gleichzeitig Flankenschutzüberwachungsmelder) wechselt von „gelber" in „grüne" Ausleuchtung.
  Anmerkung: Das Flankenschutzelement wird auf richtige Lage und der Bereich zwischen diesem und der Fahrwegweiche wird auf Freisein überprüft. Der Flankenschutzüberwachungsmelder erlischt – die Weichenbezeichnung wechselt wieder von „grün" in „gelb" – sobald diese Bedingungen nicht erfüllt sind.

Die Ausführungen über Weichen gelten auch sinngemäß für Kreuzungen und Gleissperren.

Darstellung von Schlüsselsperren auf der Lupe

Schlüsselsperren stellen für ortsgestellte und mit Riegelschloss versehene Weichen bzw. mit Gleissperrenschloss versehene Gleissperren die Signalabhängigkeit her. Der Schlüssel der verschlossenen Weiche oder Gleissperre wird in einer Schlüsselsperre überwacht, gegen Entnahme gesperrt und in Fahrstraßen verschlossen.

Nachstehende Schlüsselsperre 114 ist in eine Zugstraße eingebunden:

Abbildung 53: Die Darstellung einer Schlüsselsperre auf der Bahnhofslupe.

Die Schlüsselmelder können verschiedene Ausleuchtungen annehmen und somit dem Fahrdienstleiter verschiedene Betriebszustände anzeigen. Mit dem Bedienkommando SLE,<Bezeichnung des Schlüssels> (SLE = **S**ch**l**üssel **e**ntsperren) und SLS,<Bezeichnung des Schlüssels> (SLS = **S**ch**l**üssel **s**perren) kann der Fahrdienstleiter den Schlüssel für die Weiche oder Gleissperren freigeben und zurücknehmen. Nachfolgend sind die Betriebszustände einer Schlüsselsperre dargestellt:

Kdo	Betriebszustand	Ausleuchtung
	Grundstellung	
SLE, <Schlüsselsperre>	Schlüssel freigegeben *(Schlüssel noch nicht entnommen, Gleis besetzt)*	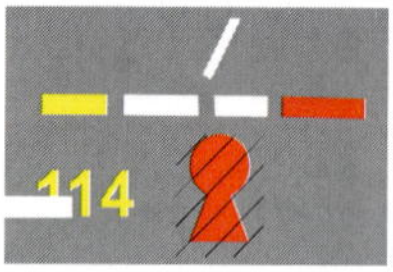
SLS, <Schlüsselsperre>	Schlüsselfreigabe zurückgenommen	

Kdo	Betriebszustand	Ausleuchtung
	Schlüssel nach der Freigabe entnommen *(Gleis besetzt)*	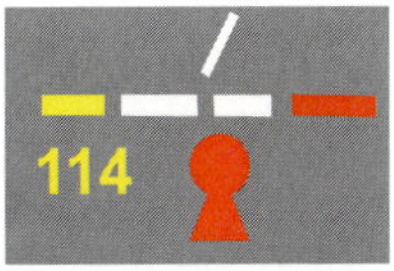
	Aufforderung zum Einschließen des Schlüssels *(Weiche wird als Flankenschutz benötigt)*	
	Weiche bietet Flankenschutz	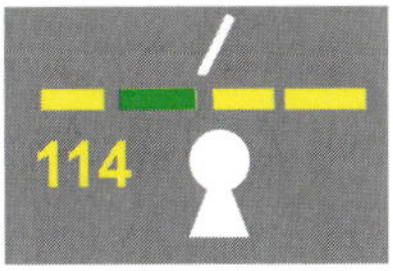

Abbildung 54: Die verschiedenen Betriebszustände einer Schlüsselsperre auf der Bahnhofslupe.

6.3 Signale im Elektronischen Stellwerk

Darstellung der Signale

In den Stellbereichen, der in Betrieb befindlichen Elektronischen Stellwerke, sind Signale des Haupt-/Vorsignal-Systems (ältere ESTW) und Signale des Kombinationssignal-Systems (neuere ESTW) installiert. Beim Umbau von Bahnanlagen bzw. bei Ergänzungen bestehender Anlagen wird heute noch – dort wo dieses Signalsystem installiert ist – das Haupt-/Vorsignal-System nachgerüstet. Werden jedoch Stellwerke neu gebaut und damit auch die Signalanlage erneuert, wird nur noch das Kombinationssignal-System eingerichtet.

Da es für den Fahrdienstleiter sehr wichtig ist, die Bedeutung der Signale auch aus den Lageplänen zu erkennen, zum Beispiel bei Bauarbeiten in der Betra, werden die verschiedenen Signale zuerst einmal aus der Sicht der Signallagepläne vorgestellt.

In den Signallageplänen werden grundsätzlich bei allen Signalsystemen bei

- stellwerksbedienten Signalen (dies sind die typischen Bahnhofssignale) die Symbole schwarz gefüllt,

→ zugbedienten Signalen (dies sind die selbsttätigen Blocksignale der Bauform Selbstblock) die Symbole weiß gefüllt sowie

→ zug- und stellwerksbedienten Signalen (dies sind die Signale, die mit Selbststellbetrieb oder bei moderneren Stellwerken auch mit Zuglenkung ausgerüstet sind) die Symbole je zur Hälfte weiß und schwarz dargestellt.

Einige Beispiele für die Darstellung der Haupt- und Zusatzsignale in den Signallageplänen (zur Vereinfachung werden die folgenden Symbole nur als stellwerksbediente Signale abgebildet):

Haupt-/Vorsignal-System (H/V-System)

	Haupt-/Sperrsignal mit den Signalstellungen Hp 0, Hp 1 (oberer Punkt), Hp 2 (unterer Punkt) und Sh 1 (Rechteck unter den Signalpunkten). Als Zusatzsignal ist das Signal Zs 1 (< über den Signalpunkten) – Ersatzsignal – vorhanden.
	Haupt-/Sperrsignal mit den Signalstellungen Hp 0, Hp 2 (Strich neben den Signalpunkten) und Sh 1. Als Zusatzsignal ist das Signal Zs 1 vorgehalten.
	Hauptsignal mit den Signalstellungen Hp 0, Hp 1 und einem Vorsignal (zwei Signalpunkte am Mast). Als Zusatzsignal ist das Signal Zs 7 (> über dem Signalpunkt) – Vorsichtsignal – vorhanden.
	Vorsignal alleinstehend.
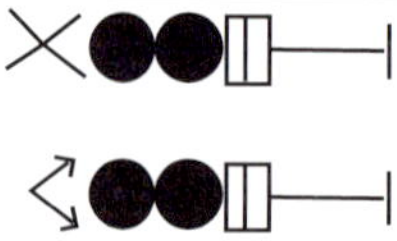	Haupt-/Sperrsignal mit den Signalstellungen Hp 0, Hp 1 und Hp 2 sowie Sh 1. Als Zusatzsignal ist das Signal Zs 8 – Falschfahrt-Auftragssignal – vorhanden (X und <, beide Darstellungen sind möglich).

Die Darstellung der Zusatzsignale Zs 2 – Richtungsanzeiger – und Zs 3 – Geschwindigkeitsanzeiger – ist gleich der Darstellung im Kombinationssignal-System.

Kombinationssignal-System (Ks-System)

	Hauptsignal mit den Signalstellungen Hp 0 und Ks 1.
	Vorsignal mit den Signalstellungen Ks 1 und Ks 2.
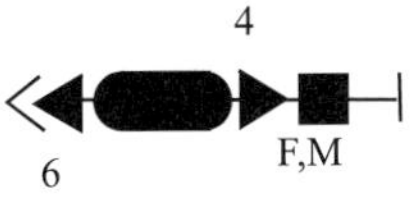	Mehrabschnittssignal mit den Signalstellungen Hp 0, Ks 1 und Ks 2. Über dem Hauptsignalsymbol befindet sich ein Geschwindigkeitsanzeiger Zs 3 (schwarzes Dreieck mit der Spitze nach oben) mit der Kennzahl 6 – darunter ein Geschwindigkeitsvoranzeiger Zs 3v (schwarzes Dreieck mit der Spitze nach unten) mit der Kennziffer 4 sowie ein Richtungsvoranzeiger Zs 2v (schwarzes Quadrat) mit den Kennbuchstaben F und M. Ferner ist das Signal in der Rückfallebene mit Signal Zs1 – Ersatzsignal – ausgerüstet.
	Mehrabschnittssignal mit den Signalstellungen Hp 0, Ks 1 und Ks 2. Ferner ist ein Lichtsperrsignal mit der Signalstellung Sh 1 integriert. Als Rückfallebene ist das Signal Zs 1 vorgehalten.
	Mehrabschnittssignal mit den Signalstellungen Hp 0, Ks 1 und Ks 2. Ferner ist ein Lichtsperrsignal mit der Signalstellung Sh 1 integriert. Als Rückfallebene ist das Signal Zs 1 vorgehalten. Außerdem ist ein Zusatzlicht und/oder Kennlicht (weißer Kreis rechts neben dem Signalsymbol) vorhanden.
	Hauptsignal mit der Signalstellung Hp 0 und Ks 1. Als Rückfallebene ist das Vorsichtsignal – Zs 7 im Gebiet der ehemaligen Deutschen Bundesbahn und Zs 11 im Gebiet der ehemaligen Deutschen Reichsbahn – angebracht.
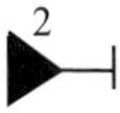 	Alleinstehender Geschwindigskeitsvoranzeiger Zs 3v mit der Kennziffer „2“. Alleinstehender Geschwindigkeitsanzeiger Zs 3 mit der Kennziffer „2“.
	Gleiswechselanzeiger – Signal Zs 6.
	Abfahrsignal – Signal Zp 9 – Abfahrsignal.

Auf die Beschreibung des Hl-Systems (Lichthaupt-, Lichtvorsignale) wird an dieser Stelle verzichtet, weil kein Elektronisches Stellwerk mit diesem Signalsystem ausgerüstet ist.

Sonstige signaltechnische Einrichtungen

	Achszählpunkt als Doppelschienenkontakt.
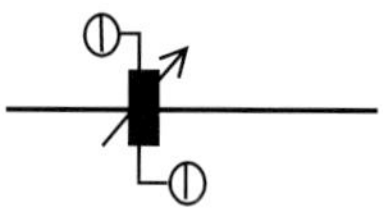	Gleissperre mit Auswurfrichtung nach links.
	Weiche mit Darstellung des Grenzzeichens.

Die Signale des Haupt-/Vorsignal-Systems und ihre Darstellung auf der Bahnhofslupe

Das Haupt-/Vorsignalsystem als Formsignalsystem entstand Mitte des vorletzten Jahrhunderts. Bei den Lichtsignalen des Haupt-/Vorsignal-Systems, die in den zwanziger Jahren des letzten Jahrhunderts zum ersten Mal bei der Deutschen Reichsbahn eingesetzt wurden, richtete man sich bei der Anordnung der Lichtpunkte nach den Nachtzeichen der Formsignale. So sollte die Umstellung von Form- auf Lichtsignale für den Triebfahrzeugführer kaum spürbar werden. Dies hat jedoch den Nachteil, dass man sehr viele Lichtpunkte bei den einzelnen Signalen zeigt.

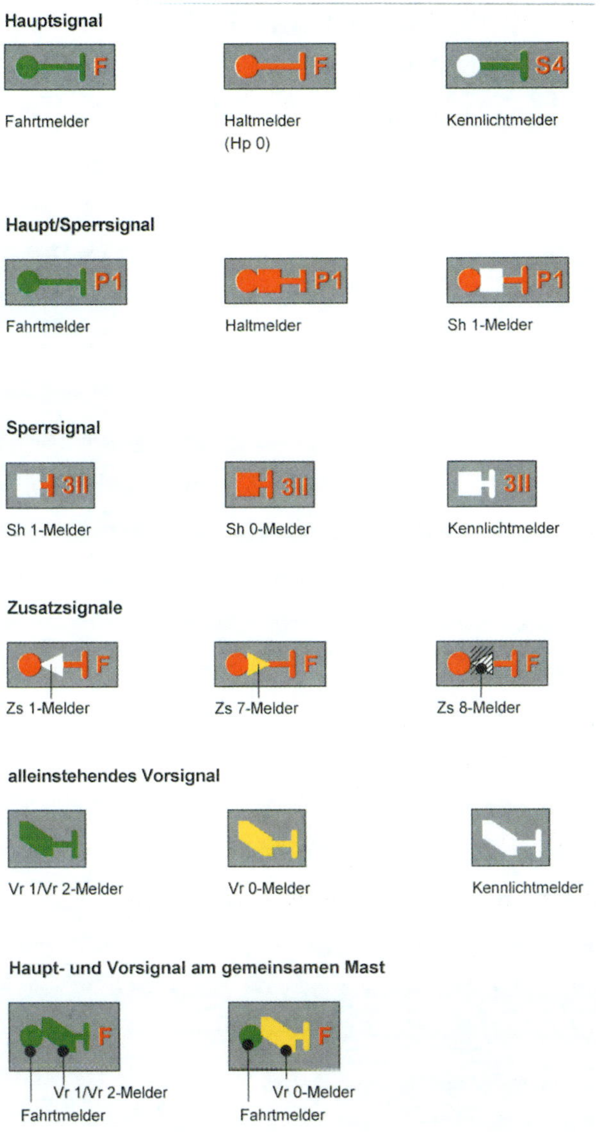

Abbildung 55: Die Darstellung der Signalsymbole des H/V-Systems auf der Bahnhofslupe.

Heute, in einer Zeit, in der der Energieverwendung eine immer größere Rolle zukommt, fragte man sich, ob diese vielen Lichtpunkte zur Signalisierung des Halt- und der Fahrtbegriffe notwendig sind. Auch bezüglich der Vorhaltung von Glühbirnen mit ihrer für den Eisenbahnbetrieb typischen „Zwei-Faden-Sicherung“ kann man diese Vielfalt an Lichtpunkten wirtschaftlich nicht vertreten. Ferner kam seitens der Triebfahrzeugführer die Forderung nach einem einfacheren Signalsystem auf.

Die Signale des Kombinationssignal-Systems und ihre Darstelllung auf der Bahnhofslupe

Bei dem Kombinationssignal-System werden Fahraufträge nur durch einen Lichtpunkt gegeben. Die Signale können die Funktion eines Haupt- , Vor- oder Mehrabschnittssignales haben. Im Mehrabschnittssignal ist Haupt- und Vorsignal zusammengefasst. Der Signalschirm im Kombinationssignal-System ist dergestalt aufgebaut, dass sich das rote Licht oben befindet.

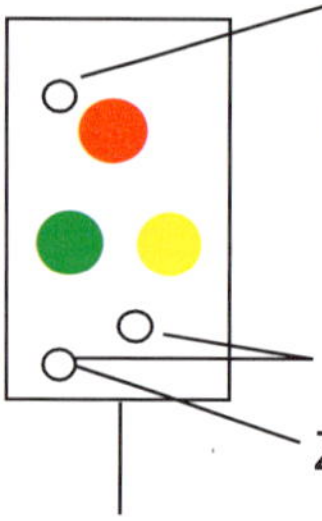

Unterhalb des Haltbegriffes ist links die Grün- und rechts die Gelblampe angeordnet. Das Zusatzlicht für den verkürzten Bremswegabstand bzw. das Kennlicht befindet sich links oben. Der Vorsignalwiederholer wird durch ein weißes Zusatzlicht unter dem Signallicht kenntlich gemacht. Wie auch im Haupt-/Vorsignal-System werden die Zusatzsignale für die Geschwindigkeitsanzeige stets über und die der Vorsignale – Geschwindigkeitsvoranzeiger – unterhalb des Signales angebracht (Zusatzsignale Zs 3 und Zs 3v). Das Ersatzsignal wird im Kombinationssignal-System als blinkender Lichtpunkt unterhalb der Hauptlampen signalisiert. Die anderen Zusatzsignale (Zs 2 bis Zs 8) haben sich im Vergleich zum Haupt-/Vorsignal-System nicht verändert.

An dieser Stelle ist die Nennung des Zs 8-Signals (Falschfahrt-Auftragssignal) nicht ganz richtig. Mitte der achtziger Jahre entschloss sich die ehemalige Deutsche Bundesbahn dazu, bei Neubauten bezüglich des Abweichen von der Fahrordnung auf der freien Strecke nur noch den Gleiswechselbetrieb zu bauen. Sollte dieser sich als unwirtschaftlich erweisen, wird die Strecke im Falschfahrbetrieb/Fahren auf dem Gegengleis mit Befehl ausgerüstet. Dieses Prinzip wurde auch von der Deutschen Bahn AG übernommen – so zum Beispiel im Stellbereich des ESTW Waldshut. Aus diesem Grund dürfte das Signal Zs 8 im Kombinationssignal-System nicht vorkommen.

Die Signalbegriffe werden wie folgt angezeigt:

→ Hp 0	ein roter Lichtpunkt	Halt
→ Ks 1	ein grüner Lichtpunkt	a) Mehrabschnittssignal: Fahrt, Fahrt erwarten b) Hauptsignal: Fahrt c) Vorsignal: Fahrt erwarten
→ Ks 1	ein grün blinkender Lichtpunkt	a) Mehrabschnittssignal: Fahrt, Fahrt erwarten b) Vorsignal: Fahrt erwarten jedoch jeweils mit einer Geschwindigkeitsreduzierung angezeigt durch Signal Zs 3v für das folgende Hauptsignal.
→ Ks 2	ein gelber Lichtpunkt	a) Mehrabschnittssignal: Fahrt, Halt erwarten b) Vorsignal: Halt erwarten

Art des Signals	Darstellung für den Triebfahrzeugführer	Darstellung für den Fahrdienstleiter
Hauptsignal	Hauptsignale tragen: ● das „weiß-rot-weiße Mastschild“, wenn sich hinter dem Signal ein Gefahrenpunkt befindet oder es sich um ein Zentralblocksignal handelt.  ● das „weiß-gelb-weiß-gelb-weiße Mastschild“, wenn sich hinter dem Signal kein Gefahrenpunkt befindet (Selbstblocksignal). 	● In der Signaltabelle ist diese Art des Signals mit „H“ gekennzeichnet. ● In dem Lageplan bzw. schematischen Lageplan ist das Signal wie nebenstehend dargestellt.  ● In dem Lageplan bzw. schematischen Lageplan ist das Signal wie nebenstehend dargestellt. 
Mehrabschnittssignal	Mehrabschnittssignale tragen zusätzlich noch einen auf der Spitze stehenden gelben Pfeil – ein mit der Spitze nach unten weisendes Dreieck. 	● In der Signaltabelle ist diese Art des Signals mit „M“ gekennzeichnet. ● In dem Lageplan bzw. schematischen Lageplan ist das Signal wie nebenstehend dargestellt. 
Vorsignal	Vorsignale sind durch die Vorsignaltafel bzw. der Wiederholer durch ein Weißlicht links unten am Signalschirm kenntlich gemacht. 	● In der Signaltabelle ist diese Art des Signals mit „V“ gekennzeichnet. ● In dem Lageplan bzw. schematischen Lageplan ist das Signal wie nebenstehend dargestellt. 

Abbildung 56:
Übersicht: „Darstellung der Signale für Triebfahrzeugführer und Fahrdienstleiter“.

Auf der Bahnhofslupe sehen die Signale wie folgt aus:

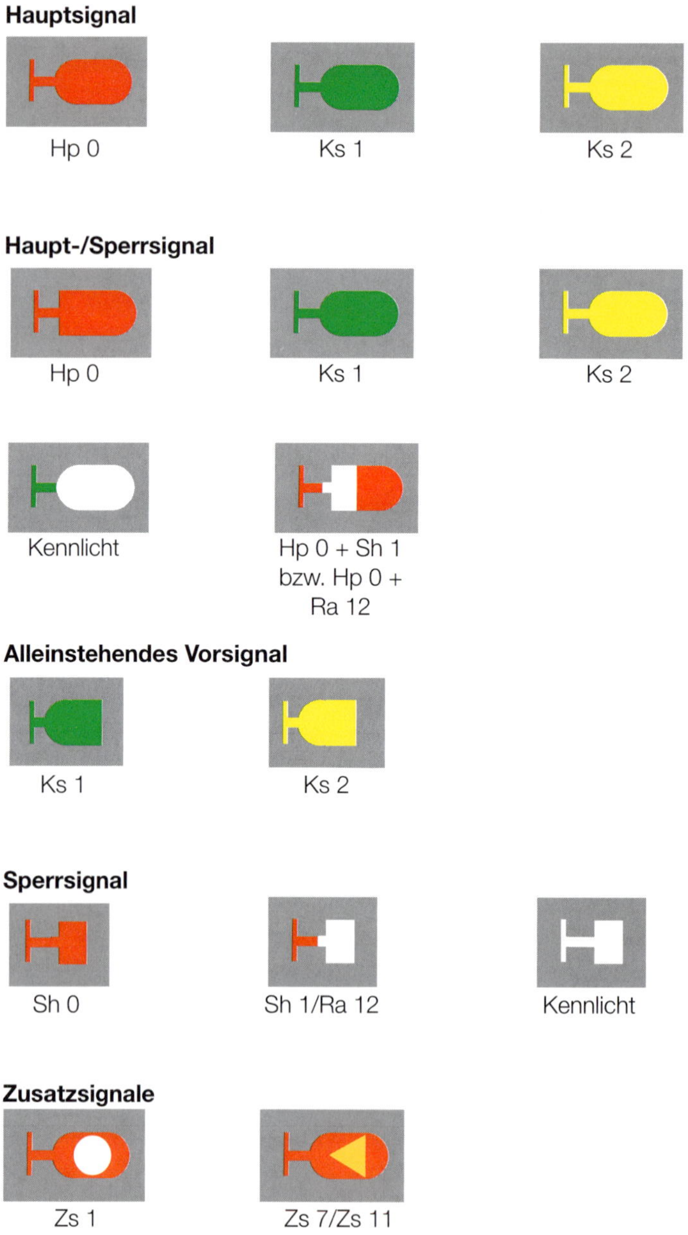

Abbildung 57: Die Darstellung der wichtigsten Signale des Ks-Systems auf der Bahnhofslupe.

Die zu einer Fahrstraße gehörenden Signale kommen beim Einstellen der Fahrstraße selbsttätig auf Fahrt. Dabei wird der Fahrtbegriff angeschaltet, der der Fahrstraße und dem Durchrutschweg entspricht. Leider gelingt es den Herstellerfirmen nicht immer bei den Elektronischen Stellwerken auch die Signalfunktion auf der Bahnhofslupe wiederzugeben, d.h. der Fahrdienstleiter kann in der Regel auf der Lupe nicht erkennen, ob es sich um ein einfaches Hauptsignal oder um ein Mehrabschnittssignal handelt. Dies wäre zum Beispiel bei der Rücknahme eines Hauptsignals für den Fahrdienstleiter sehr wichtig.

Die Darstellung der Signale auf der Bereichsübersicht

Bei der Darstellung auf der Bereichsübersicht gibt es keinerlei Unterschiede zwischen dem Haupt-/Vorsignal- und dem Kombinationssignal-System. Die Signale werden als einfache Dreiecke dargestellt. Hohle Dreiecke zeigen an, dass das Signal im Selbststellbetrieb oder im Zuglenkbetrieb geschaltet wird – siehe auch Abschnitt 4.4.

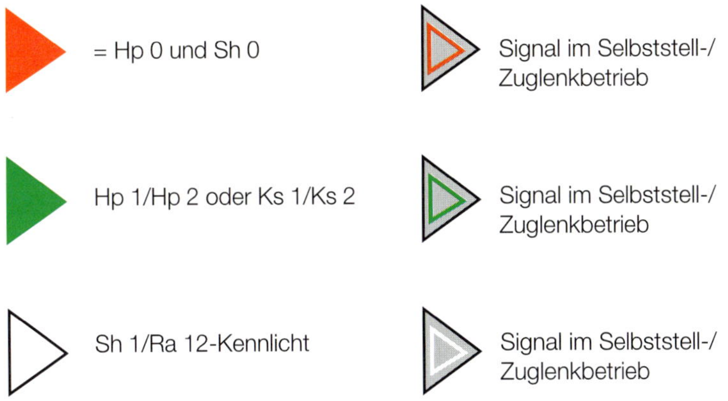

Da bei den mausbedienten Stellwerken die Bedienung direkt am Objekt in der Anzeige der Bereichsübersicht erfolgt, haben die Herstellerfirmen bei

den Haupt-/Sperrsignalen = 

und den Sperrsignalen = 

diese Darstellung gewählt.

Die Darstellung sonstiger Signale

Vorsignalwiederholer, Gleiswechsel-, Geschwindigkeits-, Richtungs-, Stumpfgleis- und Frühhaltanzeiger werden in der Regel nicht dargestellt. Bei Stellwerken mit Fahrstraßenprüfung müssen diese Signale auf der Lupe dargestellt werden, weil man sie hilfsweise umgehen muss.

Bedienungen an Signalen

– Signale auf Halt stellen

Ein Fahrt zeigendes Haupt- oder Sperrsignal sowie die Zusatzsignale Zs 1 und Zs 7/ Zs 11 können mit dem Bedienkommando

HaGT,<Signal>

in die Haltstellung gebracht werden.

Dazu bedient der Fahrdienstleiter das rote Funktionsfeld

HaGT

und danach das entsprechende Signalsymbol auf dem Bedientablett. Wird das Feld „HaGT – Signal auf Halt stellen" in Verbindung mit einem Bahnübergangsbezeichnungsfeld zusammen bedient, werden sofort alle Fahrt zeigenden Signale, die die Fahrt auf den Bahnübergang zulassen, in die Haltstellung gebracht.

– Signale sperren und entsperren

Das Signalbezeichnungsfeld ist gleichzeitig Sperrmelder. Wenn ein Haupt- oder Sperrsignal mit dem Bedienkommando

SS,<Signal>

in der Haltstellung gesperrt wird, leuchtet das Signalbezeichnungsfeld rot und die Signalbezeichnung wechselt von rot in weiß. Das Feld „SS" befindet sich im roten Gruppenfelderblock „Signale".

Es können nur Signale, die sich in der Haltstellung befinden, gesperrt werden. Sollte ein Signal einen Fahrtbegriff zeigen, ist es vor der Sperrung mit HaGT in die Haltstellung zu bringen.

Mit dem KF-pflichtigen Bedienkommando

SE,<Signal>

wird das Signal wieder entsperrt; der Sperrmelder erlischt. Auch dieses Feld befindet sich im Gruppenfelderblock „Signale“.

Bei Zentralblocksignalen sind die Felder BS und BE zu verwenden, die sich im grauen Gruppenfelderblock „Streckenblock“ befinden. Die Signalbezeichnung bleibt bei diesen Signalen in grüner Ausleuchtung bestehen. Neuere Stellwerke der Siemens AG kennen diese Bezeichnungen nicht mehr.

Die Bedienungshandlungen Signal auf Halt stellen, Signal sperren, Signal entsperren, Blocksignal sperren und Blocksignal entsperren laufen bei mausbedienten Stellwerken dergestalt ab, dass durch Bedienen des Signals mit der rechten Maustasten ein Popup-Menü geöffnet wird, in dem die Funktionen HaGT, BS und BE bzw. über das Untermenü „Andere“ die Funktionen SS und SE angezeigt werden.

– Tag-/Nachtschaltung

Die Lichtsignale können bei Dunkelheit in ihrer Helligkeit schwächer leuchten. Wie bereits in Kapitel „Energieversorgung des Elektronischen Stellwerks“ beschrieben, werden die Signale dann nur noch mit 145 Volt anstatt der normalen 230 Volt Wechselstrom versorgt. Ein Transformator am Signal selbst versorgt dann das Signal mit 8 Volt (Nachtspannung) bzw. 12 Volt (Tagspannung).

Bei eingeschalteter Tagspannung leuchtet der Tagspannungsmelder (TA) bzw. bei eingeschalteter Nachtspannung (NA) der Nachtspannungsmelder auf der Bereichsübersicht und der Bahnhofslupe grün.

Ausgelagerte Rechner bedingen, dass es vor Ort eine eigene Stromversorgung für die Bahnanlage gibt. Dies hat zur Folge, dass auch die Signale in verschiedenen Schaltkreisen Tag/Nacht geschaltet werden. So gibt es in Neustadt (Weinstraße) drei verschiedene Tag/Nacht-Schaltungen, die fortlaufend mit T1 bis T3 bzw. N1 bis N3 bezeichnet werden.

Die Melder sind wie folgt zugeordnet:

„T1/N1“	=	Weidenthal (EAM 1)
„T2/N2“	=	Lambrecht (EAM 2 und 3)
„T3/N3“	=	Neustadt (EAM 4 bis 7)

Auf der Bereichsübersicht stellt sich der Tagspannungs-Melder von Weidenthal wie folgt dar:

Blinkt der Nachtspannungs-Melder, ist dies die Aufforderung zum Umschalten der Signalbeleuchtung auf Nachtspannung.

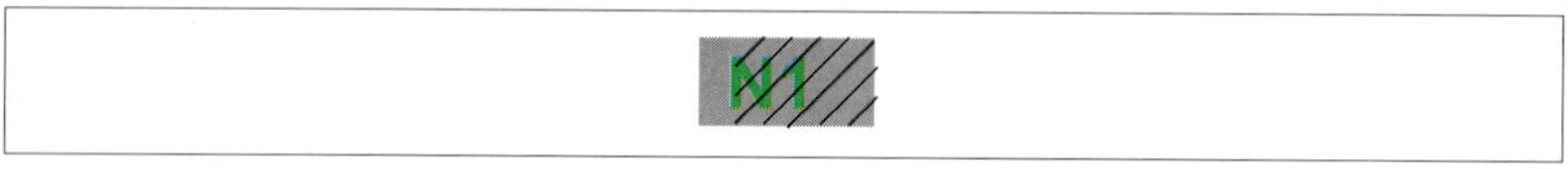

Mit dem Bedienkommando

NE,<Bahnhof>

ist die Energieversorgung umzuschalten. „NE“ ist auf dem Bedientablett im grauen Gruppenfelderblock „Energieversorgung“ angeordnet und bedeutet „**N**achtspannung **e**inschalten“. Als zusätzliche Aufforderung zum Umschalten ertönt bei dieser Generation von Stellwerken noch ein Wecker. Dies gilt beim Umschalten von Nacht- auf Tagspannung entsprechend.

Durch Klick – rechte Maustaste – auf dem entsprechenden Bahnhofsbezeichnungsfeld erscheint im Popup-Menü der Anzeige die Funktionen NE und TE, die dann je nach Situation durch die linke Maustaste ausgewählt werden.

Bei Nebel und bei Schneetreiben könnte es vorkommen, dass die Helligkeitssensoren einen Wechsel auf Nachtspannung fordern. Die Tagspannung muss jedoch in diesem Fall stets eingeschaltet bleiben, damit der Lokführer die Lichtpunkte noch rechtzeitig wahrnimmt. Der Fahrdienstleiter darf in diesem Falle nicht auf Nachtspannung umschalten. Der Wecker ist in Neustadt (Weinstraße) mit

STQ,<RN>

abzuschalten. Die Bezeichnung „STQ“ heißt übersetzt „**St**örungs**q**uittung“ und „RN“ steht für Neustadt (Weinstraße). Auf älteren Elektronischen Stellwerken reicht die Eingabe von „STQ“ mit anschließender Bedienung des Verarbeitungsfeldes aus. Neuere Elektronische Stellwerke der Alcatel SEL AG fordern die Bezeichnung des entsprechenden Melde- und Eingabemoduls als Zusatz.

Bei mausbedienten Elektronischen Stellwerken ist anstelle “STQ” das Bedienfeld “Quittieren” zu bedienen.

6.4 Einstellen und Auflösen von Rangierstraßen

6.4.1 Allgemeines

Rangierstraßen sind signaltechnisch gesicherte Fahrwege. Die Weichen laufen in der Regel selbsttätig ein und werden verschlossen. Die Lichtsperrsignale/Sperrsignale kommen auch bei besetzten Abschnitten in die Sh 1/Ra 12–Stellung. Es gibt auch Rangierstraßen ohne ein Lichtsperrsignal am Startpunkt. Die Zustimmung zur Fahrt muss dann auf einem anderen Wege der Rangierfahrt übermittelt werden. Dies ist im ESTW Neustadt (Weinstraße) zum Beispiel im Bahnhof Weidenthal der Fall.

Rangierstraßen können mit Hilfe des Bedientabletts durch Anschwingen (durch Auftippen des Bedienstiftes auf dem Bedientablett wird in der Bedienplatte induktiv eine Koordinate definiert/angereizt, die einem Bedienfeld und somit auch einem gewissen Element zugeordnet wird = Anschwingen) des Start- und danach des Zielelementes mit dem Bedienstift eingegeben werden. Die entsprechenden Rangierfelder im Innenbereich des Bedientabletts sind blau hinterlegt.

Durch diese Start-/Ziel-Bedienung können auch mehrere aneinandergereihte Rangierstraßen überstellt werden. Start für die Rangierstraße ist ein Lichtsperr-/Sperr- oder Haupt-/Sperrsignal. Ziel der Rangierstraße ist ebenfalls ein Lichtsperr-, Haupt- oder Haupt-/Sperrsignal sowie ein Gleis ohne Zielsignal. Start- und Zielpunkte werden durch entsprechende Signalsymbole gekennzeichnet. Bei Abschnitten ohne Signal ist dies im Innenbereich des Bedientabletts ein schwarzes, mit der Spitze in Fahrtrichtung zeigendes Dreieck auf blauem Feld.

Bei mausbedienten Stellwerken werden Start- und Zielelement durch Bedienen der linken bzw. der rechten Maustaste eingegeben. Die Bedienelemente für die Rangierfahrt werden im Berü-Bildbereich bzw. im Berü-Bildfenster als Sechsecke (Lichtsperrsignal/Sperrsignal), als Fünfecke (Haupt-/Sperrsignal) oder Dreiecke (Hauptsignal) dargestellt.

Rangierstraßen lassen sich gleichzeitig von zwei Seiten in ein Gleis einstellen (Inselgleis).

Eventuell ist dem Stellbefehl ein besonderer Zusatz vorangestellt. Dies geschieht durch vorheriges Anschwingen des entsprechenden Funktionsfeldes, z.B. „S“ für Sperrumgehung, „F“ für Fahrten in Bereiche ohne Oberleitung auf elektrifizierten Strecken oder die Kombination aus diesen Feldern „FS“ für Fahrten in Bereiche ohne Oberleitung auf elektrifizierten Strecken mit einer Sperrumgehung. Das Bedienkommando sieht dann wie folgt aus:

F,<Start>-<Ziel>

oder

S,<Start>-<Ziel>

oder

FS,<Start>-<Ziel>

Bei der Mausbedienung wird durch Aktivierung des Zielelementes mit der rechten Maustaste das entsprechende Popup-Menü mit den Sonderfunktionen F, S, und FS geöffnet. Mit der linken Maustaste wird die entsprechende Sonderfunktion ausgewählt.

Bei eingestellter Rangierstraße leuchten die Gleismelder der freien Gleise und die Stellungsmelder der Weichen und Kreuzungen im Fahrweg blau. Besetzte Gleise und Weichen werden rot dargestellt. Die Verschlussmelder der Weichen, Kreuzungen, Gleissperren und Gleise leuchten entsprechend ihrer Beanspruchung weiß, blau sowie rot und die Sh 1/Ra 12-Melder des Startsignals und der Sperrsignale am Fahrweg weiß oder rot.

6.4.2 Einstellen einer Rangierstraße

Das Einstellen von Rangierstraßen wird an einem Beispiel im Bahnhof Lambrecht verdeutlicht. Der Fahrdienstleiter Neustadt (Weinstraße) möchte einen nach Gleis 702 eingefahrenen Zug als Rangierfahrt nach Gleis 701 umsetzen. Nach der entsprechenden Rangiervereinbarung bedient der Fahrdienstleiter mit dem Bedienstift das Startelement. Das Haupt-/Sperrsignal 7N2 besteht auf dem Bedientablett aus einem blauen und einem grünen Feld. Das blaue Feld dient zur Rangierstraßeneinstellung – grün für Zugstraßen.

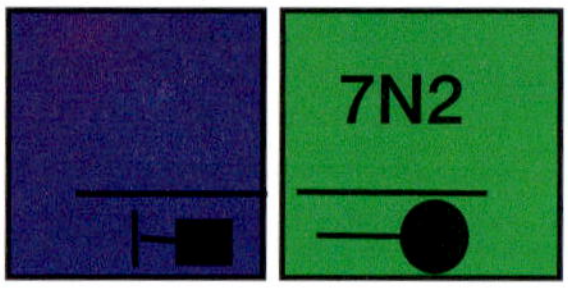

Mit dem Anschwingen des Startelementes der Rangierstraße wird das Startelement auf der Bereichsübersicht blau eingerahmt. Der Fahrdienstleiter Neustadt (Weinstraße) wird sich bei dieser Rangierstraßeneinstellung als Anzeigemedium der Bereichsübersicht bedienen. Hierfür gibt es mehrere Gründe. Zum einen hat er auf der Bereichsübersicht einen besseren Überblick der Betriebslage seines Verantwortungsbereiches und zum anderen wird ihm gegenüber der Bahnhofslupe auf der Bereichsübersicht eine topografische und eine alphanummerische Eingabekontrolle geboten. Gerade diese topografische Eingabekontrolle ist für den Fahrdienstleiter eine willkommene Eingabehilfe (Abbildung 58). Neuere ESTW kennen diese topografische Eingabekontrolle auch auf der Lupe.

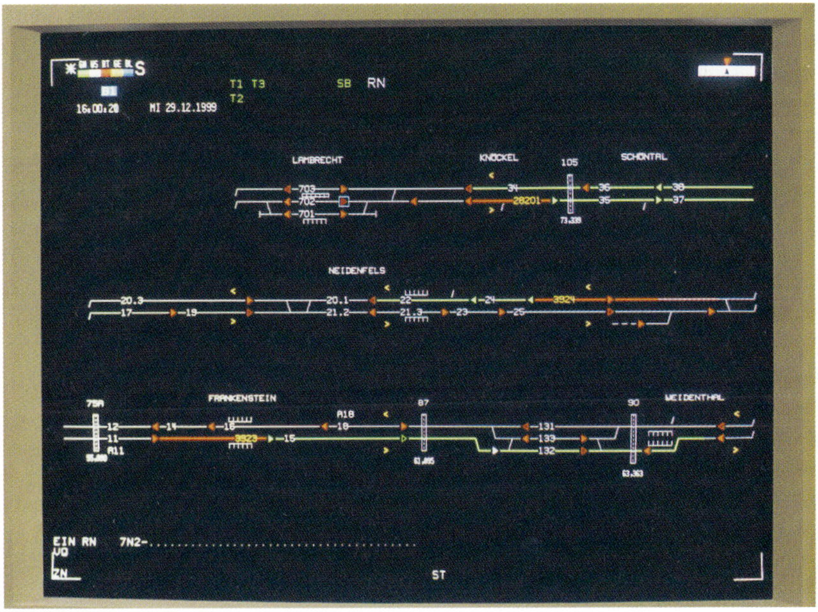

Abbildung 58: Darstellung auf der Bereichsübersicht – Rangierstraßeneinstellung – Startelement 7N2 angeschwungen.

Um eine noch bessere Übersicht zu bekommen, kann sich der Fahrdienstleiter Neustadt (Weinstraße) mit der Eingabe LSA (bei herkömmlichen Elektronischen Stellwerken ist das Feld im Gruppenfelderblock „Systemfelder" angeordnet – bei der Mausbedienung wird, durch Betätigen der rechten Maustaste und Mauspfeil auf dem Bahnhofbezeichnungsfeld der Bereichsübersicht, das Popup-Menü mit der Funktion angezeigt)

LSA

alle Halt zeigenden und nicht in Zug- oder Rangierstraßen eingebundene Lichtsperrsignale auf der Bereichsübersicht ausblenden lassen. Dann wäre auch, wie in unserem Beispiel dargestellt, das Lichtsperrsignal der Gegenrichtung 732Y nicht zu sehen.

Diese erste Eingabekontrolle dient dem Fahrdienstleiter zur Feststellung, ob er auch tatsächlich das gewünschte Element angeschwungen hat. Er könnte dies auch alphanummerisch in der „Ein"-Zeile, bei der Alcatel SEL AG auf allen Bahnhofslupen und Bereichsübersichten, kontrollieren. Bei den Stellwerken der Siemens AG wird das Bedienkommando nur auf der Bereichsübersicht dargestellt.

In unserem Beispiel steht nach dem Anschwingen des Startsymbols in der „EIN"-Zeile:

EIN RN 7N2-...............

Diese Kontrolle wird jedoch vom Fahrdienstleiter wegen der fehlenden Übersicht nur selten wahrgenommen.

Als nächstes bedient der Fahrdienstleiter den Zielpunkt der gewünschten Rangierstraße. Dies ist in der Regel ebenfalls ein Lichtsperrsignal- bzw. Haupt-/Sperrsignalsymbol. Aber auch ein Gleisabschnitt (wie in dem Beispiel des Bahnhofs Lambrecht) oder ein Gleisabschluss (Prellbock) wäre hier denkbar. Nach dem Bedienen dieses Feldes wird auch dieses auf der Bereichsübersicht blau eingerahmt.

In dem beschriebenen Beispiel wäre dies das blaue Gleisabschnittsfeld 732.

Darstellung auf dem Bedientablett:

Sobald das Zielfeld angeschwungen und auch dieses Bedienkommando dem Stellwerk bekannt ist (Format- und Objektprüfung positiv abgeschlossen), wird auf der Bereichsübersicht der Fahrweg der einzustellenden Rangierstraße blau eingerahmt. Diese topografische Eingabekontrolle wird auch als Vorschaulinien oder auch als Parallellinien bezeichnet. Sie stellen einen der großen Vorteile der Bereichsübersicht gegenüber der Bahnhofslupe bei den älteren Elektronischen Stellwerke hinsichtlich der Regelbedienung dar (Abbildung 59).

Stimmt die tatsächliche Eingabe mit der vom Fahrdienstleiter gewünschten Eingabe überein, kann der Stellbefehl mit der Bedienung „V" (Lorenz und Siemens) bzw. „VL" (ältere Lorenz-ESTW) bzw. durch Anklicken des Feldes „Verarbeiten" (Mausbedienung) an die Rechner zur Zulässigkeitsüberprüfung, Verarbeitung und Einstellung gegeben werden. Nach vollzogener Einstellung leuchtet der Fahrweg der Rangierfahrt auf der Bereichsübersicht blau. Das Symbol für das Lichtsperrsignal ist weiß ausgeleuchtet (Abbildung 60).

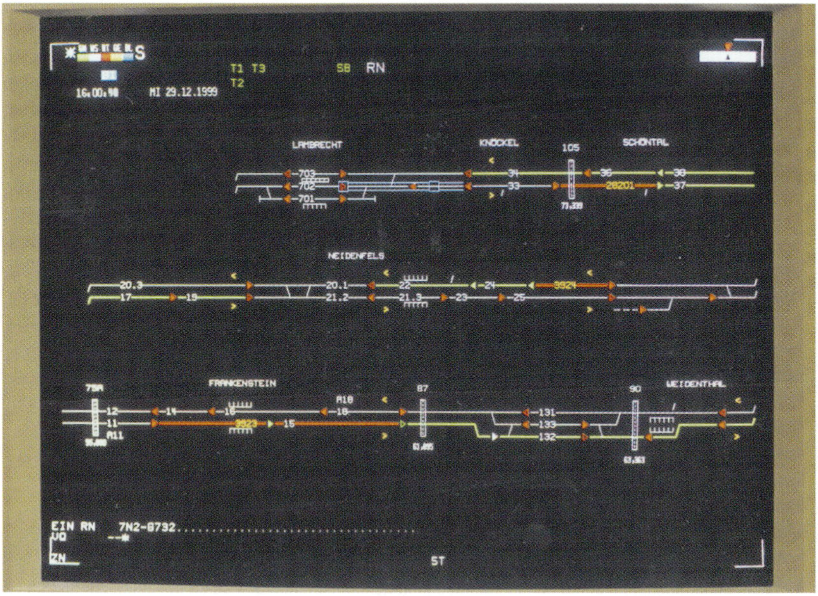

Abbildung 59: Darstellung auf der Bereichsübersicht – Rangierstraßeneinstellung – der Stellbefehl ist eingegeben und die topografische Eingabekontrolle zeigt den Fahrweg an.

Abbildung 60: Darstellung auf der Bereichsübersicht – Rangierstraßeneinstellung – der Stellbefehl wurde verarbeitet und die Rangierstraße eingestellt.

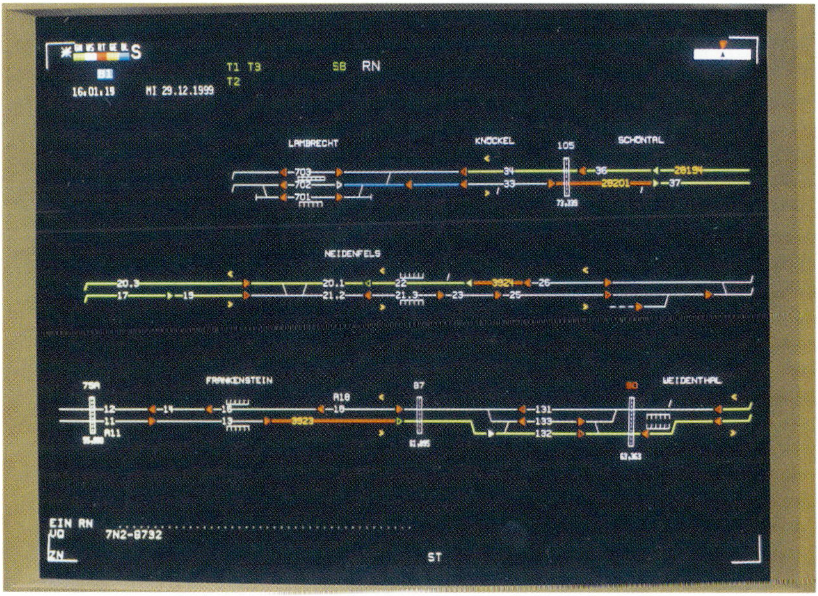

Die eingestellte Rangierstraße sieht auf der Bahnhofslupe wie in Abbildung 61 dargestellt aus.

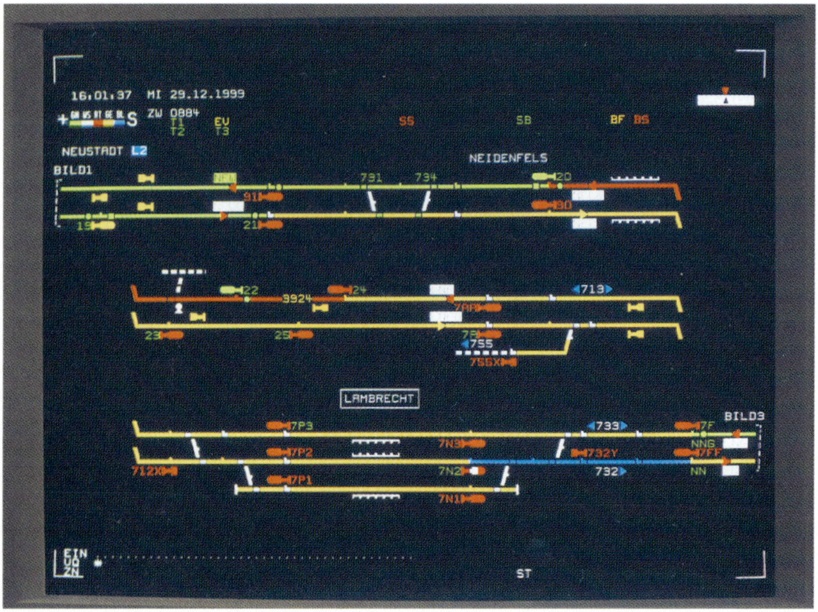

Abbildung 61: Darstellung auf der Bahnhofslupe – Rangierstraßeneinstellung – die Rangierstraße 7N2.G732 ist eingestellt.

Nach der Einstellung leuchtet der Fahrweg, dies sind alle Gleis-, Stellungs- und Verschlussmelder blau. Das Symbol für das Lichtsperrsignal leuchtet weiß.

Exkurs:
In der Regel wird bei Rangierstraßen auf einen aktiven Flankenschutz verzichtet. So ist es auch bei vielen Elektronischen Stellwerken. Dort, wo jedoch u.a. viel mit Personen besetzten Wagen rangiert wurde (damalige Kurswagen der Deutschen Bundesbahn), bestand die Möglichkeit, Rangierstraßen mit Flankenschutz vorzuhalten. Diese Möglichkeit ist auch in Einzelfällen in Elektronischen Stellwerken vorgesehen.

Bei der Mausbedienung wird das Start- und Zielelement mittels Mausklick – linke Maustaste – selektiert. Wird die Eingabe auf der Bahnhofslupe vorgenommen, erscheint auch auf diesem Eingabemedium die topografische Eingabekontrolle in Form der blauen Umrahmung. Abgeschlossen wird die Bedienung mit dem Feld „Verarbeiten“.

6.4.3 Auflösen und Zurücknehmen von Rangierstraßen

Das Auflösen einer Rangierstraße erfolgt in der Regel durch die Rangierabteilung selbst. Der Verschluss der einzelnen Fahrwegelemente wird durch die Besetzung und der anschließenden Freimeldung aufgelöst. Hierbei ist ein gewisser Auflösetakt einzuhalten. Der Auflösetakt einer Rangierstraße beinhaltet folgende drei Schritte:

1. Schritt: Alle Gleisabschnitte der aufzulösenden Rangierstraße müssen nacheinander vom Start an bis zum aufzulösenden Gleisabschnitt besetzt gewesen sein.
2. Schritt: Der aufzulösende Abschnitt und der Gleisabschnitt davor müssen gleichzeitig besetzt gewesen sein.
3. Schritt: Der aufzulösende Abschnitt muss frei sein.

Erst wenn dieser Auflösetakt erfüllt ist, wird das entsprechende Element aufgelöst. Bleibt nach der Fahrt ein Teil der Fahrstraße verschlossen, wird der Verschlussmelder des nicht aufgelösten Fahrwegelementes grün ausgeleuchtet, weil nun für den Fahrdienstleiter gemäß DS/DV 408 – Züge fahren und rangieren (Fahrdienstvorschrift/ KoRil 408) – die gleichen Bedingungen wie nach einer Zugfahrt zu beachten sind.

Rangierstraßen können mit dem KF-pflichtigen Bedienkommando

FA,<Ziel>

in ihrer Gesamtheit zurückgenommen werden. „FA" steht in diesem Zusammenhang für „**F**ahrstraße **a**uflösen".

Möchte also der Fahrdienstleiter Neustadt (Weinstraße) die eben eingestellte Rangierstraße wieder zurücknehmen, muss er dazu zuerst das Funktionsfeld

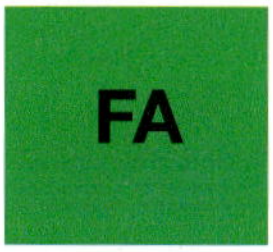

im grünen Gruppenfelderblock „Fahrstraßen" und danach das Zielfeld der eingestellten Rangierstraße

eingeben. Nach der KF-Bedienung wird das Bedienkommando ausgeführt und die Rangierstraße aufgelöst. Bevor diese Handlung ausgeführt wird, muss der Fahrdienstleiter eine vor dem Signal wartende Rangierfahrt von der geplante Zurücknahme verständigen. Ferner sollte der Fahrdienstleiter das Lichtsperrsignal am Anfang der Rangierstraße mit dem Bedienkommando

HaGT,<Signal>

auf Halt stellen. Diese Haltstellung ist keine technische Voraussetzung für die Zurücknahme der Rangierstraße. Aus Sicherheitsgründen sollte jedoch diese Handlung der Zurücknahme vorangestellt werden.

Der Fahrdienstleiter kann die Rangierstraße auch abschnittsbezogen zurücknehmen. Hierbei besteht für ihn ein **Reihenfolgezwang**. Der Reihenfolgezwang besagt, dass die einzelnen Abschnitte nacheinander vom Start in Richtung Ziel bedient werden müssen. Hierzu schwingt der Fahrdienstleiter das Funktionsfeld

FAE

im blauen Gruppenfelderblock „Weichen" an. FAE bedeutet übersetzt „**F**ahrstraßen**a**uflösung **E**inzelelement". Nach dieser Eingabe bedient der Fahrdienstleiter das erste aktiv verschlossene Element in der zurückzunehmenden Rangierstraße. Dies kann eine Weiche oder ein Gleisabschnitt sein. Da es sich hierbei um ein KF-pflichtiges Bedienkommando handelt, sind nach der Bedienung des Verarbeitungsfeldes die KF-Felder 1 und 2 anzuschwingen.

Ein Signal wird bei mausbedienten Stellwerken auf Halt gestellt, indem es mit der rechten Maustaste bedient wird. Im sich dann öffnenden Popup-Menü ist als erster Menüeintrag „HaGT" hinterlegt. Wird dieser Menüeintrag mit der linken Maustaste bedient, wird der Stellbefehl in die „EIN"-Zeile übernommen und kann mit „Verarbeiten" abgeschlossen werden. Zur Zurücknahme der Rangierstraße muss nun das Zielfeld mit der rechten Maustaste bedient werden. Dadurch wird ein Popup-Menü geöffnet, in dem unter dem Menüeintrag „Andere" dann die Funktion „FA" bzw. „FAE" mit der linken Maustaste auszuwählen ist. Bedingt durch die KF-Pflicht dieses Bedienkommandos müssen nach der Bedienung des Verarbeitungsfeldes die KF-Felder 1 und 2 betätigt werden.

6.4.4 Auflösung innerhalb einer Wenderangierstraße

Es besteht die Möglichkeit bei freiem Zielgleis und Wechseln der Fahrtrichtung eine neue Rangierstraße einzustellen, auch wenn der Fahrweg der zuerst eingestellten Rangierstraße nicht in ganzer Länge ausgefahren und somit auch noch nicht aufgelöst wurde. Die nicht ausgefahrene Rangierstraße mit Sperrsignalen wird selbsttätig aufgelöst, wenn die Rangierfahrt am Wendesignal vorbeigefahren und der davorliegende Teil der Rangierstraße geräumt ist. Diese Auflösung bezeichnet man als Restrangierstraßenauflösung bzw. hinsichtlich der Rangierstraße auch als Wenderangierstraße. Sie ist jedoch nicht auf jedem Elektronischen Stellwerk vorgesehen. Ein Beispiel für Wenderangierfahrten wird in den Abbildungen 62 bis 65 dargestellt.

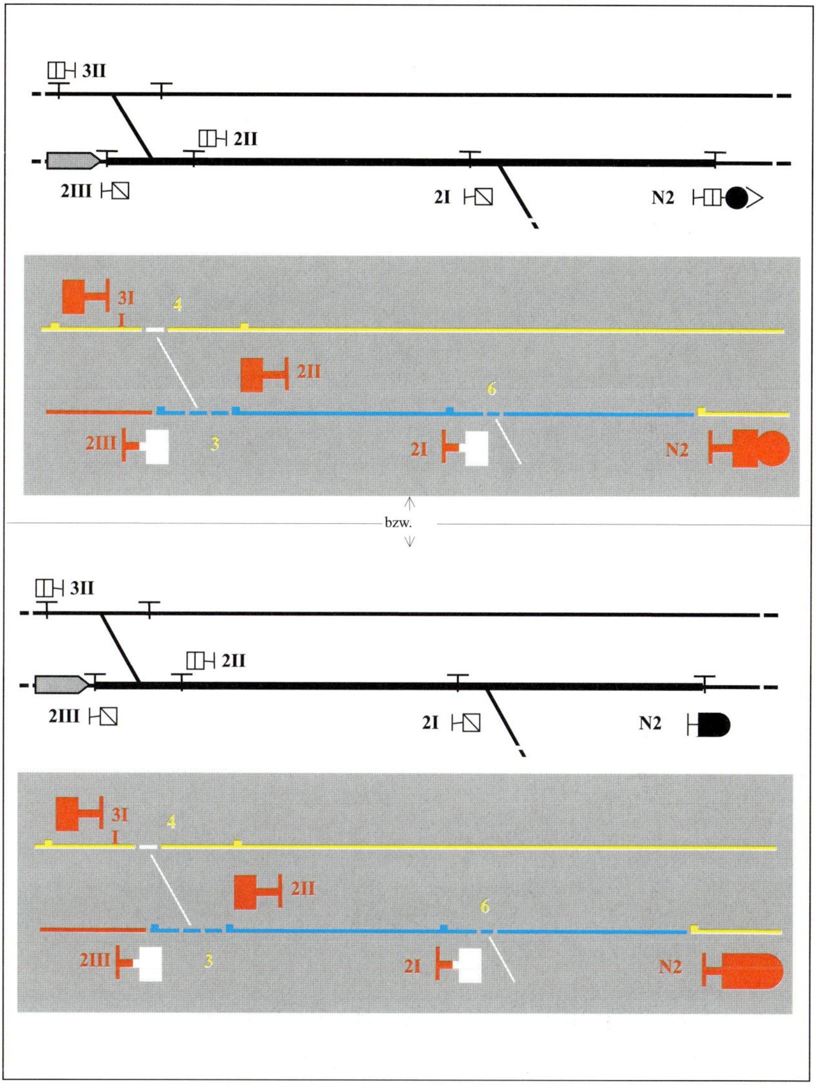

Abbildung 62: Darstellung auf der Bahnhofslupe – Wenderangierstraßeneinstellung.

In oben dargestelltem Beispiel ist die Rangierstraße von Lichtsperrsignal 2^{III} bis zum Haupt-/Sperrsignal N2 eingestellt. Die Lichtsperrsignale/Sperrsignale am Fahrweg befinden sich in Sh 1-Stellung.

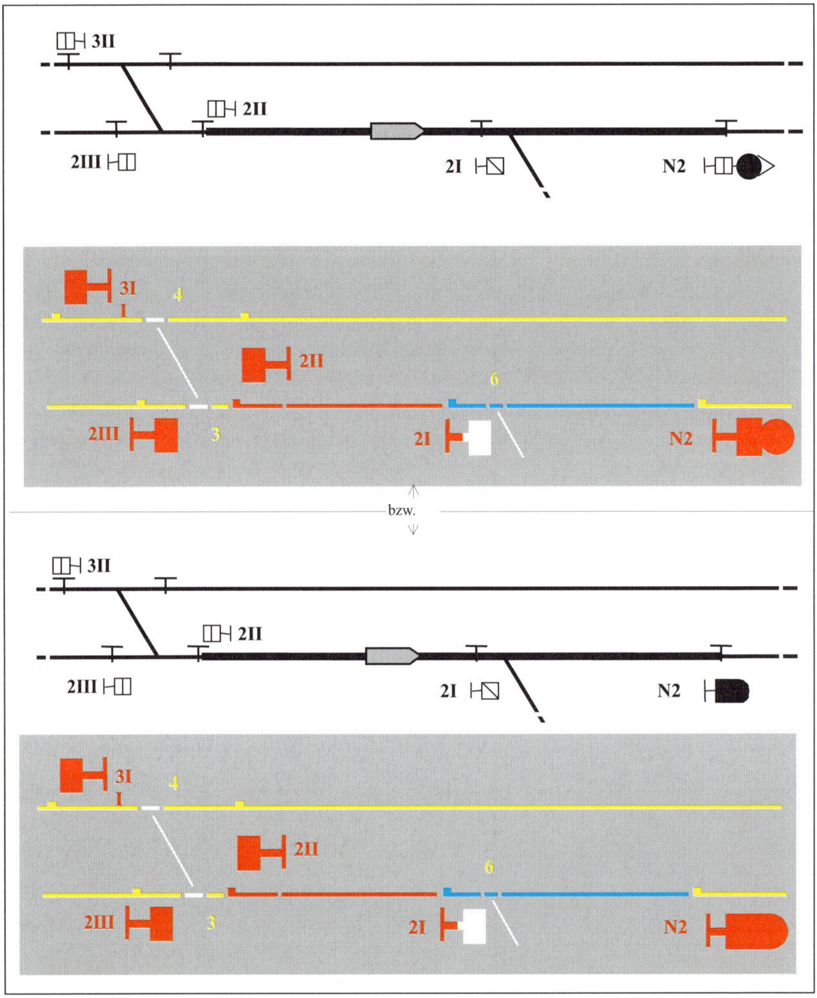

Abbildung 63: Darstellung auf der Bahnhofslupe – Wenderangierstraßeneinstellung – Teilausfahren der Rangierstraße.

Die Rangierfahrt hat vorgezogen und befindet sich zwischen den Lichtsperrsignalen/Sperrsignalen 2^{II} und 2^{I}. Da die Rangierfahrt in Richtung Weiche 4 zurückfahren will, hält sie direkt hinter Lichtsperrsignal/Sperrsignal 2^{II} an. Der Abschnitt hinter dem Lichtsperrsignal/Sperrsignal 2^{I} braucht nicht befahren zu werden. Das Lichtsperrsignal 2^{I} zeigt weiterhin Sh 1/Ra 12 (Abbildung 63).
Es kann nun die Rangierstraße von dem Lichtsperrsignal 2^{II} zum Lichtsperrsignal 3^{I} eingestellt werden. Danach kommt das Lichtsperrsignal 2^{II} in die Sh 1/Ra 12-Stellung (Abbildung 64).

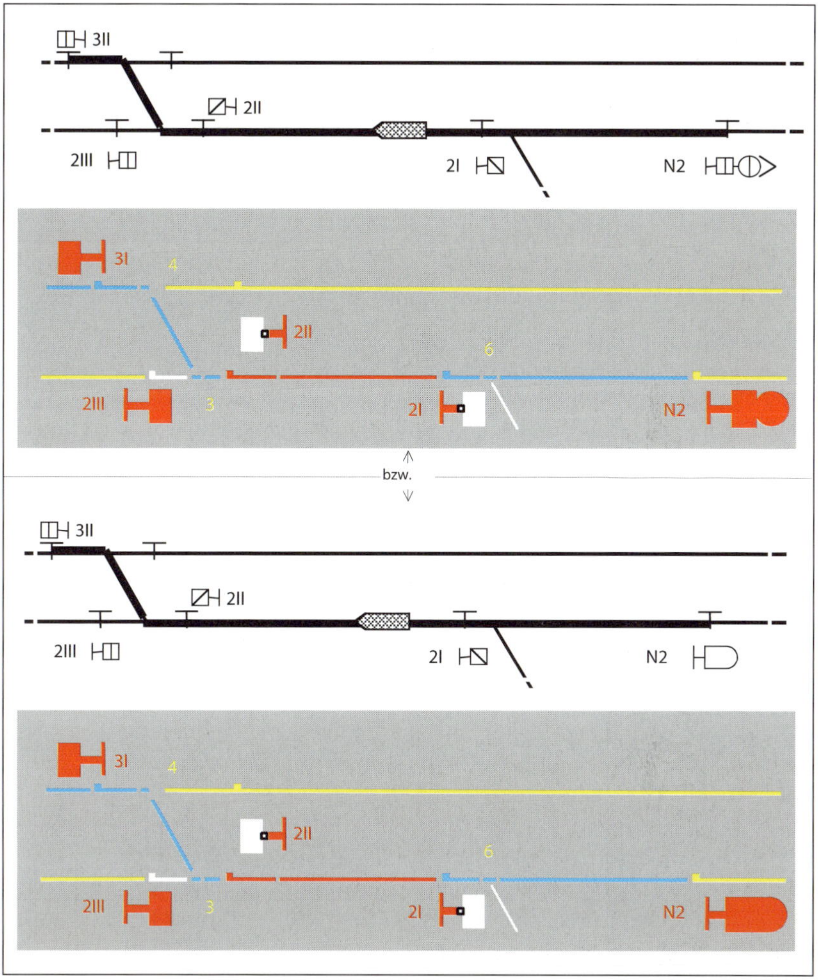

Abbildung 64: Darstellung auf der Bahnhofslupe – Wenderangierstraßeneinstellung – gegenläufige Rangierstraßeneinstellung.

Die Rangierfahrt setzt sich in Richtung Lichtsperrsignal/Sperrsignal 3^{I} in Bewegung. Sobald der Gleisabschnitt zwischen dem Lichtsperrsignal/Sperrsignal 2^{II} und dem Lichtsperrsignal/Sperrsignal 2^{I} freigefahren und der Abschnitt hinter dem Wende-Lichtsperrsignal/Sperrsignal 2^{II} wieder besetzt ist, wird der Rest der zuerst eingestellten Rangierstraße – hier der Abschnitt von Lichtsperrsignal/Sperrsignal 2^{I} bis zum Haupt-/Sperrsignal N2 – durch die Technik automatisch zurückgenommen/aufgelöst (Abbildung 65).

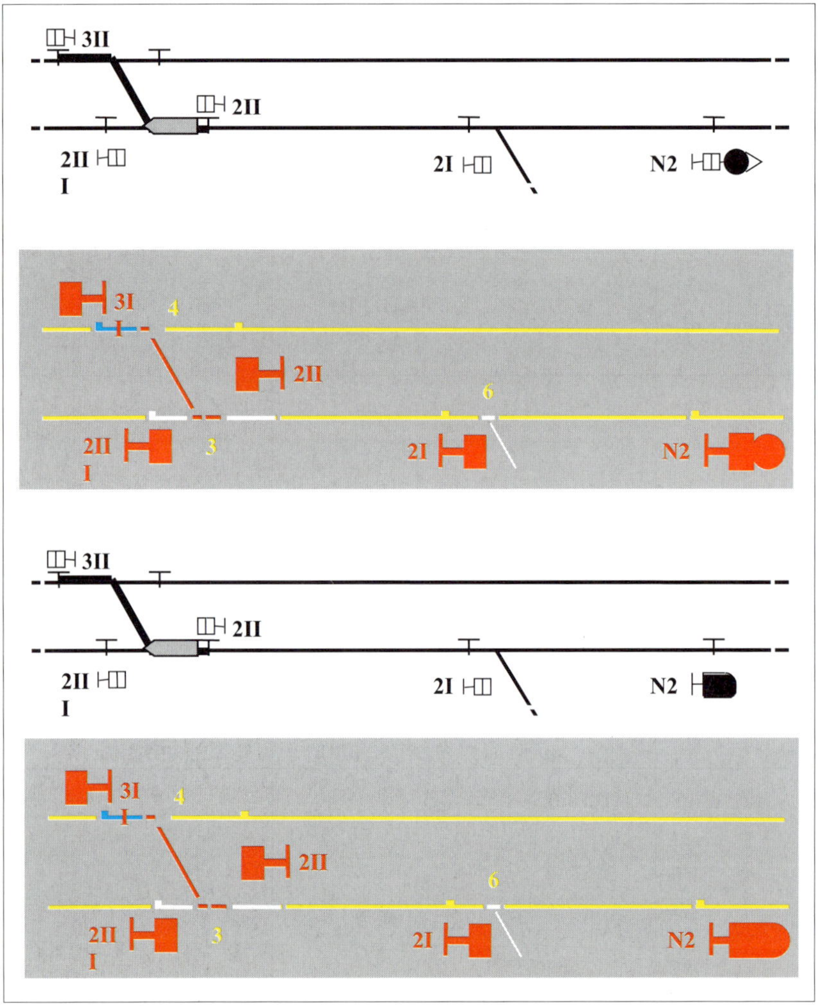

Abbildung 65: Darstellung auf der Bahnhofslupe – Wenderangierstraßeneinstellung – gegenläufige Rangierfahrt und Restauflösung der nicht ausgefahrenen Rangierstraße.

6.5 Einstellen und Auflösen von Zugstraßen

6.5.1 Allgemeines

Zugstraßen werden wie die Rangierstraßen durch eine Start-/Zielbedienung auf dem Bedientablett oder mittels Mausklick bzw. durch die Dateneingabetastatur eingegeben. Startpunkt ist das Hauptsignal, mit dem der Fahrt zugestimmt wird. Wir bezeichnen es als Startsignal. Ein solches Startsignal ist zum Beispiel das Einfahrsignal 2A des Bahnhofs Neustadt (Weinstraße). Ziel für eine Einfahrzugstraße ist ein Ausfahr- oder Zwischensignal. Für das eben erwähnte Einfahrsignal 2A könnte dies unter anderem das Signal 2R3 sein.

Wenn der Fahrdienstleiter Neustadt (Weinstraße) diese beiden Felder angeschwungen hat, sieht er auf seiner Bereichsübersicht folgendes Bild:

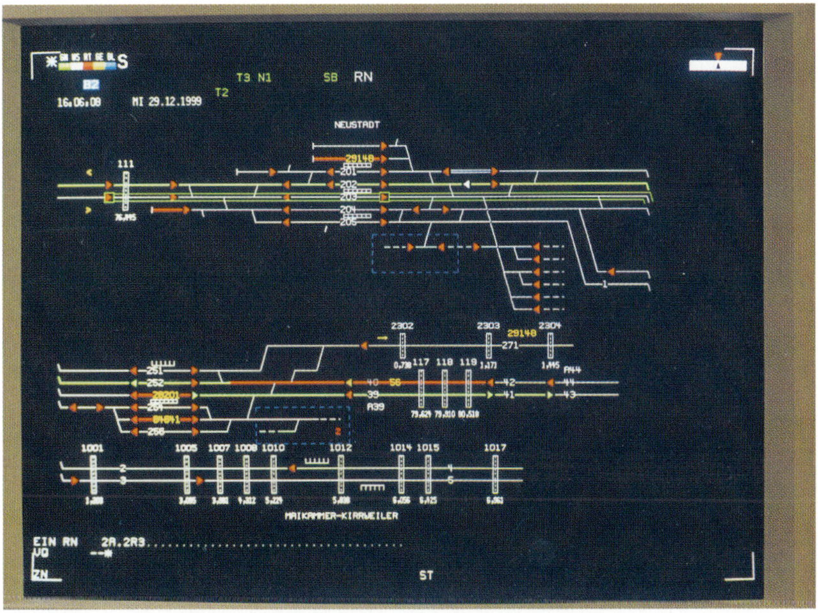

Abbildung 66: Darstellung auf der Bereichsübersicht – Vorschaulinien zeigen den Fahrweg an.

Die „EIN“-Zeile auf der Bahnhofslupe entspricht fast der „EIN“-Zeile auf der Bereichsübersicht. Dort finden wir folgenden Eintrag:

EIN 2A.2R3.........

Nach der „V“-Bedienung wird der Stellbefehl an die Rechner gegeben, geprüft und ausgeführt.

Die Weichen laufen bedingt durch die Weichenlaufkette in die erforderliche Stellung.

Sollte der Fahrdienstleiter Neustadt (Weinstraße) die Weichenlaufkette vor dieser Fahrstraßeneinstellung mit dem Bedienkommando

WLS,Neustadt

gesperrt haben, blinken die Verschlussmelder der zur Umstellung anstehenden Weichen und Gleissperren weiß. In diesem Fall kann er die Weichen mit Einzelbedienung in die erforderliche Lage umstellen. Die Felder „WLS“ zur Sperrung und „WLE“ zur Entsperrung der Weichenlaufkette sind im blauen Gruppenfelderblock „Weichen“ angeordnet. Zur Bezeichnung der entsprechenden Weichenlaufkette wird entweder die Bahnhofsbezeichnung (bei nur einer Weichenlaufkette pro Bahnhof) oder eine separate Weichenlaufkettenbezeichnung, die bei dem Bahnhofsnamen auf dem Bedientablett angeordnet ist (zum Beispiel in Lambrecht ist es L1 und L2 – für jeden Bahnhofskopf eine Weichenlaufkette), angeschwungen. Als Zeichen dafür, dass eine Weichenlaufkette gesperrt ist, wird die Bezeichnung der Weichenlaufkette in der Zeile der Sammelmelder der Bahnhofslupe angezeigt. Sind in einem Stellbereich mehrere Weichenlaufketten vorgehalten, werden diese fortlaufend nummeriert.

Die eingestellte Zugstraße sieht auf der Bahnhofslupe wie folgt aus:

Abbildung 67: Darstellung auf der Bahnhofslupe – Zugstraße 2A.2R3 eingestellt – Einfahrbereich im Lupenbild 3.

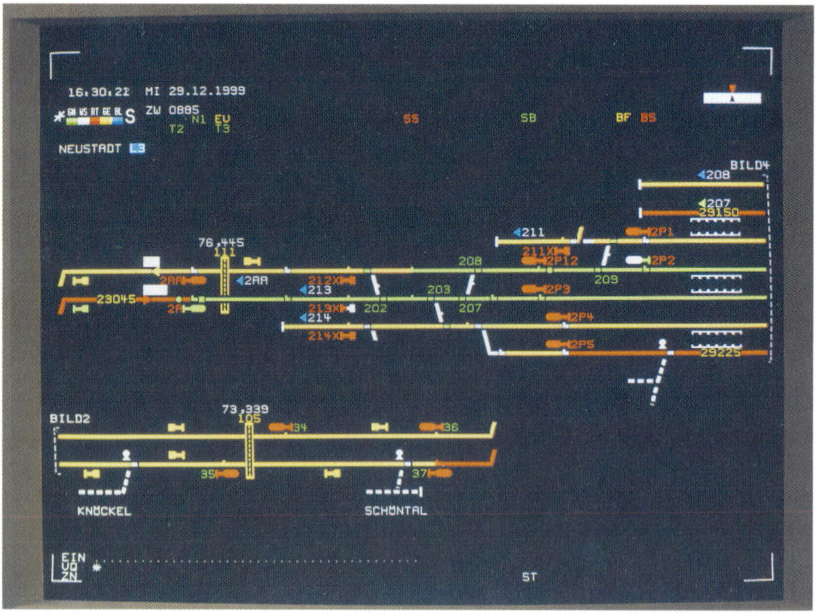

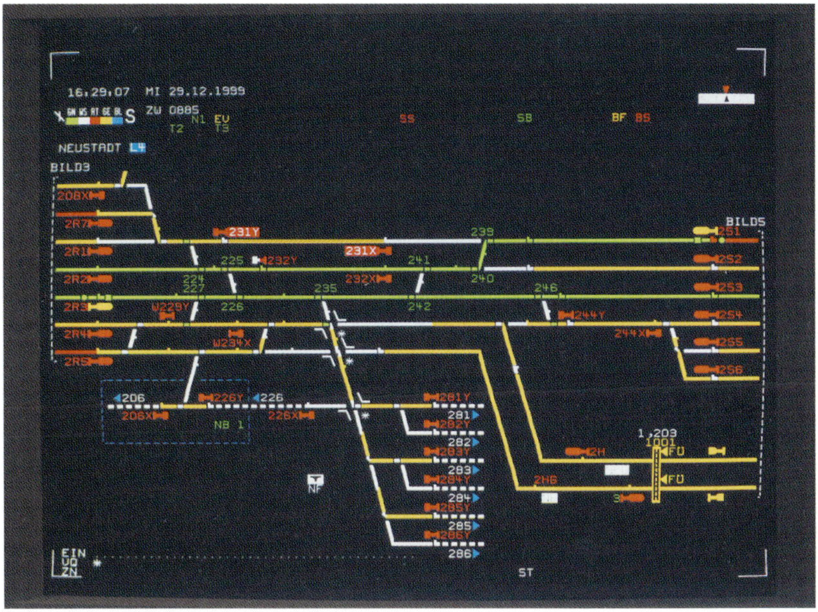

Abbildung 68: Darstellung auf der Bahnhofslupe – Zugstraße 2A.2R3 eingestellt – Zielsignal und Durchrutschweg/Anschlussfahrstraße im Lupenbild 4.

Auf der Bereichsübersicht ist nach Einstellung der Zugstraße der vorher durch Vorschaulinien gekennzeichnete Fahrweg grün ausgeleuchtet.

Die Zugstraßen bestehen aus dem eigentlichen Fahrweg des Zuges, dem D-Weg und den Flankenschutzeinrichtungen. Durch eine Start-/Ziel-Bedienung können auch mehrere aneinandergereihte Zugstraßen überstellt werden. Diese Möglichkeit wird allgemein mit „überstellbare Fahrstraßen“ bezeichnet.

Innerhalb einer Fahrstraße im Bahnhof gibt es neben den bereits vorher erklärten Gleisabschnitts-, Weichen- und Verschlussmeldern zwei weitere wichtige Melder. Dies ist zum einen am Anfang der Zugstraße der quadratische Festlegeüberwachungsmelder – kurz FÜM genannt – und zum anderen der runde Zielfestlegemelder – ZFM – am Zielpunkt der Fahrstraße.

Der **Festlegeüberwachungsmelder** zeigt den Sicherungszustand der Zugstraße an. Bei ihm kennen wir drei Anzeigen:

Festlegeüberwachungsmelder zeigt Ruhelicht

Wird der „Festlegeüberwachungsmelder in Ruhelicht“ angezeigt, ist die Fahrstraße für den Fahrdienstleiter eingestellt, gesichert und frei. Sollte bei dem Sicherungszustand „Festlegeüberwachungsmelder in Ruhelicht“ ein Signal nicht in die Fahrstellung gelangen, liegt die Ursache hierfür im Signal selbst. Ursache könnte zum Beispiel die defekte Grünlampe des Fahrtbegriffes am Signal sein.

Festlegeüberwachungsmelder zeigt Blinklicht

Der zweite mögliche Sicherungszustand der Fahrstraße ist „Festlegeüberwachungsmelder in Blinklicht". Dieser Sicherungszustand besagt, dass alle befahrenen Fahrwegelemente unter Verschluss sind – Rangierstraßenniveau.

Es könnte jedoch sein, dass ein zu befahrendes Element als besetzt angezeigt wird. Eine weitere Ursache für den blinkenden Festlegeüberwachungsmelder könnte auf diesem Stellwerk ein nicht in die erforderliche Stellung gekommenes Flankenschutzelement (bei Weichen in die abweisende bzw. bei Gleissperren in die aufgelegte Stellung) sein. Ferner könnte der Flankenschutzüberwachungsraum (der Gleisabschnitt zwischen flankenschutzgebendem und befahrenem Element) rot ausgeleuchtet sein. Ein weiterer Grund für diesen Sicherungszustand wäre, dass ein Signal am Fahrweg (z.B. ein Lichtsperrsignal) nicht in die erforderliche Stellung gewechselt ist. Es könnte aber auch die nicht hergestellte Bahnübergangssicherung sein.

Festlegeüberwachungsmelder ist dunkel/nicht vorhanden

Der letzte und auch wohl gefährlichste Sicherungszustand ist „Festlegeüberwachungsmelder dunkel". Hier liegt die Störung in einem befahrenen Element. So hat zum Beispiel eine zu befahrende Weiche die Endlage nicht erreicht oder ist nicht überwacht.

Der zweite wichtige Melder innerhalb dieser Zugstraße ist der **Zielfestlegemelder**. Dieser Melder besagt in Ruhelicht, dass sich bei der eingestellten Zugstraße noch mindestens ein Element dieser Zugstraße unter Verschluss befindet. Blinkt dieser Zielfestlegemelder, läuft die automatische D-Weg-Auflösung.

Zielfeld einer Ausfahrzugstraße ist das entsprechende Richtungsfeld (z.B. NL = Neustadt – Lambrecht oder NLG für die Fahrt auf dem Gegengleis). Bei einer Ausfahrzugstraße mit eingerichtetem Zentralblock sind insgesamt vier wichtige Melder vorhanden.

In der Teilfahrstraße „Bahnhof", die vom Ausfahrsignal bis zur Bahnhofsgrenze reicht, sind wie eben beschrieben der Festlegeüberwachungsmelder und der Zielfestlegemelder 1 vorhanden.

In der Teilfahrstraße „Strecke", die von der Bahnhofsgrenze bis zum Einfahrsignal des nächsten Bahnhofs bzw. bis zum nächsten Blocksignal reicht, ist der **Bl**ock**ü**berwachungs**m**elder – kurz BLÜM genannt – und der Zielfestlegemelder 2 angeordnet. Der Blocküberwachungsmelder ist auf der Bahnhofslupe ein Melder, der die Bezeichnung des Streckengleises trägt. Wenn dieser Melder grün auf der Bahnhofslupe leuchtet, sagt er aus, dass der erste Zugfolgeabschnitt (der Ausfahrblockabschnitt) frei und der Haltfall des nächsten Zentralblocksignals bzw. Einfahrsignals des nächsten Bahnhofs überwacht ist. Der Zielfestlegemelder 2 signalisiert den Verschluss des Zentralblockabschnittes – der Blockfahrstraße. In Abbildung 69 ist die Ausfahrzugstraße 2P2.NL dargestellt, die diese Melder verdeutlichen soll.

Abgebildet ist der Festlegeüberwachungsmelder am Anfang der Zugstraße, der

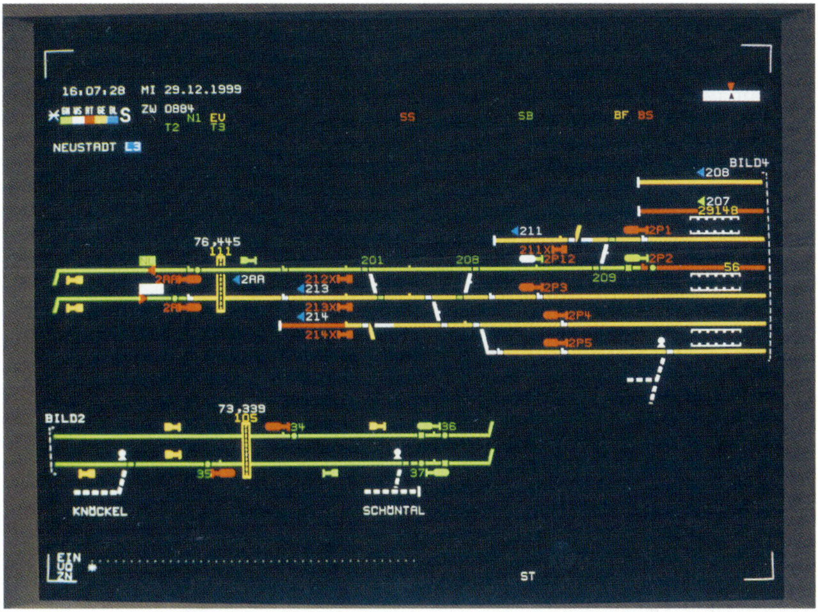

Abbildung 69: Darstellung auf der Bahnhofslupe – Ausfahrzugstraße für EC 56 aus Neustadt (Weinstraße) in Richtung Lambrecht (Pfalz) eingestellt.

Zielfestlegemelder 1 an der Bahnhofsgrenze, der Blocküberwachungsmelder „NL“ am Streckengleis Neustadt – Lambrecht und der Zielfestlegemelder 2 vor dem Blocksignal 36. In der Blockfahrstraße sehen Sie den Festlegeüberwachungsmelder am Anfang und den Zielfestlegemelder am Ende der Fahrstraßen leuchten.

Unterschied zu einem mausbedienten Stellwerk besteht hinsichtlich der Fahrstraßeneinstellung und den Anzeigen lediglich in der Bedienung des Start- und Zielelementes. Sie werden mit der linken Maustaste selektiert.

6.5.2 Umfahrzugstraßen einstellen

Bei einigen Fahrstraßen gibt es mehrere Fahrmöglichkeiten, um von dem Startpunkt der Zugstraße zum Zielgleis zu gelangen. Wenn diese verschiedenen Fahrmöglichkeiten in Fahrstraßen berücksichtigt werden, nennt man diese „Umfahrzugstraßen“.

Bei der Bildung einer Umfahrzugstraße wird zwischen dem Start- und Zielelement ein oder auch mehrere Fahrwegelemente eingegeben (fahrwegbeschreibendes

Element). Diese Elemente sind in der Regel Weichen, die auf dem Bedientablett besonders gekennzeichnet sind.

Die Alcatel SEL AG hat sich entschlossen, die Weiche bzw. das Element mit ihrer Bezeichnung grün bei Zugstraßen und blau bei Rangierstraßen zu hinterlegen, sowie durch ein U zu kennzeichnen. Die Siemens AG rahmt die Umfahrweiche bzw. das Umfahrelement schwarz ein.

Umfahrzugstraßen sind im ESTW Neustadt (Weinstraße) nur im Bahnhof Neustadt (Weinstraße) selbst realisiert. Als Umfahrelemente sind die Weichen 203, 226, 228, 234, 243, 246 sowie die Gleise 232 und 262 mit einem „U" gekennzeichnet. Zum Einstellen einer Umfahrzugstraße muss der Fahrdienstleiter Neustadt (Weinstraße) folgendes Bedienkommando

<Start>.<Umfahrelement> <Ziel>

eingeben. Im ESTW Neustadt (Weinstraße) sind insgesamt 101 Umfahrzugstraßen stellbar. Eine dieser Umfahrzugstraßen ist die Fahrstraße 2AA.203 2R1.

Abbildung 70: Darstellung auf der Bereichsübersicht – Bedienkommando für die Umfahrzugstraße 2AA.203 2R1 eingegeben – „V"-Bedienung noch nicht vorgenommen.

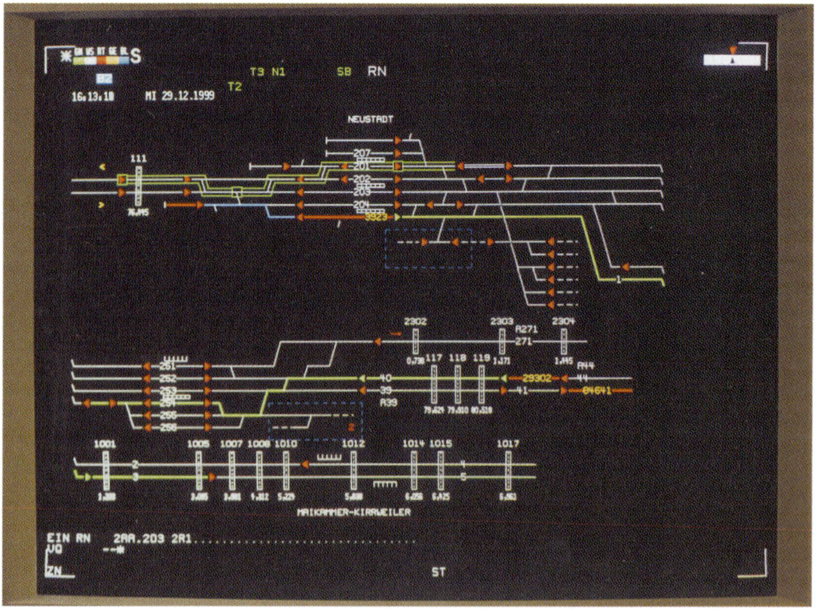

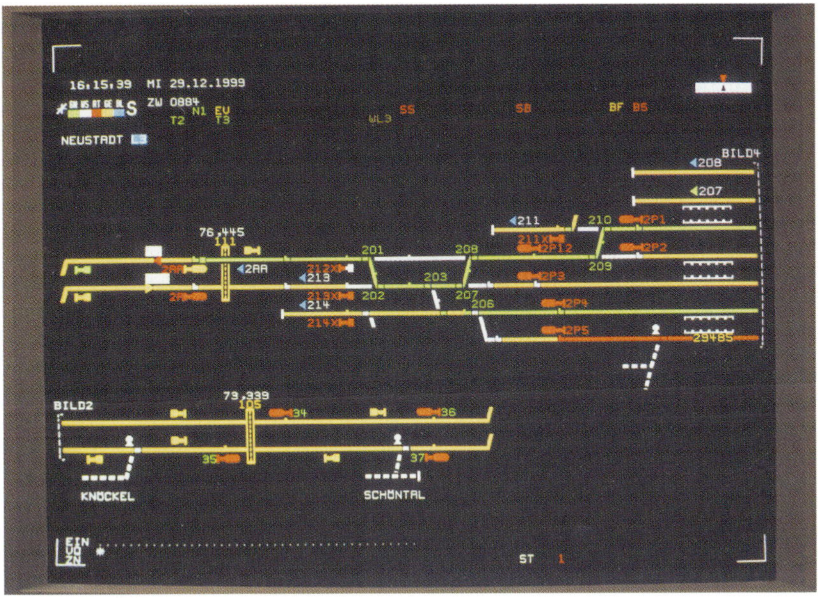

Abbildung 71: Darstellung auf der Bahnhofslupe – Umfahrzugstraße 2AA.203 2R1 eingestellt– Einfahrbereich im Lupenbild 3.

Abbildung 72: Darstellung auf der Bahnhofslupe – Umfahrzugstraße 2AA.203 2R1 eingestellt – Zielsignal und Durchrutschweg im Lupenbild 4.

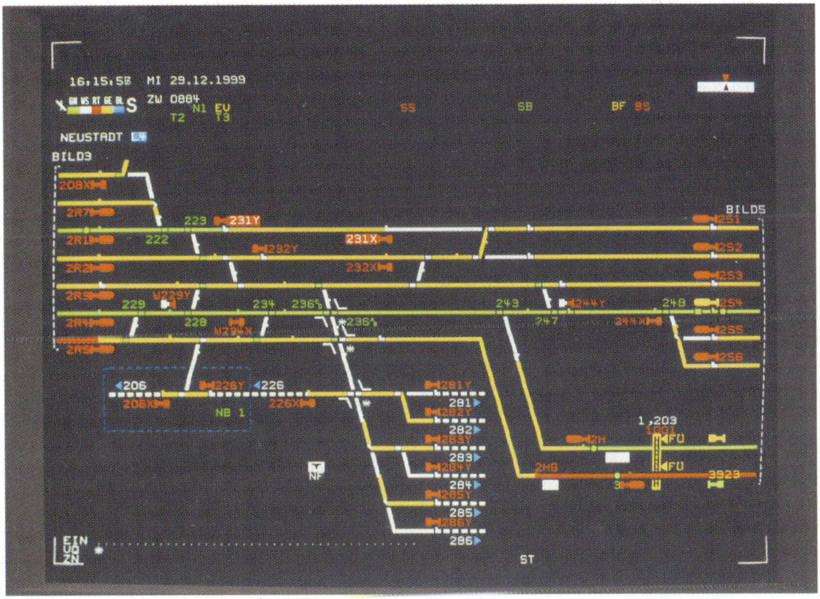

Bei Stellwerken der Siemens AG hat der Fahrdienstleiter zusätzlich die Möglichkeit, sich alle Umfahrmöglichkeiten einer Fahrstraße anzeigen zu lassen. Er stellt dem Bedienkommando zur Fahrstraßeneinstellung ein U voran (U = **U**mfahrzugstraße anzeigen – Funktionsfeld im Gruppenfelderblock „Fahrstraßen"). Nach der Bedienung des „V"-Feldes werden alle Umfahrmöglichkeiten in der VQ-Zeile der Kommunikationsanzeige alphanummerisch dargestellt. Das Bedienkommando lautet in diesem Fall:

U,<Start>.<Ziel>

Danach kann der Fahrdienstleiter das Bedienkommando wie bereits beschrieben eingeben.

Bei mausbedienten Stellwerken der Alcatel SEL AG werden Umfahrzugstraßen durch Selektieren des Startpunktes, des Umfahrelementes (fahrwegbeschreibendes Element bzw. Elemente) und des Zielpunktes mittels Mausklick eingegeben. Bei den mausbedienten Stellwerken der Siemens AG und den neuesten Alcatel-Stellwerken ist der Zielpunkt mittels rechter Maustaste zu selektieren. Im nun geöffneten Popup-Menü sind im Untermenü „U-Wege" alle möglichen Umfahrzugstraßen angezeigt. Die gewünschte Umfahrzugstraße kann nun mittels linker Maustaste ausgewählt werden.

6.5.3 Fahrstraßen in Bereiche ohne Oberleitung einstellen

Sollte eine Fahrstraße aus einem Gleisbereich mit Oberleitung in bzw. durch einen Gleisbereich ohne Oberleitung eingestellt werden, muss der Fahrdienstleiter dem Fahrstraßenbefehl ein F voranstellen.

Bei der Stiftbedienung über das Bedientablett läuft die Eingabe wie folgt ab:
Als erstes erfolgt die Eingabe der Fahrstraßenkennung F (**F**ahrleitung fehlt). Dieses Feld ist im grünen Gruppenfelderblock „Fahrstraßen" zu finden.

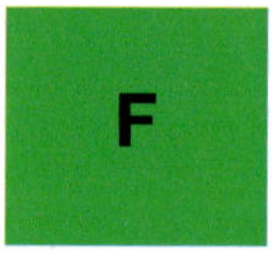

Danach wird der Fahrstraßenbefehl mit Start- und Zielfeld eingegeben. Da es sich in der Regel um ein KF-pflichtiges Bedienkommando handelt, wird der Stellbefehl erst ausgeführt, wenn nach der „V" bzw. „VL"-Bedienung die KF-Taste bzw. die KF-Felder 1 und 2 bedient wurden.

Als Gedankenstütze für den Fahrdienstleiter sind in der Regel alle Gleise ohne Oberleitung auf dem Bedientablett entweder als blaue oder graue Linien gegenüber schwarzen Linien bei Gleisen mit Oberleitung dargestellt. Leider ist dies nicht bei allen Elektronischen Stellwerken realisiert.

Bei mausbedienten Stellwerken läuft die Bedienung analog ab.

6.5.4 Mittelweichenteilfahrstraße einstellen

Mittelweichen sind Weichen, die vor dem Startsignal liegen; Weichen, die also außerhalb und somit nicht in der Überwachung der Zugstraße liegen. Diese Weichen müssen durch das Einstellen einer gesonderten Fahrstraße – der Mittelweichenteilfahrstraße – in die Fahrstraßensicherung der Zugstraße mit eingebunden werden. Dazu muss zum einen eine Fahrstraße im „Rangierstraßenniveau" eingestellt werden. Mit dieser „Rangierstraße" wird die Mittelweiche verschlossen. Zum anderen wird durch die Einstellung der Zugfahrstraße diese „Rangierstraße" in „Zugstraßenniveau" gebracht. Durch diese Bedienung ist nun die Mittelweiche in die Zugstraße mit eingebunden und wird entsprechend überwacht.

Im Stellbereich des ESTW Neustadt (Weinstraße) sind zwei Mittelweichenteilfahrstraßen projektiert. Die betreffenden Weichen sind die Weiche 209 und 210 im Bahnhof Neustadt (Weinstraße) Hbf. Bei der Ausfahrt aus Gleis 201/202 muss die Mittelweichenteilfahrstraße eingestellt sein bzw. bei nicht besetzter Mittelweiche der Gleisabschnitt 209/210 verschlossen werden.

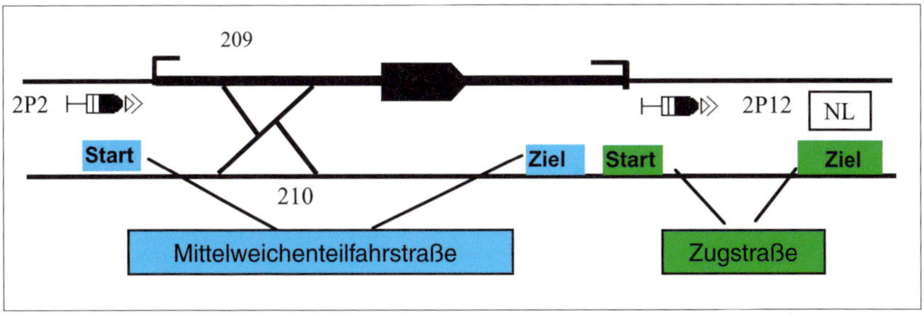

Im konkreten Beispiel für das ESTW Neustadt (Weinstraße) heißt dies: Im Gleis 202 wurde ein Zug neu gebildet, der jedoch wegen seiner Länge über das Signal 2P2 hinaussteht. Die besetzte und nicht verschlossene Weiche 209 muss in die Festlegung der Ausfahrzugstraße nach Lambrecht aufgenommen werden. Deshalb stellt der Fahrdienstleiter Neustadt (Weinstraße) mit dem Bedienkommando

M,2P12-2P2

zuerst die Mittelweichenteilfahrstraße ein. Danach wird er die Ausfahrzugstraße

2P12.NL

bedienen. Die Reihenfolge der Bedienung (zuerst Mittelweichenteilfahrstraße und danach Ausfahrzugstraße oder umgekehrt) spielt hierbei in der Regel (Alcatel SEL AG) keine Rolle. Das Signal 2P2 zeigt Kennlicht und Signal 2P12 kommt in Ks 1-Stellung.

Bei den Stellwerken der Siemens AG erscheint am Startsignal der Zugstraße ein Stellbarkeitsmelder in Form eines gelben Dreiecks.

Bei mausbedienten Stellwerken läuft die Bedienung entsprechend ab.

6.5.5 Befahrbarkeitssperren im Fahrweg umgehen

Fahrwegelemente, die nicht bzw. nicht ohne betriebliche Ersatzmaßnahmen befahren werden dürfen, kann der Fahrdienstleiter mit einer Befahrbarkeitssperre belegen. Die Befahrbarkeitssperre wird mit dem Bedienkommando

FSP,<Fahrwegelement>

eingegeben und mit

FESP,<Fahrwegelement>

wieder gelöscht.

Mit jeder Merkhinweiseingabe wird ebenfalls eine Befahrbarkeitssperre gesetzt.

Die Befahrbarkeitssperre wird dem Fahrdienstleiter auf der Bahnhofslupe durch einen schwarzen Mittelstrich (bei einigen Elektronischen Stellwerken der Alcatel SEL AG auch gestrichelt) im entsprechenden Element dargestellt. Das Setzen von Befahrbarkeitssperren wurde im Abschnitt „Stellen von Weichen, Kreuzungen und Gleissperren“ bereits näher beschrieben.

Auf der Bereichsübersicht zeigt die gespaltene Elementlinie dem Fahrdienstleiter, dass eine Befahrbarkeitssperre eingegeben wurde.

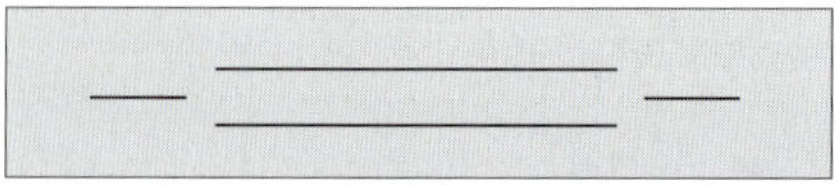

Diese Befahrbarkeitssperre kann der Fahrdienstleiter mit der Fahrstraßenkennung S (**S**perrumgehung), die dem Bedienkommando wie bei fehlender Fahrleitung oder einzugebender Mittelweichenteilfahrstraße vorangestellt wird, umgehen. Das Funktionsfeld „Sperrumgehung“ finden wir ebenfalls im grünen Gruppenfelderblock „Fahrstraßen“.

Auf dem Bedientablett des ESTW Neustadt (Weinstraße) befinden sich im Gruppenfelderblock „Fahrstraßen“ noch die Felder FS und MS. Sie bedeuten eine Kombination der Funktionen Fahrleitung fehlt und Sperrumgehung sowie Mittelweichenteilfahrstraße einstellen mit gleichzeitiger Sperrumgehung.

Sinngemäß lassen sich die Bestimmungen hinsichtlich der Funktionsfelder S und F über die Zugstraßenbedienung auch auf Rangierstraßen übertragen.

6.5.6 Durchrutschweg-Wahl

Der Regel-Durchrutschweg läuft beim Einstellen der Einfahrzugstraße mit ein. Dies gilt auch für Zugstraßen bis zu einem Zwischensignal.

Durchrutschwege (D-Wege) sind Gleisbereiche hinter dem Zielsignal, die für ein Überfahren des Signals freigehalten werden. Je niedriger die Geschwindigkeit ist, mit der auf das Zielsignal zugefahren wird, desto kürzer ist auch der Durchrutschweg. So ermöglicht die Kürzung des Durchrutschweges die Zulassung einer anderen Zugfahrt, die bei regulärem Durchrutschweg ausgeschlossen ist.

Elektronische Stellwerke der Alcatel SEL AG mit Bedientablett haben diese Wahlmöglichkeit durch verschiedene Zielfelder realisiert.

Im Stellbereich des ESTW Neustadt (Weinstraße) gibt es bei der Zugstraße 7A.7N2 drei verschiedene Durchrutschwege. Es ist der reguläre Durchrutschweg, der kurze Durchrutschweg, der an der Spitze der Weiche 724 endet und der Durchrutschweg zur Fahrt ins Gegengleis projektiert. Das Zielfeld der Einfahrzugstraße mit regulärem Durchrutschweg ist durch das Signalsymbol gekennzeichnet. Wählt der Fahrdienstleiter das mit „K“ („**K**“ steht für „kurz“) gekennzeichnete Zielfeld hinter dem Signalsymbol, wird der verkürzte Durchrutschweg bzw. mit dem Zielfeld „L“ („**L**“ steht für „links“) der Durchrutschweg in Richtung Gegengleis angezeigt.

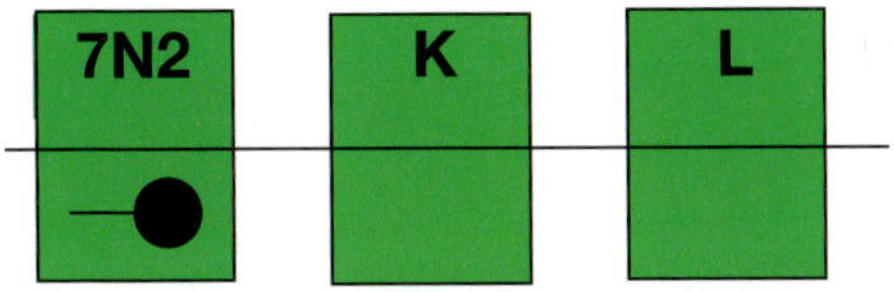

Die Anzeige der einzelnen Bedienkommandos erfolgt auf der Bahnhofslupe in der „EIN“-Zeile wie folgt:

EIN 7A.7N2……

bzw. für den kurzen D-Weg

EIN 7A.7N2K……

bzw. für den Durchrutschweg ins Gegengleis

EIN 7A.7N2L……

Auf der Bereichsübersicht wird der Fahrweg mit dem jeweils gewählten Durchrutschweg durch die topografische Eingabekontrolle genau angezeigt (Abbildung 73).

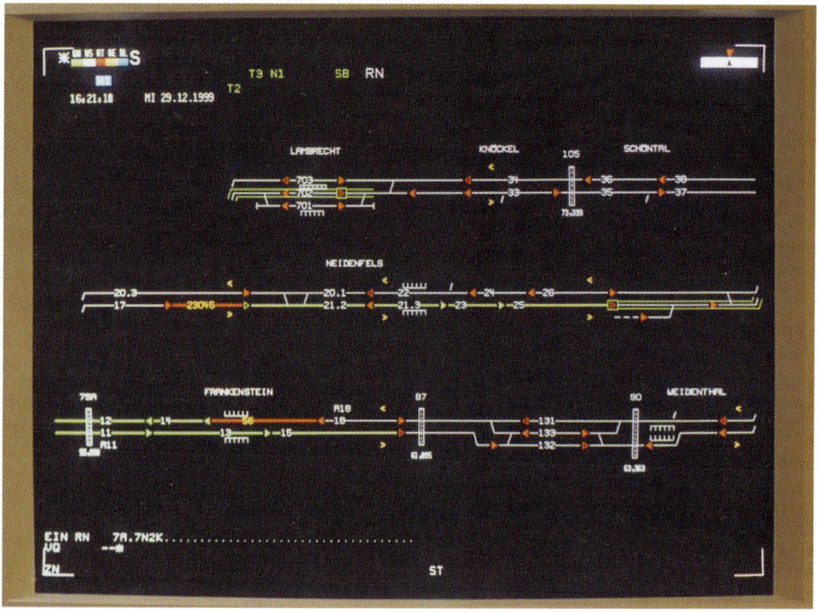

Abbildung 73: Darstellung auf der Bereichsübersicht – Einfahrzugstraße 7A.7N2K (kurzer Durchrutschweg) eingegeben – „V"-Bedienung noch nicht vorgenommen.

Durch die „V"-Bedienung wird das Bedienkommando an die Rechner gegeben und die Fahrstraße eingestellt.

Die Siemens AG hat die Wahl des Durchrutschweges – D-Weg-Wahl – in den Außenfeldern des Bedientabletts realisiert. Hierzu kennzeichnet sie auf dem Bedientablett das Zielsignal mit einer D-Weg-Wahl-Möglichkeit durch einen roten Punkt rechts neben dem Signalsymbol. Im Außenbereich des Bedientabletts finden wir im Gruppenfelderblock „Fahrstraßen" ein Doppelfeld „D-Weg-Wahl". Unter diesem Feld sind die verschiedenen Wahlmöglichkeiten, die insgesamt im Stellbereich vorhanden sind, angeordnet.

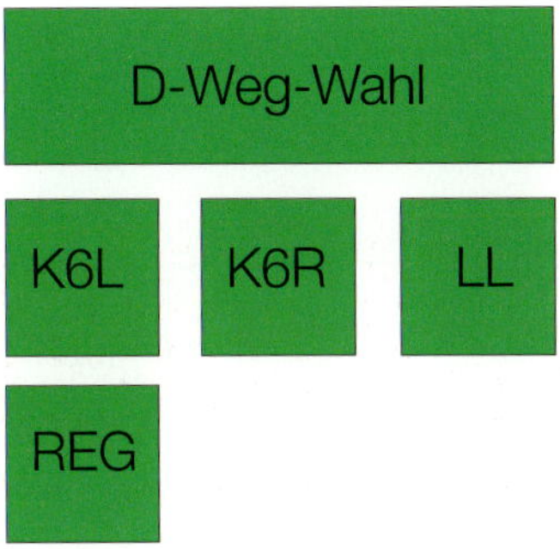

Möchte nun der Fahrdienstleiter auf einem solchen Stellwerk einen anderen als den regulären Durchrutschweg (REG) einstellen, bedient er Start- und Zielpunkt der Zugstraße und danach die entsprechende Kennung des D-Weges im Gruppenfelderblock „D-Weg-Wahl". Auf der Bereichsübersicht wird die entsprechende Fahrstraße durch die Vorschaulinien dargestellt. Bei der alphanummerischen Darstellung wird die Bezeichnung des Zielelements entsprechend dem gewählten Durchrutschweg ergänzt.

Sind dem Fahrdienstleiter die möglichen Durchrutschwege einer Fahrstraße nicht bekannt, kann er sich bei Stellwerken dieses Herstellers mit Hilfe des „D-Weg-Wahl"-Feldes alle möglichen Durchrutschwege dieser Fahrstraße auf der Bereichsübersicht in der VQ-Zeile anzeigen lassen. Hat er seine Wahl getroffen, bedient er das entsprechende „D-Weg"-Feld. Dies ist bei den Fahrdienstleitern eine willkommene Unterstützung bei der Fahrstraßeneinstellung.

Bei der Mausbedienung wählt der Fahrdienstleiter am Zielsignal den entsprechenden Durchrutschweg aus, indem er das Zielsignal mit der rechten Maustaste bedient. Im Popup-Menü erhält er durch Betätigen des Menüeintrages „D-Weg" im Untermenü alle möglichen D-Wege dieser Zugstraße angezeigt. Wird einer dieser angezeigten Durchrutschwege mit der linken Maustaste selektiert, erfolgt die entsprechende Anzeige auf der Bereichsübersicht oder der Bahnhofslupe im Bedien- und Bildbereich bzw. im Bedien- und Bildfenster.

Sollte im Fahrweg eine Befahrbarkeitssperre eingerichtet sein, muss im Untermenü „D-Weg" ein weiteres Untermenü ausgewählt werden, in dem die Funktion „S" für Sperrumgehung bestimmt werden kann.

Hierzu ein Beispiel aus dem ESTW Waldshut. Der örtlich zuständige Fahrdienstleiter Waldshut möchte im Bahnhof Rheinfelden die Zugstraße 93A1.93ZR4K3 einstellen. Dazu bedient er mit der linken Maustaste das Einfahrsignal 93A1 als Startpunkt (Abbildung 74).

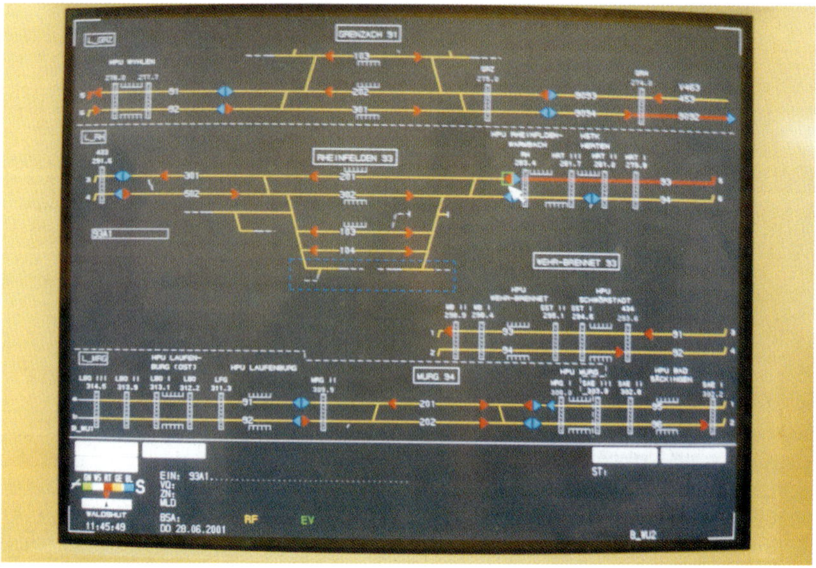

Abbildung 74: Bedienung auf der Bereichsübersicht – Startsignal 93A1 mit der linken Maustaste selektiert.

Danach bedient der Fahrdienstleiter das Zielsignal mit der rechten Maustaste.

Abbildung 75: Bedienung auf der Bereichsübersicht – Zielsignal der Zugstraße 93A1.93ZR4 mit rechter Maustaste selektiert.

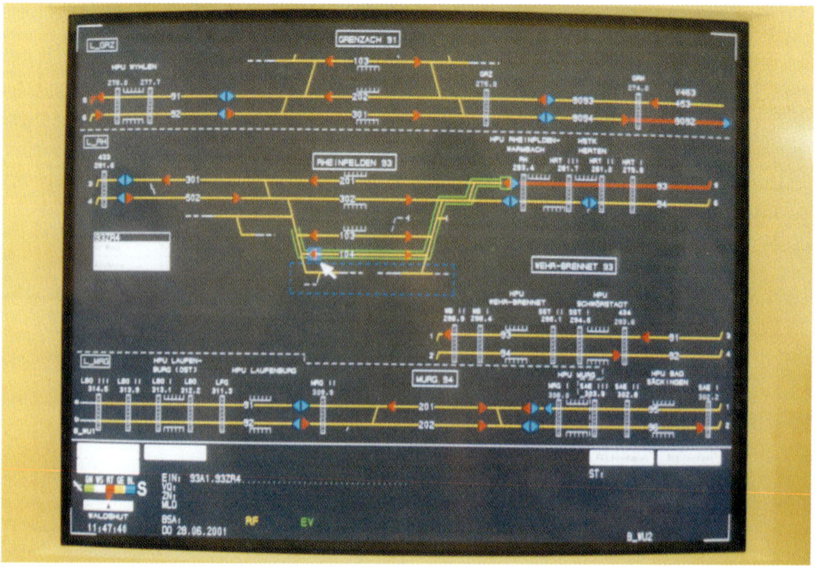

Durch das Selektieren mit der rechten Maustaste wurde das entsprechende Popup-Menü geöffnet (Abbildung 76).

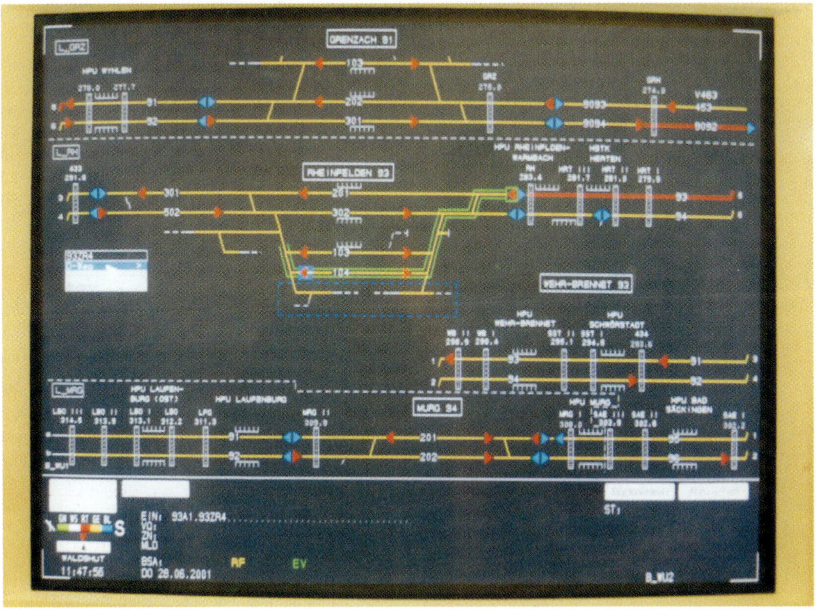

Abbildung 76: Bedienung auf der Bereichsübersicht – Menüeintrag „D-Wege" markiert.

Wird der Menüeintrag „D-Wege" mit der linken oder rechten Maustaste selektiert, werden im Untermenü alle möglichen Durchrutschwege dieser Zugstraße angezeigt (Abbildung 77).

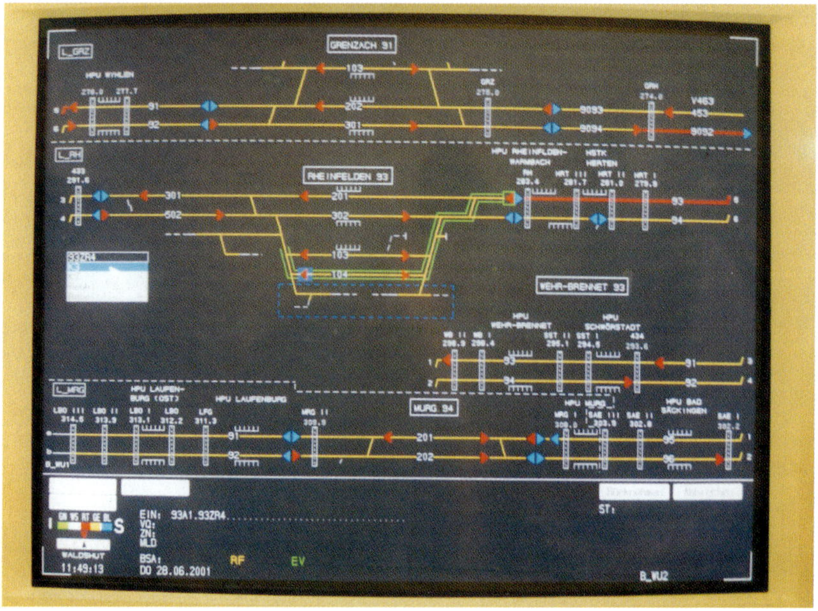

Abbildung 77: Bedienung auf der Bereichsübersicht – kurzer Durchrutschweg der Zugstraße 93A1.93ZR4 im Untermenü markiert.

Sollte im Fahrweg eine Befahrbarkeitssperre sein und kann diese umgangen werden, ist im nächsten Untermenü (kurzer Durchrutschweg mit Untermenühinweis selektieren) die Sperrumgehung „S“ projektiert. Das Bedienkommando wird in der „EIN“-Zeile wie folgt dargestellt:

EIN: S,93A1.93ZR4K3

Wurde der gewünschte Durchrutschweg angewählt, wird der gewünschte Fahrweg durch die topografische Eingabekontrollanzeige dargestellt (Abbildung 78).

Nach dem Bedienen des Verarbeitungsfeldes wird die Zugstraße mit dem gewünschten Durchrutschweg eingestellt (Abbildung 79).

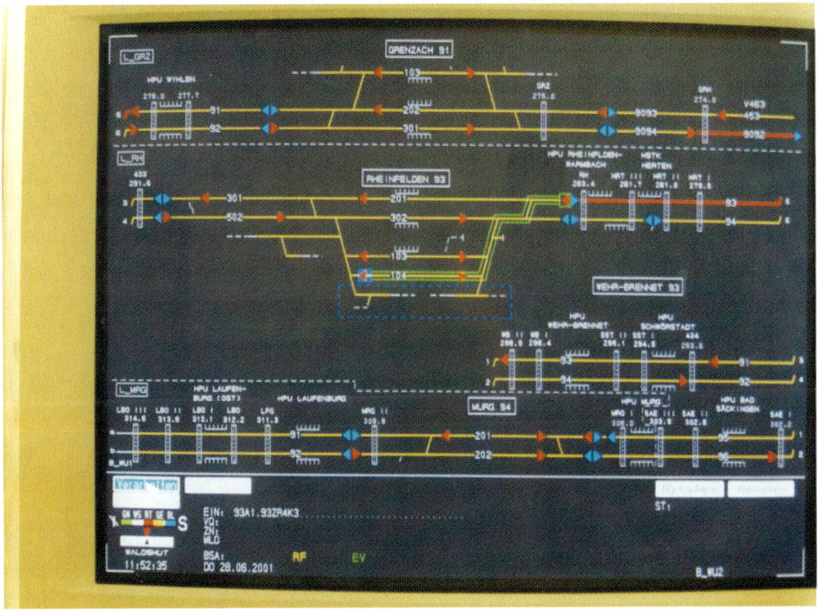

Abbildung 78: Bedienung auf der Bereichsübersicht – Zugstraße 93A1.93ZR4K3 ausgewählt.

Abbildung 79: Bedienung auf der Bereichsübersicht – Zugstraße 93A1.93ZR4K3 eingestellt.

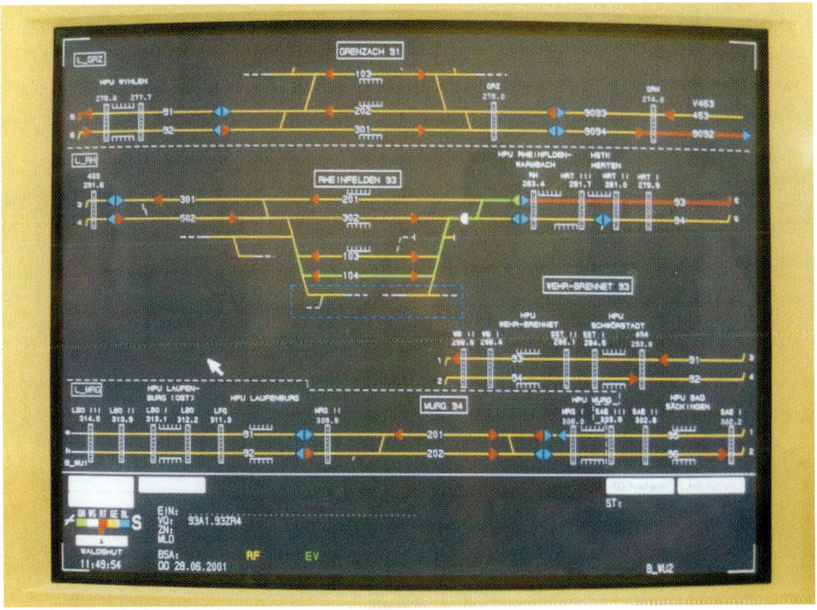

6.5.7 Zughilfsfahrstraßen einstellen

Zughilfsfahrstraßen sind technisch gesicherte Fahrwege, für die eine Signalstellung nicht vorgenommen werden kann, weil in dieser Relation keine Zugstraße vorgehalten wird. Typisches Beispiel ist hier der Fahrweg ins falsche/linke Gleis (Gegengleis). Es werden zwar durch die Start-/Zielbedienung alle Fahrwegelemente bedingt durch die Weichenlaufkette angestoßen, richtig gestellt und verschlossen, das Signal wird jedoch nicht gegeben, weil ins falsche/linke Gleis (Gegengleis) bei Falschfahrbetrieb/ Linksfahrbetrieb (Gleiswechselbetrieb mit Befehl) keine Signalstellung vorgesehen ist. Die Zustimmung zur Fahrt erfolgt in diesem speziellen Fall über schriftlichen Befehl und nicht über ein Haupt- oder Zusatzsignal bzw. Lichtsperrsignal.

Im ESTW Neustadt (Weinstraße) sind folgende Zughilfsstraßen projektiert:

- für die Einfahrt vom falschen/linken Gleis (Gegengleis) aus Richtung Edenkoben. (Startfeld ist das Zielfeld „NE“ für die Ausfahrten in Richtung Edenkoben).

- für die Ausfahrt in das falsche/linke Gleis (Gegengleis) in Richtung Edenkoben. (Zielfeld ist das Zughilfsfahrstraßenfeld „NEG“ in Höhe des Zielfeldes für die Ausfahrt in das richtige Gleis).

Da im ESTW Waldshut im gesamten zweigleisigen Bereich nur Falschfahrbetrieb (FB) (Gleiswechselbetrieb mit Befehl) eingerichtet ist, wird das Einstellen einer Zughilfsfahrstraße an diesem Stellwerk dargestellt.

Der örtlich zuständige Fahrdienstleiter Waldshut möchte im falschen Gleis (Gegengleis) von Waldshut nach Albbruck fahren. Dazu bedient er auf dem Lupenbild 3 als Startpunkt das Ausfahrsignal P3 und als Zielpunkt das virtuelle Fahrstraßenziel im Gleis Albbruck – Waldshut. Nach dem Bedienen des Verarbeitungsfeldes läuft die Zughilfsfahrstraße 97P3.WAG ein (Abbildung 80).

Nach der Befehlsübermittlung fährt der Zug aus Gleis 203 ins falsche/linke Gleis (Gegengleis) aus (Abbildung 81).

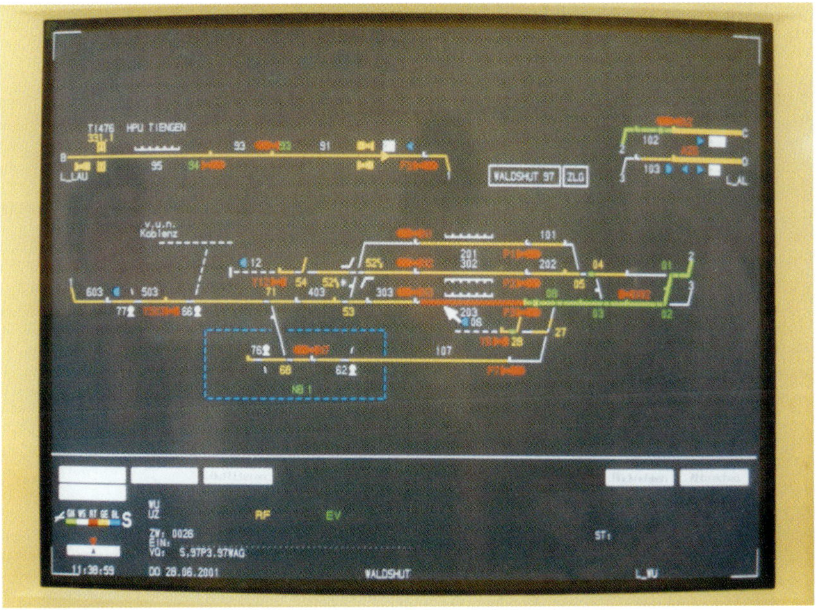

Abbildung 80: Darstellung auf der Bahnhofslupe – Zughilfsfahrstraße 97P3.WAG eingestellt.

Abbildung 81: Darstellung auf der Bahnhofslupe – Zug fährt auf falschem/linkem Gleis (Gegengleis) zwischen Waldshut und Albbruck.

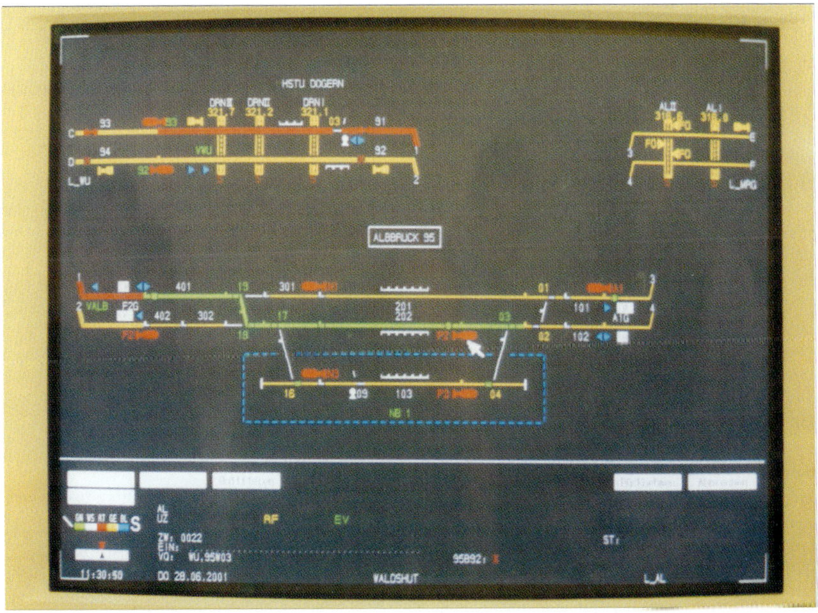

Zur Einfahrt in den Bahnhof Albbruck stellt der Fahrdienstleiter Waldshut die Zughilfsfahrstraße 95FG.95P2 ein.

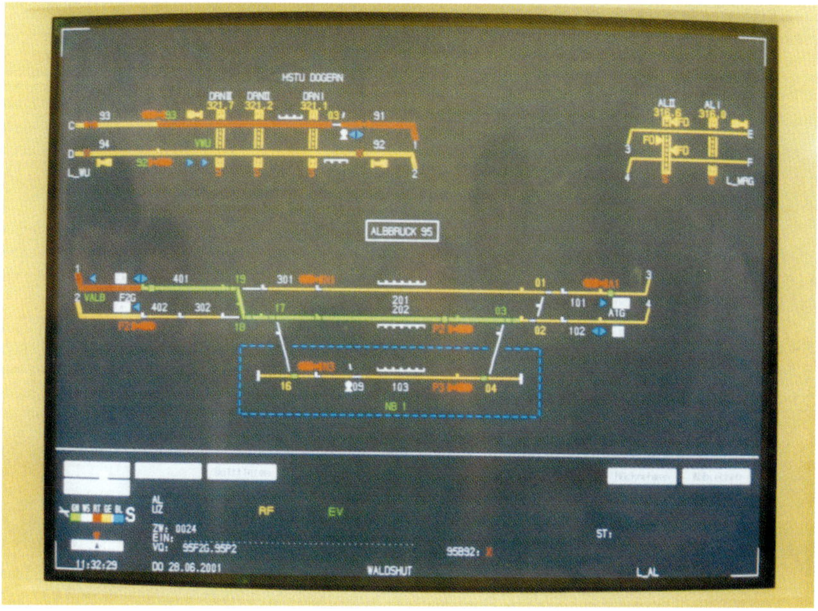

Abbildung 82: Darstellung auf der Bahnhofslupe – Zughilfsfahrstraße 95FG.95P2 eingestellt.

Nach entsprechender Zustimmung mittels Befehl fährt der Zug in den Bahnhof Albbruck ein.

6.5.8 Festlegung der Zug- bzw. der Zughilfsfahrstraße

Die Zugstraße wird wie auch die Zughilfsfahrstraße festgelegt, wenn

- die Weichen und Kreuzungen im Fahr- und im D-Weg sowie die Flankenschutzeinrichtungen in der richtigen Stellung verschlossen sind,
- die Stellungsmelder der Weichen und Kreuzungen sowie die Gleismelder der Gleisabschnitte im Fahr- und im Durchrutschweg grün leuchten,
- die Sperrsignale am Fahrweg Sh 1/Ra 12 zeigen,
- die Blockbedingungen erfüllt sind,
- bei signalgesteuerten Bahnübergangssicherungsanlagen die Bahnübergangsfreimeldung angezeigt wird und
- das Zielsignal einen „logischen Signalbegriff" zeigt.

Die Festlegung wird durch den quadratischen, grün leuchtenden **F**estlege**ü**berwachungs**m**elder (FÜM) am Start der Zugstraße angezeigt. Dieser Melder überwacht – wie bereits beschrieben – den Verschluss der Fahrweg- und Flankenschutzelemente sowie das Freisein des Fahrweges. Zeigt dieser Festlegeüberwachungsmelder Ruhelicht, ist die Zug- wie auch die Zughilfsfahrstraße gesichert.

Der runde, grün leuchtende **Z**iel**f**estlege**m**elder (ZFM) am Ziel zeigt an, dass die Zug- bzw. die Zughilfsfahrstraße nicht oder noch nicht vollständig aufgelöst ist. Weitere Fahrstraßen, die den Fahr- oder den Durchrutschweg berühren, sowie gegenläufige Fahrstraßen können nicht eingestellt werden. Er erlischt erst nach vollständiger Auflösung der Zugstraße.

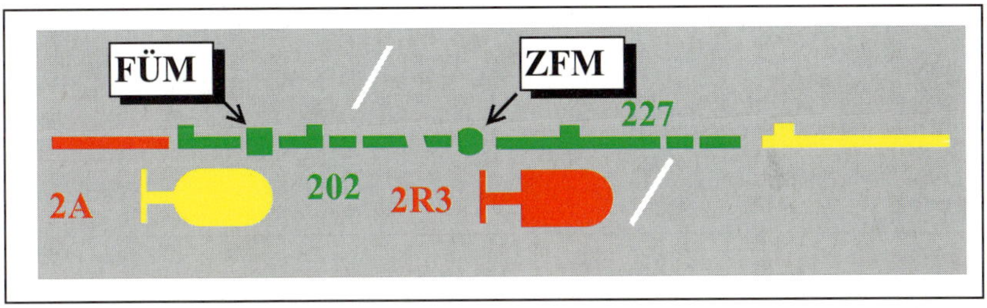

Somit leuchten bei eingestellter Zug- bzw. Zughilfsfahrstraße der Festlegeüberwachungsmelder, der Zielfestlegemelder, die Stellungsmelder der Weichen und Kreuzungen im Fahrweg, die Gleismelder im Fahrweg, die Flankenschutzüberwachungsmelder der Weichen und Kreuzungen im Fahrweg, die Verschlussmelder der Zwischengleisabschnitte, Weichen und Kreuzungen im Fahrweg sowie der Flankenschutzweichen und –gleissperren grün.

Bei Ausfahrzugstraßen im Bereich des Zentralblocks leuchtet zusätzlich noch der Blocküberwachungsmelder grün und der Zielfestlegemelder 2.

Außerdem leuchtet bei der Zugstraße der Fahrtmelder des Startsignals sowie der Sh 1/Ra 12-Melder der Sperrsignale am Fahrweg farblich entsprechend der Signalstellung (nur auf den Bahnhofslupen).

Wenn bei selbsttätigem Streckenblock eine Ausfahrzugstraße bei noch besetztem Ausfahrblockabschnitt eingestellt wird, kommt das Ausfahrsignal erst auf Fahrt, wenn der Ausfahrblockabschnitt geräumt ist und das Hauptsignal am Ende dieses Blockabschnittes Halt zeigt. Dies wird als „Nachlauten des Ausfahrsignals" bezeichnet.

6.5.9 Der Selbststellbetrieb und die Zuglenkung

Immer größere Stellbereiche machen es erforderlich, dass der Fahrdienstleiter von wiederkehrenden, einfachen Aufgaben weitestgehend entbunden wird. Dies kann zum Beispiel das Einstellen einer Zugfahrstraße sein. Somit stellt der Selbststellbetrieb bzw. die Zuglenkung eine besondere Art der Fahrstraßeneinstellung dar.

Bei dem Vorreiter der Zuglenkung – dem Selbststellbetrieb – wird durch Befahren eines Kontaktes, der im Gleis liegt, durch den Zug eine fest programmierte Fahrstraße angestoßen und eingestellt. Hierzu wählt man in der Regel die Fahrstraßeneinstellung in den durchgehenden Hauptgleisen. Das durchgehende Hauptgleis ist das Gleis der freien Strecke und die Verlängerung dieses Gleises in den Bahnhof.

Während der Selbststellbetrieb immer nur eine vorgegebene Fahrstraße einstellen kann, führt die Zuglenkung den Zug durch den gesamten Stellbereich. Die Entwicklung der Zuglenkung begann Ende der sechziger Jahre des letzten Jahrhunderts. Über eine Kennziffern, die der Zugnummer vorangestellt ist, wird eine fest vorgegebene Route/vorgegebener Fahrweg durch den gesamten Stellbereich vor dem Zug zeitgerecht eingestellt. Leider ist bei diesem System die Zahl der Fahrwege auf 10 begrenzt (Kennziffern 0 bis 9). Neuere Systeme der Zuglenkung arbeiten mit Gleisbenutzungstabellen. Hierbei werden dem System nur Start- und Zielpunkt des Zuges sowie Zwangspunkte (z.B. Bahnsteiggleis) vorgegeben. Das Zuglenksystem stellt nun über die Gleisbenutzungstabelle den Fahrweg für den Zug zusammen. Ferner erkennt das neue Zuglenksystem gegenüber den älteren Systemen auch Konfliktpunkte. Unbefahrbare Stellen werden registriert und auf Alternativfahrwegen umgangen. Künftige Systeme sollen dem Fahrdienstleiter nicht nur Konfliktpunkte aufzeigen, sondern zu jeder Konflikterkennung auch mehrere Lösungsvorschläge unterbreiten. Sollte sich der örtlich zuständige Fahrdienstleiter (özF) in einer Betriebszentrale nicht entscheiden, wird vom System her die erstgenannte Lösungsvariante umgesetzt.

Selbststellbetrieb ein- und ausschalten

Der Selbststellbetrieb wird je Signal mit dem Bedienkommando

SBE,<Signal>

eingeschaltet.

Das Funktionsfeld „SBE“ – **S**elbststell**b**etrieb **e**inschalten – ist im grünen Gruppenfelderblock „Fahrstraßen“ angesiedelt.

Da es sich um ein KF-pflichtiges Bedienkommando handelt, muss der Fahrdienstleiter nach der VL- bzw. V-Bedienung die KF-Taste bzw. bei neueren Stellwerken die KF-Felder 1 und 2 bedienen.

Als Zeichen für das Einschalten des Selbststellbetriebes wechselt die Ausleuchtung des Signals auf der Bereichsübersicht in eine hohle Darstellung und auf der Bahnhofslupe wechselt die Signalbezeichnung von roter in grüne Ausleuchtung. Diese grüne Ausleuchtung der Signalbezeichnung wird als „Selbststellbetriebsmelder“ bezeichnet. Er blinkt bei Annäherung des Zuges. Gleichzeitig leuchtet in der Sammelmelderzeile der Bereichsübersicht und der Lupe ein grünes „SB“ als Zeichen dafür, dass mindestens an einem Signal im Stellbereich der Selbststellbetrieb eingeschaltet ist. Dieser Sammelmelder wird als „Selbststellbetriebssammelmelder“ bezeichnet.

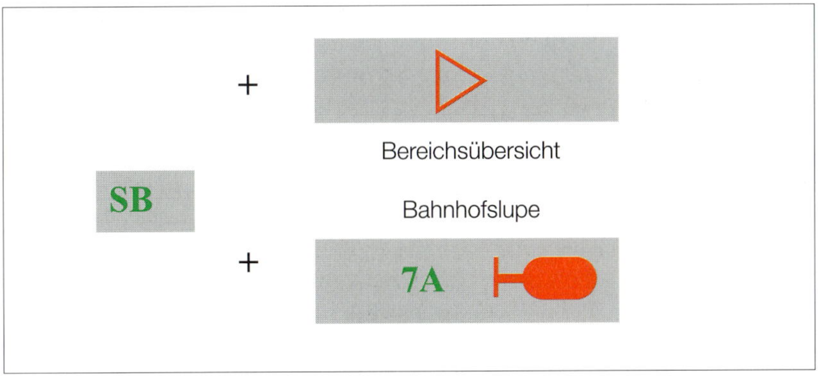

Der Selbststellbetriebssammelmelder blinkt rot, sobald ein Anstoß durch einen Zug an ein Signal erfolgte, die Zugstraße jedoch von der Technik nach Ablauf einer fest vorgegebenen Zeit nicht eingestellt werden konnte, weil zum Beispiel ein zur Fahrstraße gehörender Bahnübergang durch den Fahrdienstleiter nicht freigemeldet wurde oder ein vorausfahrender Zug den Zugfolgeabschnitt noch nicht geräumt hat. Als zusätzlicher akustischer Hinweis ertönt der Störwecker, der mit der STQ-Bedienung bzw. mit Bedienung des Feldes „Quittieren" – Mausbedienung – abgestellt werden kann. STQ ist das große grüne Bedienfeld im rechten und linken unteren Teil des Bedientabletts. Mit der Bedienung dieser Funktion wird zum einen die Störung quittiert und gleichzeitig der akustische Signaltongeber – kurz AKSI genannt – abgestellt. Hierzu muss der Fahrdienstleiter das Lupenbild mit dem entsprechenden Signal aufgeschaltet haben. Dieser akustische Hinweis kann bei Elektronischen Stellwerke innerhalb einer Betriebszentrale ein- und ausgeschaltet werden.

Der Fahrdienstleiter kann sich jederzeit vor dem Anstoß des Selbststellbetriebes durch Einstellen einer anderen Zug- oder Rangierstraße über diese Technik hinwegsetzten.

Analog der Einschaltung kann der Selbststellbetrieb mit dem Bedienkommando

SBA,<Signal> bzw. <Bf>

zurückgenommen werden – SBA = **S**elbststell**b**etrieb **a**usschalten. Die Signalbezeichnungen wechseln dann wieder von grün in rot und der Selbststellbetriebssammelmelder erlischt, wenn an keinem weiteren Signal im gesamten Stellbereich des Stellwerks der Selbststellbetrieb eingeschaltet ist. Ein Fahrt zeigendes Signal wird durch die Rücknahme des Selbststellbetriebes nicht in die Haltstellung gebracht, sondern verbleibt in der Fahrtstellung. Hierbei gibt es die Besonderheit, dass nicht nur der Selbststellbetrieb an einem Signal, sondern auch für einen ganzen Bereich – zum Beispiel einen ganzen Streckenabschnitt oder einen ganzen Bahnhof – zurückgenommen werden kann.

In der Praxis sieht dies dann so aus:

Beim ESTW Neustadt (Weinstraße) kann bei folgenden Signalen der Selbststellbetrieb eingeschaltet werden:

Bf	Weidenthal	Sig 1A, 1F, 1N2, 1P1
Bf	Lambrecht	Sig 7A, 7F, 7N2, 7P3
Üst	Neidenfels	Sig 20, 21

Der Fahrdienstleiter Neustadt (Weinstraße) möchte den Selbststellbetrieb am Einfahrsignal 7A des Bahnhofs Lambrecht einschalten. Dazu bedient er das Funktionsfeld.

Als nächstes schwingt er das Symbol des Signals 7A an.

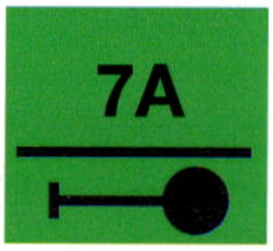

Auf der Lupe und der Bereichsübersicht erscheint in der „EIN"-Zeile das Bedienkommando wie folgt:

EIN SBE,7A......

Nach der V- bzw. VL-Bedienung

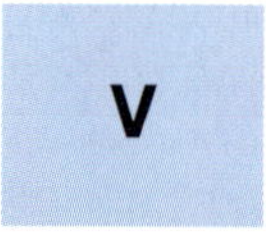

folgt die KF-Pflicht für diese Bedienung. Der Fahrdienstleiter Neustadt (Weinstraße) wird hierzu in der „VQ"-Zeile aufgefordert:

VQ: SBE,7A – KF OHNE ZÄHLUNG

Damit der Fahrdienstleiter das „KF 1"-Feld bedient erfolgt der Hinweis:

VQ: SBE,7A – KF OHNE ZÄHLUNG – KF 1 BEDIENEN

Nachdem das „KF 1"-Feld bedient wurde, erfolgt der Hinweis in der „VQ"-Zeile auf die „KF 2"-Bedienung:

VQ: KF 2 BEDIENEN

Ist auch diese Bedienung vorgenommen, wird der Selbststellbetriebsammelmelder „SB“ auf der Bereichsübersicht und der Lupe in der Sammelmelderzeile grün leuchten, die Signalbezeichnung 7A wird von roter in grüne Ausleuchtung wechseln und das Signalsymbol auf der Bereichsübersicht wird von ausgeleuchteter in hohle Ausleuchtung wechseln. Der Selbststellbetrieb für die Fahrstraße 7A.7N2 ist eingeschaltet.

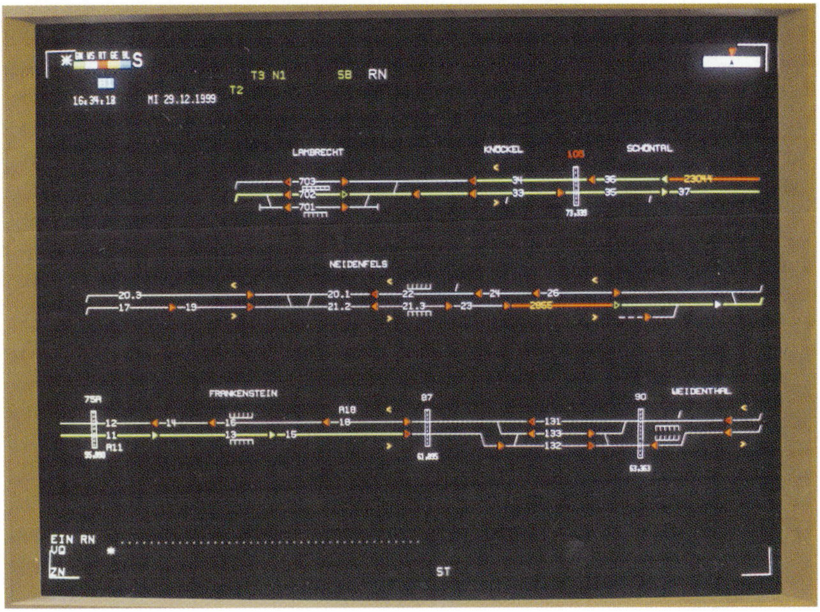

Abbildung 83: Darstellung auf der Bereichsübersicht – Selbststellbetrieb am Signal 7A für die Fahrstraße 7A.7N2 eingeschaltet.

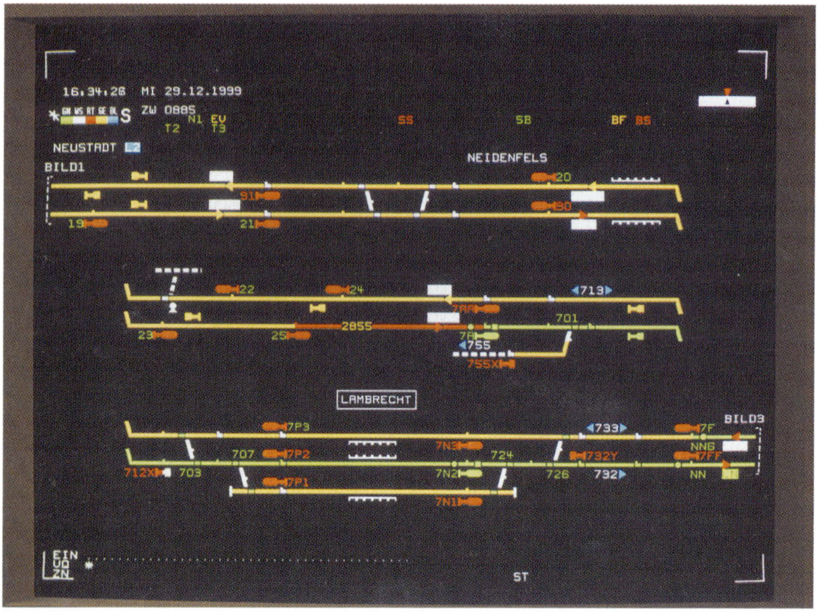

Abbildung 84: Darstellung auf der Bahnhofslupe – Selbststellbetrieb am Signal 7A für die Fahrstraße 7A.7N2 eingeschaltet.

Bei moderneren Elektronischen Stellwerken wird die Zuglenkung realisiert.

Die Bedienhandlungen erfolgen über die Menüfunktionen in der Bereichsübersicht, der Lupe und der Gleisbenutzungstabelle. Die Zuglenkung wird an den Zuglenksignalen, dem Gleismelder/Zug und an den Bereichsbezeichnungen bedient. An der Zugnummer erkennt der Fahrdienstleiter/örtlich zuständige Fahrdienstleiter, ob ein Zug sich im Zuglenkstatus befindet. Die Zugnummer wird dann grün dargestellt.

Die Zuglenkung kann signalbezogen eingeschaltet werden. Diese Funktion kann nur auf der Lupe vorgenommen werden. Der Fahrdienstleiter/örtlich zuständige Fahrdienstleiter bedient hierzu das entsprechende Signal mit der rechten Maustaste. Im Popup-Menü ist im Untermenü „ZL" – **Z**ug**l**enkung – der Menüeintrag „ZLE" – **Z**ug**l**enkung **e**inschalten – abgelegt. Es handelt sich hierbei um ein KF-pflichtiges Bedienkommando.

Mit der Funktion DHE – **D**ispositions**h**alt **e**ingeben – kann ein Dispositionshalt eingegeben werden. Dispositionshalte können zugbezogen (nur für einen Zug gültig) oder signalbezogen (für alle Züge an diesem Signal gültig) eingegeben werden. Diese Funktion ist auch über die Bereichsübersicht möglich. Ist ein Dispositionshalt für einen Zug wirksam, wird die Fahrstraße für diesen Zug nur noch durch direkte Eingabe des Fahrdienstleiters/örtlich zuständigen Fahrdienstleiters eingestellt.

Auf der Bereichsübersicht kann die Anzeige des Zuglenkbandes durch eine zugbezogene Bedienung aktiviert werden. Dazu ist der Gleismelder mit der entsprechenden Zugnummer mit der rechten Maustaste zu selektieren. Im Popup-Menü erscheint der Menüeintrag „ZLBA“ – **Z**ug**l**enk**ba**nd. Wird dieser Menüeintrag durch Betätigen der linken Maustaste ausgewählt und mit „Verarbeiten“ zur Ausführung gebracht, wird der in der Zuglenkung gespeicherte Fahrweg durch gelbe Parallelstriche auf der Bereichsübersicht dargestellt. Diese „gelben Parallelstriche“ bezeichnet man als „Zuglenkband“.

Die Zuglenkung kann signal- oder bereichsbezogen ausgeschaltet werden. Dazu ist entweder das entsprechende Signal oder der entsprechende Bereich (z.B. ein Bahnhof) mit der rechten Maustaste zu selektieren. In dem Popup-Menü erscheint der Menüeintrag „ZLA“ – **Z**ug**l**enkung **a**usschalten. Durch Aktivieren dieser Funktion ist die Zuglenkung ausgeschaltet.

6.5.10 Auflösen und Zurücknehmen von Zugstraßen

Die Zugstraße wird selbsttätig hinter dem Zug abschnittsweise aufgelöst. Die Weichen sind wieder bedienbar, wenn sie grenzzeichenfrei geräumt sind – außer bei nicht grenzzeichenfrei isolierten Weichen.

Diese einfache Forderung lässt nicht erkennen, auf welche Weise bei den Elektronischen Stellwerken wie auch schon bei den Drucktastenstellwerken die Zugstraße durch die Technik selbsttätig aufgelöst wird. Bei Stellwerken des vorletzten Jahrhunderts wird die Zugstraße als Ganzes aufgelöst, während bei den moderneren Stellwerken die Forderung nach dem abschnittsweisen Auflösen umgesetzt wurde. Durch diese Forderung wird im Wesentlichen die Leistungsfähigkeit der Bahnanlagen erhöht. So werden bei diesem abschnittsweisen Auflösen die einzelnen Fahrwegelemente, aus denen die Zugstraße zusammengesetzt ist, einzeln in der Reihenfolge, in der sie vom Zug freigefahren werden, aus der Zugstraßensicherung herausgenommen. Die Stellwerkstechnik bedient sich hierbei der Gleisfreimeldeanlage, um eine Zugstraße auf diese Weise aufzulösen.

Beim Auflösevorgang selbst wirken mindestens drei Gleisfreimeldeabschnitte zusammen. Dies sind der aufzulösende Abschnitt und der davor sowie der dahinter liegende Abschnitt. Bevor die Auflösung zustande kommt, müssen beim Zusammenwirken dieser drei Abschnitte – ähnlich wie bei der Rangierstraße – folgende vier Auflösebedingungen erfüllt sein.

1. Auflösebedingung
   Alle Gleisfreimeldeabschnitte vor dem aufzulösenden Abschnitt müssen nacheinander in der Fahrtrichtung des Zuges besetzt gewesen sein.
2. Auflösebedingung
   Der Gleisfreimeldeabschnitt vor dem aufzulösenden Abschnitt und der aufzulösende Abschnitt müssen gleichzeitig besetzt gewesen sein.

3. Auflösebedingung
   Der aufzulösende Abschnitt und der nachfolgende Gleisabschnitt müssen gleichzeitig besetzt gewesen sein.
4. Auflösebedingung
   Der aufzulösende Abschnitt muss freigefahren sein. Dieser letzte Schritt bewirkt dann die Auflösung des Verschlusses am betreffenden Element.

Der Ablauf dieser vier Auflösebedingungen lässt sich während einer Zugfahrt auf der Bahnhofslupe sehr gut beobachten. Dabei lässt sich sehr leicht nachvollziehen, dass alle diese Bedingungen allein durch zufälliges Besetzen und Freiwerden der einzelnen Gleisfreimeldeabschnitte bei einer Störung der Gleisfreimeldeanlage nicht erfüllt werden können, so dass ein vorzeitiges Auflösen der Zugstraße aus diesem Grund auszuschließen ist. Im Umkehrschluss heißt das auch, dass der Fahrdienstleiter bei einer Auflösestörung als Ursache auch immer eine Störung der Gleisfreimeldeanlage annehmen muss.

Nicht grenzzeichenfrei isolierte Weichen bedürfen bei der Betrachtung des Auflösevorganges einer besonderen Erklärung. Sind in einer Zugstraße aneinander angrenzende Weichen nicht grenzzeichenfrei isoliert, was bei einer Weichenverbindung zum Nachbargleis und geringen Gleisabständen oft der Fall ist, sind die beiden Gleisfreimeldeabschnitte dieser Weichen zusammengeschaltet. Dies wirkt sich so aus, dass bei der Besetzung einer dieser Weichen in der abzweigenden Stellung die benachbarte Weiche ebenfalls besetzt anzeigt, auch dann, wenn sie tatsächlich nicht besetzt ist. Auf diese Weise wird die Zulassung einer Zug- oder Rangierfahrt auf dem Nachbargleis so lange verhindert, wie das Grenzzeichen möglicherweise nicht freigefahren ist.

Aus dieser Zusammenschaltung ergibt sich somit beim Auflösevorgang, dass die Gleisfreimeldeabschnitte der beiden Weichen quasi wie ein Gleisfreimeldeabschnitt wirken. Sie lösen also nicht einzeln auf, sondern gleichzeitig zu dem Zeitpunkt, wenn beide Weichen freigefahren sind. Man kann es auch so sagen: Beide Verschlüsse wirken so lange, bis beide Weichen freigefahren sind.

In der Regel wird der Durchrutschweg bei Einfahrzugstraßen bzw. bei Zugstraßen von Zwischensignal zum Zwischensignal selbsttätig nach dem Besetzen des Gleisabschnittes vor dem Zielsignal – auch Zielabschnitt genannt – und nach Ablauf einer Verzögerungszeit selbstätig aufgelöst. Dieses Auflösen wird als „**automatische Durchrutschwegauflösung**“ bezeichnet. Als Zeichen dafür, dass die automatische Durchrutschwegauflösung läuft, blinkt der grüne Zielfestlegemelder. In diesem Fall ist die Bedienung einer Funktion, mit dem der Durchrutschweg aufgelöst werden soll, wirkungslos – sie wird abgewiesen. Dies baut auf der Überlegung auf, dass mit Belegung des Zielabschnittes durch den Zug – Rotausleuchtung im Zielabschnitt – der Zielfestlegemelder solange blinkt, bis der Zug am gewöhnlichen Halteplatz zum Halten gekommen ist. Damit ist die betriebliche Forderung an die Auflösung des Durchrutschweges: „Der Zug muß am gewöhnlichen Halteplatz zum Stehen gekommen sein“, erfüllt. Nach Ablauf dieser Fahrzeit des Zuges plus eines besonderen Zuschlages, wird der Durchrutschweg aufgelöst. Möchte der Fahrdienstleiter innerhalb dieser Durchrutschwegauflösezeit den Durchrutschweg auflösen, akzeptiert die Anlage dies nicht, da sie noch einen fahrenden Zug gespeichert hat. Deshalb muss diese Bedienung aus technischer Sicht abgewiesen werden. Dass der Zug tatsächlich schon am normalen Halteplatz steht und somit die betrieblichen Bedingungen für die Durchrutschwegauflösung erfüllt wären, ist auf den Zeitzuschlag innerhalb der Durchrutschwegauflösezeit zurückzuführen.

Sollte diese automatische Durchrutschwegauflösung nicht wirken bzw. nicht projektiert sein, kann der Durchrutschweg auch mit dem KF-pflichtigen Bedienkommando

DA,<Ziel>

zurückgenommen werden. DA bedeutet **D**urchrutschweg **a**uflösen. Voraussetzung hierfür ist natürlich, dass der Zug am gewöhnlichen Halteplatz hält. Bei bereits eingestellter Ausfahrzugstraße ist diese Bedienung wirkungslos.

Jede Zugstraße kann in ihrer Gesamtheit oder auch teilweise als Restauflösung mit dem KF-pflichtigen Bedienkommando

FHA,<Ziel>

hilfsweise aufgelöst werden. FHA steht für **F**ahrstraße **h**ilfsweise **a**uflösen. Diese Bedienung ist jedoch nur wirksam, wenn vorher das Startsignal auf Halt gestellt wurde bzw. das Signal Halt zeigt. Der Durchrutschweg wird in der Regel mit aufgelöst.

Ist der Gleisabschnitt vor dem Startsignal der zurückzunehmenden Fahrstraße besetzt – also eine Rotausleuchtung im Abschnitt vor dem Startsignal –, ist die Gesamthilfsauflösung der Fahrstraße ausgeschlossen. Es wirkt der **Annäherungsverschluss**. Dieser Annäherungsverschluss, der auch oft als Anrückverschluss bezeichnet wird, bewirkt, dass bei besetztem Annäherungsabschnitt – auch als Anrückabschnitt bezeichnet – die Gesamthilfsauflösung einer Zugstraße von den Rechnern abgewiesen wird. Der Fahrdienstleiter muss, wie bereits beschrieben, zuerst das Signal in die Haltstellung bringen. Ist dies nicht der Fall, wird bereits durch diesen Umstand das Bedienkommando abgewiesen. Ist das Signal in der Haltstellung, muss der erste verschlossene Gleisabschnitt in der Zugstraße durch Einzelhilfsauflösung aufgelöst werden. Erst wenn dieser Abschnitt aufgelöst ist, kann der Fahrdienstleiter den Rest der Zugstraße in einem Bedienschritt gesamthilfsauflösen.

Dieser Annäherungsverschluss sollte nur an Einfahrsignalen und Blocksignalen von Überleit- und Abzweigstellen – die ja im weitesten Sinne auch Einfahrsignale sind – wirksam geschaltet sein. Bei vielen Stellwerken hat sich jedoch die Philosophie durchgesetzt, dass alle Signale im Stellbereich – außer die „reinen" Blocksignale – mit diesem Annäherungsverschluss ausgestattet sind. So auch im ESTW Neustadt (Weinstraße), in dem alle Signale mit diesem Annäherungsverschluss ausgerüstet sind. Technisch gesehen sind es die Fahrstraßen, die diesen Annäherungsverschluss besitzen – jeder redet jedoch von dem Annäherungsverschluss des „Signales".

Das KF-pflichtige Bedienkommando zur Einzelauflösung eines Elementes lautet:

FHAE,<Weiche, Kreuzung bzw. Gleis>

Das Kürzel „FHAE" kann im Langwort mit „**F**ahrstraßen**h**ilfs**a**uflösung **E**inzelelement" beschrieben werden. Auch bei dieser Einzelauflösung ist für den Fahrdienstleiter der **Reihenfolgezwang** zu beachten. Nur wenn die verschlossenen Gleisabschnitte nacheinander vom Start der Zugstraße beginnend hin zum Ziel aufgelöst werden, erfolgt die Auflösung. Genau wie das Funktionsfeld „FAE" (**F**ahrstraßen**a**uflösung **E**inzelelement) befindet sich das Hilfsauflösefeld „FHAE" im blauen Gruppenfelderblock „Weichen".

Bei der Wahl der Funktionsfelder für die Auflösung der Fahrstraße hat der Fahrdienstleiter den Sicherungszustand der Fahrstraße zu beachten. Befand sich die Fahrstraße bereits im Zugstraßenniveau, hat er stets eine Hilfsauflösung vorzunehmen. Sollte sich jedoch die Fahrstraße erst im Rangierstraßenniveau befinden, ist die Auflösung mit dem Fahrstraßenauflösefeld „FA" (**F**ahrstraße **a**uflösen) möglich. Hinweise über den Sicherungszustand der Fahrstraße und somit für die Wahl des Auflösefeldes geben die Fahrstraßenmelder.

Bei Lorenz-Stellwerken ist der Festlegeüberwachungsmelder ausschlaggebend. Befand er sich zu irgendeinem Zeitpunkt im Sicherungszustand „FÜM Ruhelicht", muss der Fahrdienstleiter die Hilfsauflösung wählen. War jedoch nur Rangierstraßenniveau erreicht, d.h. der Festlegeüberwachungsmelder war nicht über den Sicherungszustand „FÜM Blinklicht" hinausgekommen, kann die Fahrstraße mit dem Funktionsfeld „FA" aufgelöst werden.

Die Siemens AG bindet die Auflösung der Fahrstraße an den Zielfestlegemelder. Leuchtet der Zielfestlegemelder am Ende der Fahrstraße, führt dies zu einer Hilfsauflösung. Wird der Zielfestlegemelder nicht angezeigt, kann mit der Normalauflösung die Fahrstraße zurückgenommen werden.

Diese Bestimmungen der Zurücknahme einer Fahrstraße sollen an einem praktischen Beispiel veranschaulicht werden.

Der Fahrdienstleiter Neustadt (Weinstraße) hat für einen Zug im Bahnhof Lambrecht die Einfahrt aus Richtung Weidenthal nach Gleis 702 gestellt (Abbildung 85).

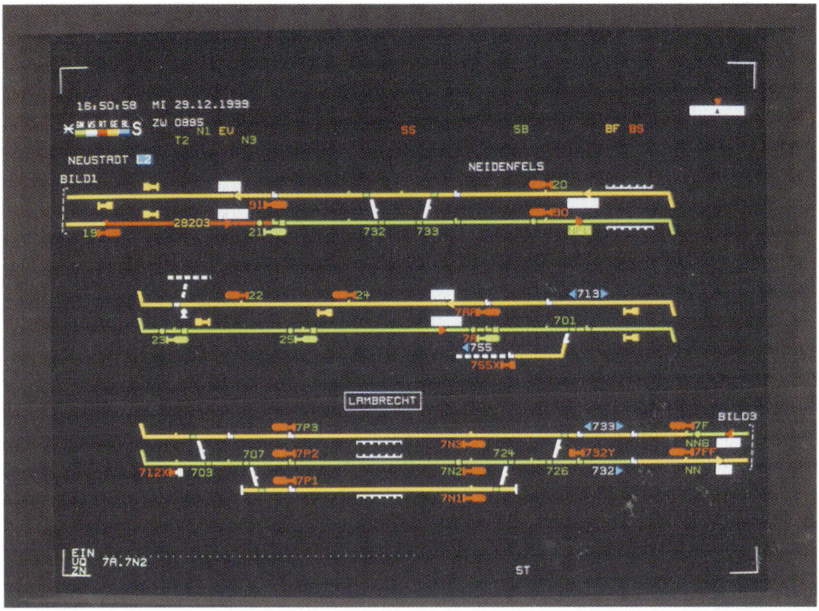

Abbildung 85: Darstellung auf der Bahnhofslupe – Einfahrzugstraße 7A.7N2 eingestellt.

Plötzlich erhält er die Nachricht, dass das Gleis 702 wegen eines Schienenbruches unbefahrbar ist. Er stellt das Einfahrsignal 7A mit dem Stellbefehl

HaGT,7A

in die Haltstellung. Seine Bedienungshandlungen wären:

HaGT

und

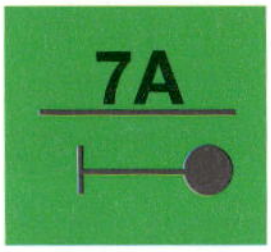

Der Stellbefehl wird ihm nun in der „EIN"-Zeile der Bereichsübersicht und der Bahnhofslupe mit

EIN RN HAGT,7A... bzw. EIN HAGT,7A...

angezeigt. Dieser Stellbefehl wird nach der „V"-Bedienung ohne Überprüfung auf Plausibilität und Zulässigkeit sofort von den Rechnern ausgeführt. Als Zeichen der Haltstellung wechselt die Ausleuchtung des Signals 7A auf der Bahnhofslupe und der Bereichsübersicht von grün bzw. gelb in rot.

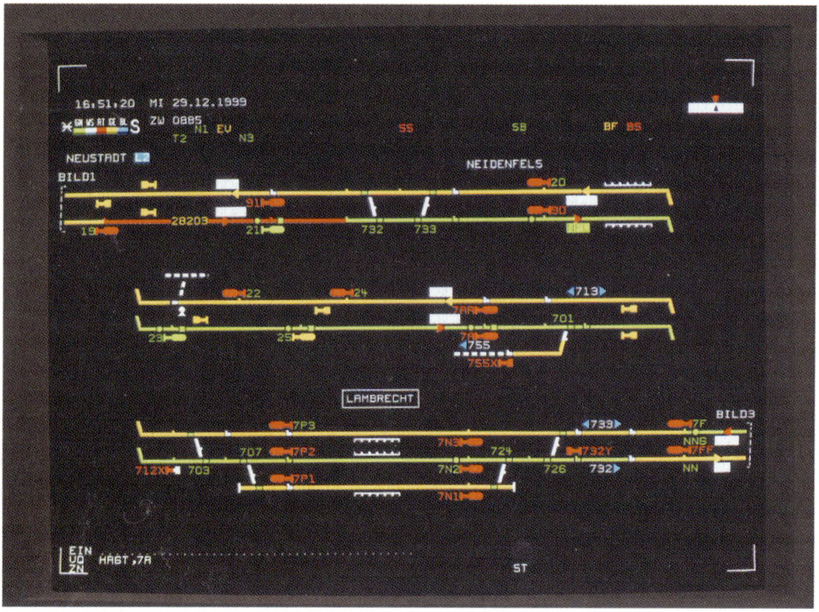

Abbildung 86: Darstellung auf der Bahnhofslupe – Einfahrsignal 7A mit HaGT in Haltstellung gebracht.

Falls sich der Zug zu diesem Zeitpunkt in dem Zugfolgeabschnitt 25 befindet und keine „Gefahr im Verzug" vorliegt, muss sich der Fahrdienstleiter Neustadt (Weinstraße) vor der Fahrstraßenauflösung beim Triebfahrzeugführer vergewissern, dass der Zug vor dem Einfahrsignal 7A zum Halten gekommen ist. Dies wäre zum Beispiel bei einem Fahrstraßenwechsel gegeben.

Wenn der Zug den Zugfolgeabschnitt vor dem Startsignal besetzt hat, wirkt der Annäherungsverschluss. In diesem Fall muss der Fahrdienstleiter den ersten verschlossenen Gleisabschnitt hinter dem Startsignal einzeln auflösen. Es ist der Einfahrabschnitt 7A. Dazu bedient er das Funktionsfeld

FHAE

im blauen Gruppenfelderblock „Weichen". Danach schwingt er das Bedienfeld des Gleisabschnittes 7A an.

In der „EIN“-Zeile der Bahnhofslupe steht nun:

EIN FHAE,7A...

Nach der „V“-Bedienung wird das Bedienkommando von den Rechnern auf Plausibilität überprüft. Dieses Bedienkommando ist KF-pflichtig. Deshalb erscheint in der „VQ“-Zeile der Hinweis:

VQ FHAE,7A – KF MIT ZÄHLUNG...

Kurz darauf erscheint die Aufforderung:

VQ FHAE,7A – KF MIT ZÄHLUNG KF 1 BEDIENEN...

Der Fahrdienstleiter überdenkt sein Handeln, überprüft die Melder der sicheren Anzeige sowie die Markierung des Elementes auf der Bahnhofslupe und bedient das KF 1-Feld auf dem Bedientablett.

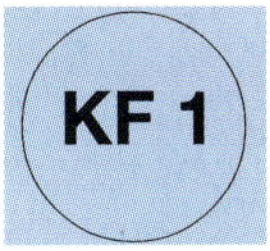

Nach dieser Bedienung erscheint in der VQ-Zeile die Aufforderung:

VQ KF 2 BEDIENEN...

Das KF 2-Feld wird bedient:

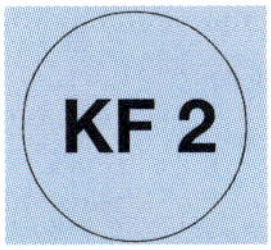

Im Anschluss an diese Bedienung wird der Stellbefehl auf Zulässigkeit überprüft. Nach positiver Überprüfung wird der Stellbefehl ausgeführt und es erscheint die positive Verarbeitungsquittung:

VQ FHAE,7A...

Das Element ist aus der Fahrstraßensicherung herausgenommen und aufgelöst. Da jetzt der Annäherungsverschluss nicht mehr wirkt, kann der Fahrdienstleiter Neustadt (Weinstraße) den Rest der Einfahrzugstraße auflösen. Hierzu bedient er das Funktionsfeld

im grünen Gruppenfelderblock „Fahrstraßen“. Das passende Innenfeld wäre das Zielfeld der Fahrstraßeneinstellung – das Signalfeld 7N2.

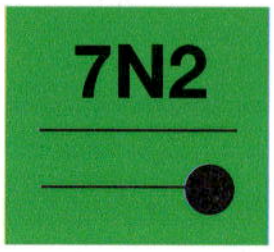

Das Bedienkommando wird wie folgt in der „EIN“-Zeile visualisiert:

EIN FHA,7N2...

Nach der „V“-Bedienung wird auch dieser Stellbefehl von den Rechnern auf Plausibilität überprüft. Da auch dieser Stellbefehl KF-pflichtig und zählpflichtig ist, wird folgender Text in der VQ-Zeile angezeigt:

VQ FHA,7N2 – KF MIT ZÄHLUNG...

Kurz darauf erscheint die Aufforderung:

VQ FHA,7N2 – KF MIT ZÄHLUNG KF 1 BEDIENEN...

Nach der Überprüfung der Melder für die sichere Anzeige sowie die Markierung des Elementes auf der Bahnhofslupe kann der Fahrdienstleiter das KF 1 – Feld auf dem Bedientablett bedienen.

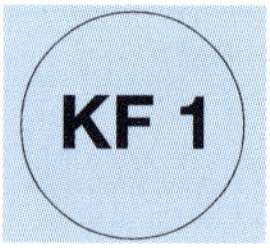

Nach dieser Bedienung erscheint in der VQ-Zeile die Aufforderung:

VQ KF 2 BEDIENEN...

Das KF 2-Feld wird bedient:

Im Anschluss an diese Bedienung erfolgt die Zulässigkeitsüberprüfung. Ist diese positiv wird der Stellbefehl ausgeführt und es erscheint die positive Verarbeitungsquittung:

VQ FHA,7N2...

Die Fahrstraße ist aufgelöst.

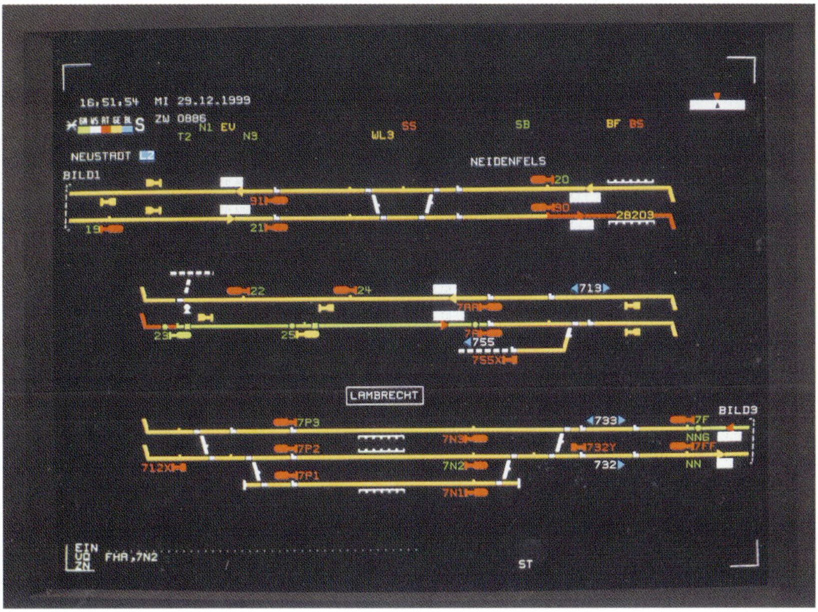

Abbildung 87: Darstellung auf der Bahnhofslupe – Einfahrzugstraße 7A.7N2 aufgelöst.

Bei den mausbedienten Stellwerken läuft die objektorientierte Bedienung in gleicher Weise und Form ab.

6.6 Nahstellbereiche

Bei den Nahstellbereichen handelt es sich um kleine Rangierbezirke, die nicht in der Verantwortung des Fahrdienstleiters hinsichtlich der Bedienung der Fahrwegelemente liegen. Die Fahrwegelemente sind überwiegend ortsgestellte Weichen/Handweichen. Es gibt jedoch auch Nahstellbereiche bei denen die Fahrwegelemente von Außenbedienstellen elektrisch gestellt werden (Nahbedienungsstellen). Innerhalb des Nahstellbereiches ist das Rangierpersonal für die richtige Stellung der Fahrwegelemente verantwortlich. Die Nahstellbereiche sind auf der Bahnhofslupe und der Bereichsübersicht durch eine unterbrochene blaue Linie umrahmt. Auf dem Bedientablett werden sie schwarz oder blau gestrichelt umrahmt dargestellt. Im Nahstellbereich befindet sich auf dem Bedientablett bzw. im Monitorbild ein Bedienfeld mit dem Hinweis auf den Nahstellbereich. Dies ist in der Regel die Bezeichnung des Nahstellbereiches – zum Beispiel NB 1. Die Bedienungen bezüglich des Nahstellbereiches sind nur über die Bahnhofslupe möglich.

Bei eingeschaltetem Nahstellbetrieb können Zugstraßen, bei denen Fahrwegweichen, Zielpunkt oder Durchrutschwegende im Nahstellbereich liegen, nicht eingestellt werden. Rangierstraßen in den oder aus dem Nahstellbereich sind ebenfalls nicht möglich.

Mit dem Einschalten des Nahstellbetriebes gelangen die Weichen an der Bereichsgrenze in die Schutzstellung und werden verschlossen. Der Verschlussmelder leuchtet grün. Die Lichtsperrsignale/Sperrsignale werden auf Kennlicht geschaltet. Nun kann in diesen Bereichen eigenverantwortlich rangiert werden.

Im Stellbereich des ESTW Neustadt (Weinstraße) sind im Bahnhof Neustadt (Weinstraße) die Nahstellbereiche NB 1 und NB 2 eingerichtet.

In Grundstellung ist der Nahstellbereich ausgeschaltet. Die Bezeichnung des Bereiches NB 1 und NB 2 leuchtet in diesem Fall grün. Soll der Nahstellbereich abgegeben werden, muss der Fahrdienstleiter folgendes Bedienkommando eingeben:

NBE,<Bezeichnung des Nahstellbereiches>

NBE steht für „**N**ahstell**b**ereich **e**inschalten". Dieses Funktionsfeld ist grün und befindet sich im Gruppenfelderblock „Fahrstraßen". Dort ist es zusammen mit den Feldern SBE, SBA und NBA nach rechts etwas versetzt angeordnet.

NBE

Als Innenfeld ist das Bezeichnungsfeld des Nahstellbereichs anzuschwingen.

NB
1

In der „EIN"-Zeile der Bahnhofslupe steht nun folgender Stellbefehl (siehe Abbildung 88):

EIN NBE,1...

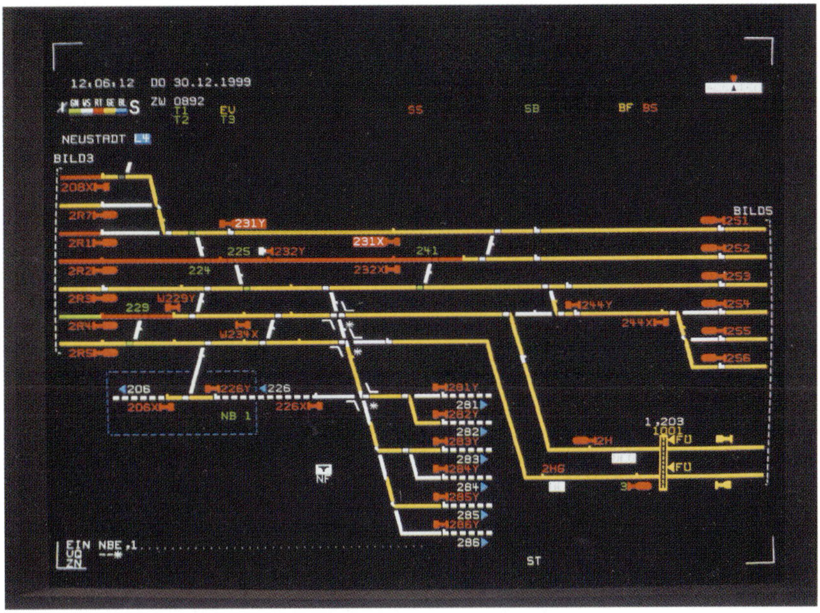

Abbildung 88: Darstellung auf der Bahnhofslupe – Bedienkommando zur Abgabe des Nahstellbereiches 1 eingegeben.

Mit der „V“-Bedienung wird der Stellbefehl an die Rechner zur Ausführung gegeben. Auf der Lupe und der Bereichsübersicht blinkt die Nahstellbereichsbezeichnung während der Abgabe rot. Ist der Nahstellbereich abgegeben, d.h. die Weichen sind in abweisender Stellung und das Kennlicht leuchtet, wechselt die Bezeichnung des eingeschalteten Nahstellbereiches in rote Ausleuchtung.

Sind die Rangierarbeiten beendet und soll der Nahstellbereich wieder zurückgenommen bzw. ausgeschaltet werden, ist das Bedienkommando

NBA,<Bezeichnung des Nahstellbereiches>

erforderlich.

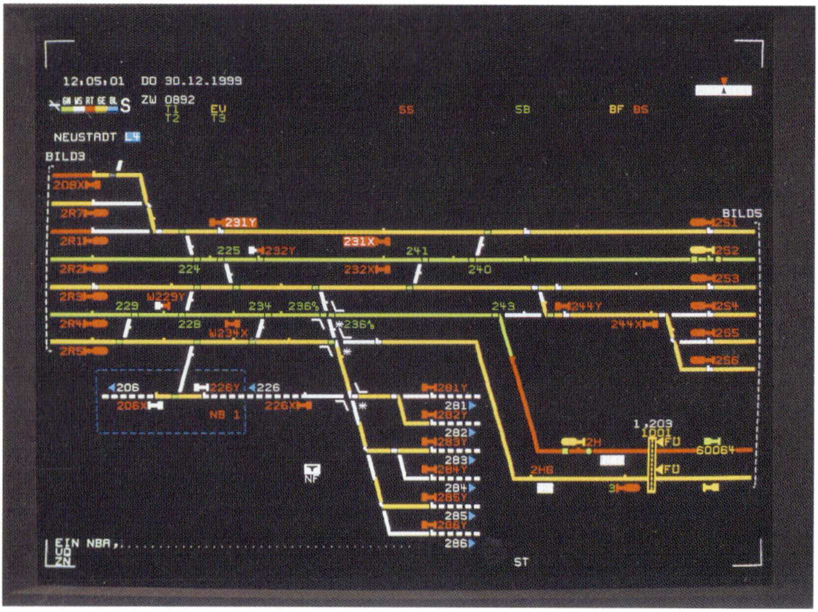

*Abbildung 89: Darstellung auf der Bahnhofslupe –
Nahstellbereich 1 soll ausgeschaltet werden.*

NBA ist die Abkürzung für „**N**ahstell**b**ereich **a**usschalten“. Das Funktionsfeld NBA ist unterhalb des Funktionsfeldes NBE im Gruppenfelderblock „Fahrstraßen“ angeordnet. Während des Ausschaltens blinkt die Bezeichnung der Nahstellbereiche grün. Sobald das Kennlicht erloschen und der Verschlussmelder der Zugangsweichen aufgelöst wurde, wechselt die Bezeichnung in grünes Ruhelicht.

Abschließend sind Übersichten der Betriebszustände und der Bedienkommandos bezüglich der Nahstellbereiche ohne Außenbedienstelle nach den Herstellerfimen getrennt abgebildet.

Alcatel SEL AG

Kdo	Ausleuchtung	Betriebszustand
	NB1	Grundstellung: Der Nahstellbetrieb ist ausgeschaltet.
NBE,1	NB1 (schraffiert)	Der Nahstellbetrieb wird eingeschaltet.
	NB1	Der Nahstellbetrieb ist eingeschaltet.
NBA,1	NB1 (schraffiert)	Der Nahstellbetrieb wird ausgeschaltet.

Abbildung 90: Betriebszustände und Bedienkommandos der Nahstellbereiche – Alcatel SEL AG.

Abbildung 91: Betriebszustände und Bedienkommandos der Nahstellbereiche – Siemens AG.

Siemens AG

Kdo	Ausleuchtung	Betriebszustand
	NBI	Grundstellung: Der Nahstellbetrieb ist ausgeschaltet.
NBE,NBI	NBI	Der Nahstellbetrieb wird eingeschaltet.
	NBI	Der Nahstellbetrieb ist eingeschaltet.
NBA,NBI	NBI	Der Nahstellbetrieb wird ausgeschaltet.

Übersicht der Betriebszustände und der Bedienkommandos bezüglich der Nahstellbereiche mit Außenbedienstelle – Siemens AG

Stellwerk Kdo	Melder	**Betriebszustand**	**Nahbedienungsstelle** Melder	Kdo
	NBII	Grundstellung: Der Nahstellbetrieb ist ausgeschaltet.	NBII	
Einschalten des Nahstellbetriebes				
	NBII	Der Nahstellbetrieb wird vom Rangierpersonal angefordert	NBII	**NBF,NBII**
	NBII	Die Anforderung wird vom Rangierpersonal zurückgenommen.	NBII	**NBR,NBII**
NBE,NBII	NBII	Der Nahstellbetrieb wird durch den Fahrdienstleiter eingeschaltet.	NBII	
	NBII	Der Nahstellbetrieb ist eingeschaltet. Nun sind alle Bedienungen von der Nahbedienstelle aus möglich.	NBII	
Ausschalten des Nahstellbetriebes				
	NBII	Der Nahstellbetrieb wird durch das Rangierpersonal zurückgegeben.	NBII	**NBR,NBII**
NBA,NBII	NBII	Der Nahstellbetrieb wird durch den Fahrdienstleiter ausgeschaltet.	NBII	
	NBII	Grundstellung: Der Nahstellbetrieb ist ausgeschaltet.	NBII	

Abbildung 92: Betriebszustände und Bedienkommandos der Nahstellbereiche mit Außenbedienstelle.

Bei der Mausbedienung wird bei beiden Herstellern durch Selektieren des Nahstellbetriebsbezeichners/des Nahbedienstellenbezeichners (die Bezeichnung des Nahstellbereiches/der Nahbedienstelle auf der Bahnhofslupe) mit der rechten Maustaste das Popup-Menü mit den Funktionsbezeichnungen geöffnet.

Popup-Menü	
NAB2	Nahstellbereichs-/Nahbedienstellenbezeichner
NBE	Nahstellbereich/Nahbedienstelle einschalten
NBA	Nahstellbereich/Nahbedienstelle ausschalten
NBHA	Nahstellbereich/Nahbedienstelle hilfsweise ausschalten

Mit der linken Maustaste wird nun die gewünschte Bedienfunktion selektiert und anschließend in der „EIN“-Zeile angezeigt. Nach dem Bedienen des Verarbeitungsfeldes und der KF-Bedienungen (nur bei NBHA) wird das Bedienkommando ausgeführt.

6.7 Merkschilder bzw. Merkhinweise

Im Regelwerk der Deutschen Bahn AG sind zwar die Merkschilder längst durch Merkhinweise ersetzt worden (mit der Bekanntgabe 19 zur DS 408 und Ber. 14 zur DV 408 – Züge fahren und Rangieren am 29.09.1998), dennoch gibt es viele Elektronische Stellwerke, die auf dem Bedientablett diese Merkschilder noch haben. Grund hierfür ist, dass die Bestellung der Elektronischen Stellwerke in der Regel zwei Jahre – manchmal sogar noch länger – vor der Inbetriebnahme ausgesprochen wird. Mit der Bestellung muss natürlich auch der Umfang der Bestellung genau spezifiziert werden. Bestellt wird ein Elektronisches Stellwerk nach dem anerkannt neuesten Stand der Technik bzw. nach den aktuellen Regelwerken. Nachträgliche Änderungen zu dieser Bestellung lassen sich die Herstellerfirmen in der Regel sehr teuer bezahlen. Dies hat dazu geführt, dass in sehr vielen Elektronischen Stellwerken der Deutschen Bahn AG und somit auch in dem ESTW Neustadt (Weinstraße), welches am 15. bis 17. Mai 1999 in Betrieb ging, noch mit den „alten“ Merkschildern gearbeitet werden muss. Die Fahrdienstleiter auf diesen Stellwerken werden in den „Zusätzlichen Bestimmungen zur DS 482“ angewiesen, entgegen der Richtlinie DS 408/DV 408 mit den alt bekannten Merkschildern zu arbeiten. Hierbei haben die Fahrdienstleiter folgende Umsetzungstabelle zu beachten:

Merkhinweis nach DS 408	Erläuterung	Einzugebender Merkhinweis (ehemaliges Merkschild)
RP	Räumungsprüfung	!
BUE	Bahnübergang	!
ARB	Arbeitsstelle	!
AP	Abschnittsprüfung	!
LUE	Lademaßüberschreitung "Cäsar"	!
	Linksfahren	!
NLF	Nicht links fahren	B
KL	Kleinwagen	K
	Gesperrt	X
	Oberleitung abgeschaltet	

Abbildung 93: Umsetztabelle „Merkhinweise".

Wenn in den weiteren Ausführungen nun von Merkhinweisen gesprochen wird, sind damit die alten Merkschilder und die jetzt gültigen Merkhinweise gemeint.

Merkhinweise werden in den Zugnummernfeldern angezeigt, sofern sie nicht von einer Zugnummer überschrieben werden. Merkhinweise werden mit dem Bedienkommando

ME,<Merkhinweis>,<Element>

eingegeben. Dieses Bedienkommando lässt sich etwa so aussprechen: „ME = **M**erkhinweis **e**ingeben, welcher Merkhinweis, in welches Fahrwegelement".

Merkhinweise lassen sich in jede Weiche, Kreuzung, Gleissperre oder Gleisabschnitt – kurz gesagt in jedes Fahrwegelement eingeben. Angezeigt werden die Merkhinweise jedoch nur in den Anzeigefeldern der Zugnummernmeldeanlage. Dies hat zur Folge, dass ein Merkhinweis in einer Weiche nicht angezeigt wird – „versteckter Merkhinweis". Deshalb wird mit der Eingabe eines Merkhinweises gleichzeitig das Fahrwegelement mit einer Befahrbarkeitssperre belegt, die ja – wie bereits beschrieben – durch einen Mittelstrich im Fahrwegelement auf der Bahnhofslupe und durch die gespaltene Gleislinie auf der Bereichsübersicht dem Fahrdienstleiter angezeigt wird. Da bei mausbedienten Stellwerken die Gleislinien auf der Bahnhofslupe dünner dargestellt sind, wird bei diesen Stellwerken die Befahrbarkeitssperre auf der Bahnhofslupe auch als geteilte Gleislinie (Doppellinie) angezeigt. Bedingt durch diese Befahrbarkeitssperre ist die Fahrstraßeneinstellung über einen Bereich, der mit einem Merkhinweis belegt ist, nur mit der Kennung „S" für Sperrumgehung vor dem Stellbefehl möglich. Da der Fahrdienstleiter bei diesen „versteckten Merkhinweisen" lediglich die Befahrbarkeitssperre erkennt, sollte er sich vor jeder Sperrumgehung alle „versteckten Merkhinweise" des Fahrwegelementes anzeigen lassen. So soll ausgeschlossen werden, dass der Fahrdienstleiter bei der Umgehung einer Befahrbarkeitssperre einen Merkhinweis „übersieht" und somit nicht beachtet. Hierzu ist folgendes Bedienkommando vorgesehen:

MA,<Element>

MA beschreibt die Funktion „**M**erkhinweis **a**nzeigen". Nach Eingabe dieses Bedienkommandos werden alle auf diesem Element liegenden Merkhinweise auf der Bahnhofslupe bzw. der Bereichsübersicht in der „VQ"-Zeile angezeigt. Die getroffenen betrieblichen Maßnahmen hinsichtlich der Sperrumgehung können mit den Merkhinweisen verglichen werden. Sind alle erforderlichen Maßnahmen getroffen, kann das KF-pflichtige Bedienkommando mit „S" eingegeben und somit der Fahrt zugestimmt werden.

In der Bedienungsvorschrift der Deutschen Bahn AG wurde dieses Anzeigen der „verdeckten Merkhinweise" (von einer Zugnummer überschriebene bzw. nicht angezeigte Merkhinweise) vor jeder Sperrumgehung vorgeschrieben. Dies machte die Sperrumgehung zeitlich gesehen natürlich sehr aufwendig. Gerade in größeren

Stellbereichen litt die Betriebsflüssigkeit dadurch enorm. Neuere Vorschriften stellen die Anzeige frei.

Die eingegebenen Merkhinweise (alte Merkschilder) werden wie folgt in dem Zugnummernfeld und in der VQ-Zeile angezeigt:

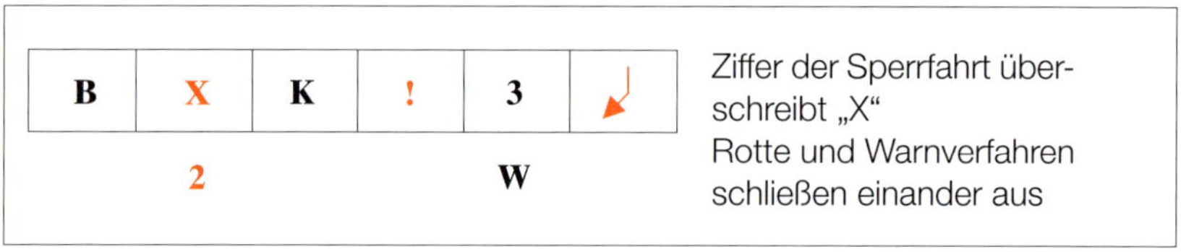

Dabei können die Symbole wie folgt definiert werden:

Merkschild	**Bedienfeld**	**Symbol**
Streckenbegehung (1 Eintrag möglich)	**B**	**B**
Befahrbarkeitssperre ohne Merkschildeingabe		**X**
Sperrfahrt (9 Einträge möglich)	**B**	**1 ... 9**
Kleinwagen	**K**	**K**
Warnschild	**W**	**!**
Rotte (9 Einträge möglich)	**Ro**	**1 ... 9**
Gleis mit gehobenem Stromabnehmer nicht befahrbar	**F**	

Abbildung 94: Darstellung der Merkhinweise – alte Darstellung.

Bei der Umsetzung der Merkschilder in Merkhinweise werden vom Fahrdienstleiter nicht mehr alle Symbole benötigt. Es sind, wie man der Umsetztabelle entnehmen kann, insgesamt noch fünf Symbole erforderlich. Dies wären:

- das „B“ für die Streckenbegehung,
- das „K“ für den Kleinwagen,
- das „rote Ausrufezeichen“ für das Warnschild,
- der „rote Blitz“ für die abgeschaltete Oberleitung und
- das „rote X“ für einen gesperrten (im Sinne von nicht befahrbaren) Gleisabschnitt.

Die Befahrbarkeitssperre des „roten X“ wird bei dieser Stellwerksgeneration nicht durch die Eingabe eines Merkhinweises hervorgerufen, sondern durch das Bedienen des Funktionsfeldes „FSP“ im grünen Gruppenfelderblock „Fahrstraßen“. Dies soll dem Fahrdienstleiter nochmals den Unterschied innerhalb der Befahrbarkeitssperren verdeutlichen. Alle Befahrbarkeitssperren, die durch das Eingeben eines Merkhinweises hervorgerufen werden, kann der Fahrdienstleiter jederzeit nach den entsprechenden Ersatzmaßnahmen umgehen – soll er auch. Für das „rote X" gilt dies jedoch nicht. Es kennzeichnet eine unbefahrbare Stelle, die nur speziell für eine Sperr- oder Rangierfahrt umgangen werden darf.

Ein Fahrdienstleiter kann bei diesen Stellwerken mit einer Bedienung alle im Stellbereich des Stellwerks gesetzten Merkhinweise anzeigen bzw. ausdrucken lassen. Dies kann zum Beispiel bei Arbeitsübernahme vorgenommen werden. Dazu gibt er das Bedienkommando

MD,<Bereichsbezeichnung>

ein. MD bedeutet „**M**erkhinweis **d**rucken". Die Angabe der Bereichsbezeichnung ist nur bei neueren Stellwerken der Alcatel SEL AG erforderlich. Bis zum Entwicklungsjahr 1997 und bei stiftbedienten Stellwerken der Siemens AG war die Eingabe der Bedienfunktion „MD" und anschließender „V"-Bedienung zum Ausdruck der Merkhinweise ausreichend. Nach dieser Bedienung werden dem Fahrdienstleiter alle Elemente, für die eine Befahrbarkeitssperre aktiv ist, mit den entsprechenden Merkhinweisen auf dem Protokoll- und Störungsdrucker in Symboldarstellung ausgewiesen. Auf dem Bild 1 des Kontrollmonitors/der Kommunikationsanzeige wird dieser Ausdruck dem Fahrdienstleiter visualisiert.

Sind die Anlässe für den Merkhinweis entfallen, muss der Fahrdienstleiter den Merkhinweis löschen. Die Löschung wird ähnlich der Eingabe mit dem Bedienkommando

ML,<Merkhinweis>,<Element>

vorgenommen. Da dieses Bedienkommando in den sicherheitsrelevanten Bereich greift, ist es KF-pflichtig. Nach dem Löschen sämtlicher Merkhinweise, die auf dem Element liegen, wird auch die Befahrbarkeitssperre für dieses Element im Rechner gelöscht und die Anzeige der Befahrbarkeitssperre im Element erlischt.

Erwähnenswert an dieser Stelle ist die Bedienung der Schaltgruppen. Wird eine Oberleitungsgruppe abgeschaltet, müsste der Fahrdienstleiter für jedes Fahrwegelement, das sich unter dieser Schaltgruppe befindet, eine Befahrbarkeitssperre separat eingeben. Dies wäre sehr zeitaufwendig und würde somit einem flüssigen Betriebsablauf entgegenstehen. Deshalb gibt es die Schaltgruppenbedienung. Mit Hilfe dieser Funktion setzt der Fahrdienstleiter in einem Bedienschritt für alle Elemente einer Schaltgruppe eine Befahrbarkeitssperre. Das Bedienkommando zum Setzen der Befahrbarkeitssperren ist:

SGE,<Schaltgruppe>

SGE bedeutet „**S**chalt**g**ruppe **e**ingeben“. Die Schaltgruppenbezeichnungsfelder sind für jede Betriebsstelle neben der Betriebsstellenbezeichnung auf dem Bedientablett angeordnet. Die Elemente der eingegebenen Schaltgruppe werden rot auf der Bereichsübersicht hinterlegt. Die Darstellung auf der Bahnhofslupe erfolgt in Form einer Befahrbarkeitssperre (Mittelstrich).

Die Bedienfunktion SGA – „**S**chalt**g**ruppe **a**nzeigen“ – dient dem Fahrdienstleiter zur Information, welche Fahrwegelemente durch die Schaltgruppe abgedeckt werden. Wird das Bedienkommando

SGA,<Schaltgruppe>

eingegeben, werden sämtliche Fahrwegelemente der Schaltgruppe auf dem Protokoll- und Störungsdrucker und somit auch auf dem Bild 1 des Kontrollmonitors/der Kommunikationsanzeige ausgewiesen.

Mit dem KF-pflichtigen Bedienkommando

SGL,<Schaltgruppe>

– **S**chalt**g**ruppe **l**öschen – wird für die betroffenen Elemente der eingegebenen Schaltgruppe die Befahrbarkeitssperre wieder gelöscht. Befahrbarkeitssperren bedingt durch andere Merkhinweise werden natürlich nicht gelöscht.

Auf der Bereichsübersicht können bei einigen Elektronischen Stellwerken alle Oberleitungsgruppen mit dem Bedienkommando “OL” (Gesamtanzeige der **O**ber**l**eitungsgruppen einschalten) eingeblendet und durch “BIG” (**B**ildschirm **i**n **G**rundstellung bringen) wieder ausgeblendet werden.

Die Thematik „Merkhinweise“ soll nun an einem praktischen Beispiel im Bahnhof Lambrecht vertieft werden. Im Bahnhof Lambrecht werden Arbeiten an der gegen Befahren gesperrten Weiche 726 durchgeführt. Die Arbeiten können kurzfristig unterbrochen werden, so dass nach der Verständigung der Arbeitsstelle die Zugfahrt über diese Weiche stattfinden kann. Der Fahrdienstleiter Neustadt (Weinstraße) gibt analog der Umsetztabelle den Merkhinweis „Warnschild“ in die Weiche 726 ein. Dazu bedient er das Funktionsfeld.

ME

Danach bedient er im gleichen Gruppenfelderblock das Warnschild

!

und als dritte Bedienung erfolgt die Elementbestimmung – die Weiche 726 auf dem Bedientablett.

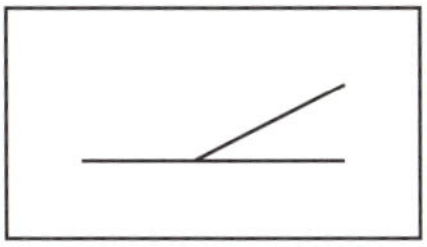

In der „EIN"-Zeile steht nun folgendes Bedienkommando:

EIN ME,!,726.........

Nach der „V"-Bedienung wird das Bedienkommando von den Rechnern übernommen und ausgeführt. Als Zeichen für die Befahrbarkeitssperre wird das Element mit dem Mittelstrich auf der Bahnhofslupe und der geteilten Gleislinie auf der Bereichsübersicht versehen.

Abbildung 95: Darstellung auf der Bahnhofslupe – Befahrbarkeitssperre im Symbol der Weiche 726.

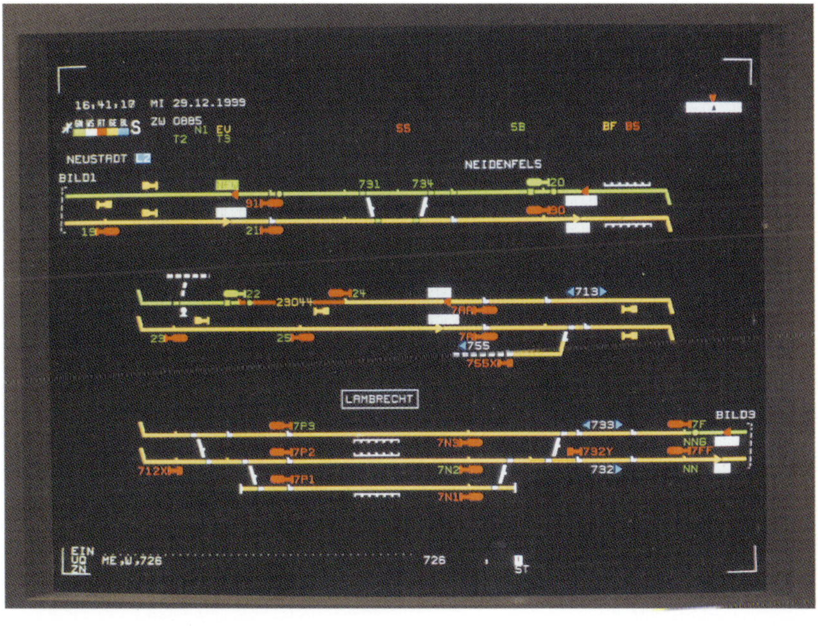

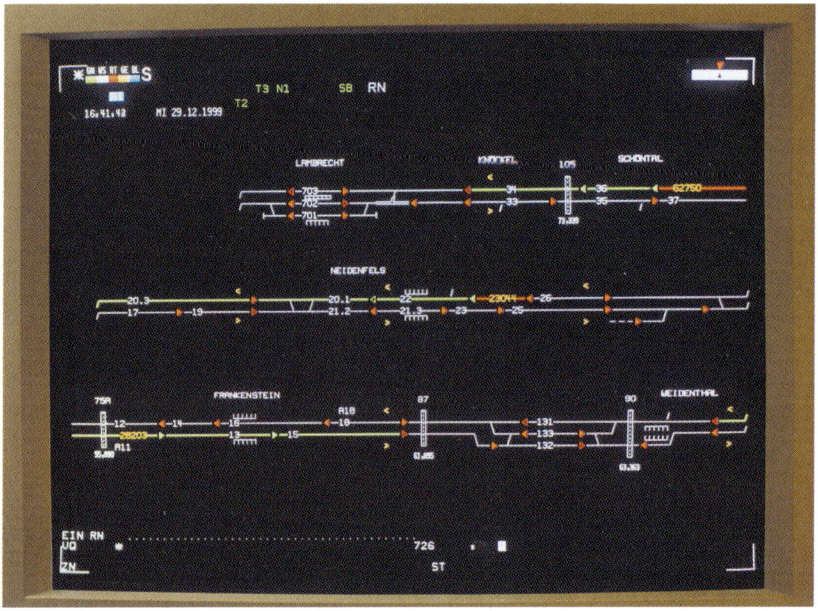

Abbildung 96: Darstellung auf der Bereichsübersicht – Befahrbarkeitssperre im Symbol der Weiche 726.

Der Selbststellbetrieb an den Signalen 7A und 7N2 für die Fahrstraßen 7A.7N2 und 7N2.LN ist zurückzunehmen. Fahrstraßen über die Weiche 726 werden nur noch eingestellt, wenn die Stellbefehle mit „S" gekennzeichnet sind. Bevor der Fahrdienstleiter Neustadt (Weinstraße) eine Fahrstraße über die Weiche 726 einstellt, lässt er sich die Merkhinweise mit MA anzeigen. Das Bedienkommando lautet:

MA,726

In der VQ-Zeile werden danach alle Merkhinweise, die auf der Weiche 726 abgelegt sind, angezeigt (Abbildung 97).

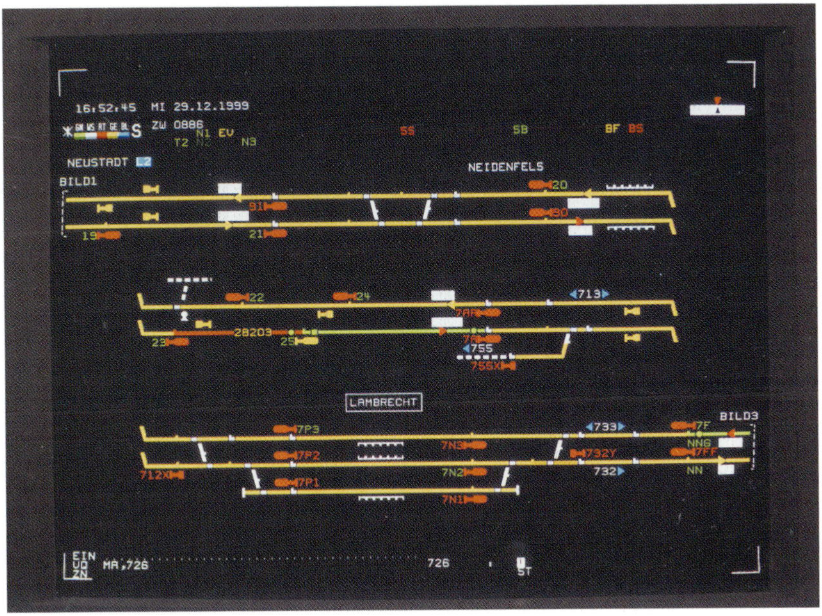

Abbildung 97:

Darstellung auf der Bahnhofslupe – Merkhinweis anzeigen für die Weiche 726.

Nun kann die Zugstraße über die Weiche eingestellt werden. Der Stellbefehl lautet:

S, 7A.7N2

Der Stellbefehl wird von den Rechnern ausgeführt, die Fahrstraße läuft ein und das Einfahrsignal 7A (die Weiche 726 liegt im Durchrutschweg) kommt in Ks 1-Stellung.

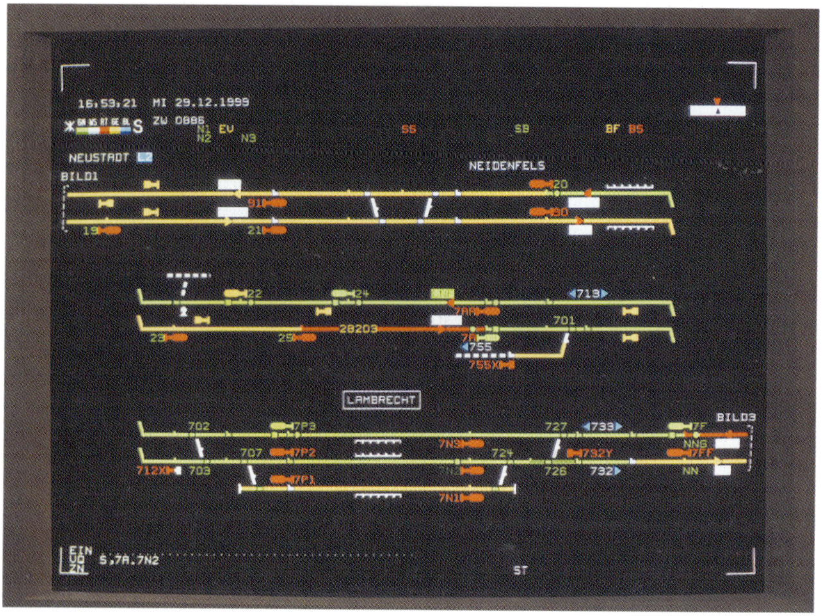

Abbildung 98: Darstellung auf der Bahnhofslupe – Zugstraßeneinstellung über die Befahrbarkeitssperre im Symbol der Weiche 726.

Mit „MD“ werden alle Merkhinweise ausgedruckt. Dies sieht im ESTW Neustadt (Weinstraße) dann auf dem Kontrollmonitor Bild 1 so aus.

Abbildung 99: Darstellung auf dem Kontrollmonitor Bild 1 – „Merkschildliste“ nach Eingabe des Bedienkommandos <MD,RN>.

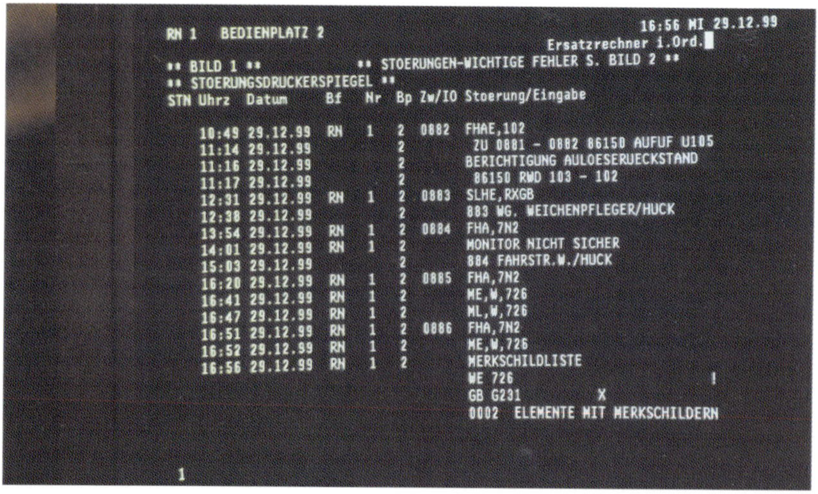

```
RN 1   BEDIENPLATZ 2                                   16:56 MI 29.12.99
                                                   Ersatzrechner i.Ord.
** BILD 1 **            ** STOERUNGEN-WICHTIGE FEHLER S. BILD 2 **
** STOERUNGSDRUCKERSPIEGEL **
STN Uhrz  Datum     Bf   Nr  Bp Zw/IO Stoerung/Eingabe

    10:49 29.12.99  RN   1   2  0882  FHAE,102
    11:14 29.12.99           2         ZU 0881 - 0882 86150 AUFUF U105
    11:16 29.12.99           2        BERICHTIGUNG AULOESERUECKSTAND
    11:17 29.12.99           2         86150 RWD 103 - 102
    12:31 29.12.99  RN   1   2  0883  SLHE,RXGB
    12:38 29.12.99           2        883 WG. WEICHENPFLEGER/HUCK
    13:54 29.12.99  RN   1   2  0884  FHA,7N2
    14:01 29.12.99  RN   1   2        MONITOR NICHT SICHER
    15:03 29.12.99           2        884 FAHRSTR.W./HUCK
    16:20 29.12.99  RN   1   2  0885  FHA,7N2
    16:41 29.12.99  RN   1   2        ME,W,726
    16:47 29.12.99  RN   1   2        ML,W,726
    16:51 29.12.99  RN   1   2  0886  FHA,7N2
    16:52 29.12.99  RN   1   2        ME,W,726
    16:56 29.12.99  RN   1   2        MERKSCHILDLISTE
                                      WE 726                        !
                                      GB G231           X
                                      0002  ELEMENTE MIT MERKSCHILDERN

    1
```

Nachdem die Arbeiten an der Weiche 726 beendet sind, kann der Fahrdienstleiter Neustadt (Weinstraße) die Befahrbarkeitssperre wieder löschen. Dazu bedient er das Funktionsfeld.

ML

Danach bedient er das Symbol des zu löschenden Merkhinweises – in unserem Beispiel das Symbol des Warnschildes.

!

Abgeschlossen wird das Bedienkommando mit der Elementbestimmung – die Weiche 726 – auf dem Bedientablett.

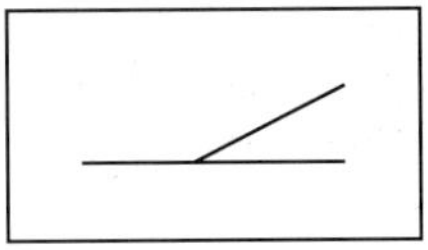

In der „EIN"-Zeile auf der Bahnhofslupe steht nun folgendes Bedienkommando

EIN ML,W,726......

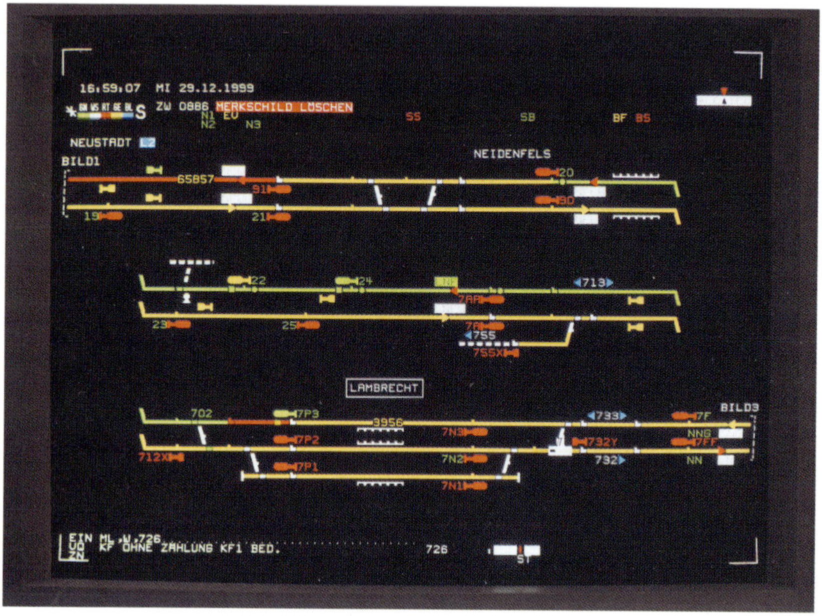

Abbildung 100: Darstellung auf der Bahnhofslupe – Merkhinweis löschen im Fahrwegelement „Weiche 726“.

Das Bedienkommando wird mit der „V“-Bedienung an die Rechner gegeben und nach der KF-Bedienung wird die Befahrbarkeitssperre auf dem Element der Weiche 726 gelöscht.

Anschließend sind nun die Symbole der neuen Merkhinweise abgebildet. Sie sind auf einigen stiftbedienten und allen mausbedienten Stellwerken vorzufinden.

Darstellung	**Bedeutung**
NLF	Nicht links fahren
*	Merktext (keine Befahrbarkeitssperre gesetzt)
RP	Räumungsprüfung
AP	Abschnittsprüfung

Darstellung	Bedeutung
KL	Kleinwagen
X	Gesperrt
BGL	Baugleis
⟷	Linksfahren
ARB	Arbeitsstelle
BUE	Bahnübergangsposten
LUE	Lü Cäsar oder Lü Berta
X BUE	Gesperrt und Bahnübergangsposten
BGL +	Baugleis und Hinweis auf weitere Merkhinweise
RP KL +	Räumungsprüfung, Kleinwagen und Hinweis auf weitere Merkhinweise
RP NLF	Räumungsprüfung und nicht links fahren
RP NLF	Räumungsprüfung und nicht links fahren, KF zum Löschen von NLF noch nicht bedient
RP KL +	Räumungsprüfung, Kleinwagen und Hinweis auf weiteren Merkhinweis, KF zum Löschen des weiteren Merkhinweises noch nicht bedient
◇	Oberleitung abgeschaltet

Abbildung 101: Darstellung der Merkhinweise – neue Darstellung.

Bei den mausbedienten Stellwerken werden Merkhinweise gesetzt, indem das entsprechende Element mit der rechten Maustaste selektiert wird. Im Popup-Menü sind unter dem Menüeintrag „Merker“ im Untermenü die Bedienfunktionen MA, ME und ML abgelegt.

Die Bedienfunktion „MA“ für „**M**erkhinweis **a**nzeigen“ dient analog der Stiftbedienung zur Anzeige der gesetzten Merkhinweise eines Fahrwegelementes in der „VQ“-Zeile.

Bei den Menüeinträgen „ME“ für „**M**erkhinweis **e**ingeben“ und „ML“ für „**M**erkhinweis **l**öschen“ sind im Untermenü, welches durch Selektieren mit der linken Maustaste ausgewählt wird, nun alle möglichen Merkhinweise zum Setzen bzw. zum Löschen in dieses bzw. aus diesem Element abgelegt. Nach der Auswahl des Merkhinweises mit Hilfe der linken Maustaste, wird das Bedienkommando in der „EIN“-Zeile dargestellt und nach der Bedienung des Verarbeitungsfeldes sowie der erforderlichen KF-Bedienung beim Löschen auch ausgeführt.

Das Untermenü „Merker“ wird bei beiden Herstellerfirmen wie folgt dargestellt:

MA
ME...
ML...

Bei den Untermenüs „ME“ und „ML“ unterscheiden sich jedoch die Herstellerfirmen in der Darstellung.

Alcatel SEL AG

Das Untermenü „ME“ und „ML“

Element-bezeichnung
RP
KL
AP
X
LF
BGL
BUE
ARB
LUE

Siemens AG

Das Untermenü „ME“

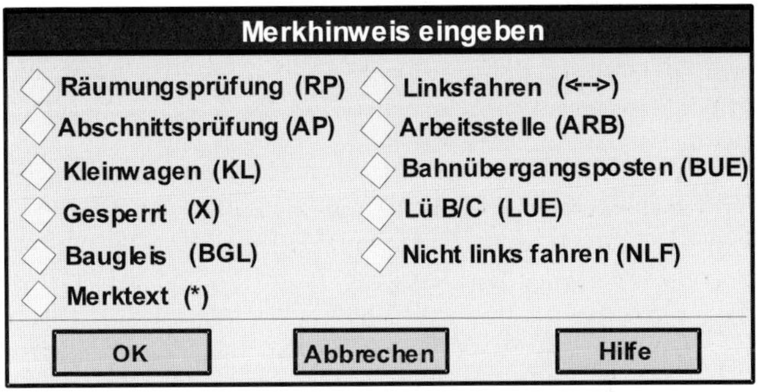

Das Untermenü „ML“

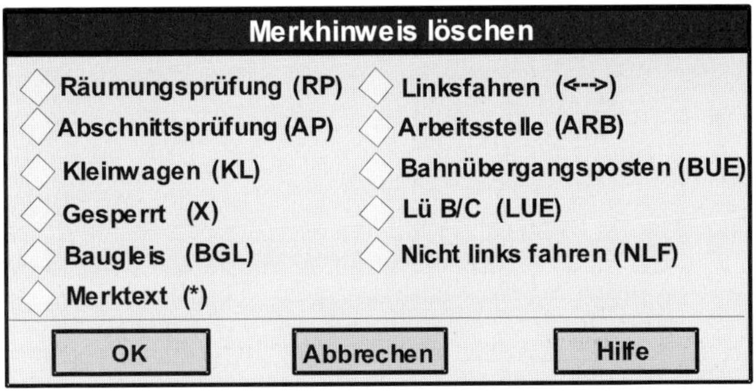

Für beide Herstellerfirmen gilt, dass nur ein Merkhinweis pro Bedienschritt eingegeben und auch gelöscht werden kann.

Bei mausbedienten Stellwerken wird die Funktion „MD“ über die „Freie Fläche“ im Untermenü „Andere“ (nur Alcatel) oder über die Eingabe „MD“ in der Kommunikationsanzeige ausgewählt. Die Anzeige aller Merkhinweise erfolgt in der Kommunikationsanzeige – ein Ausdruck erfolgt nur bei Bedarf.

Zur Bedienung der Oberleitungsgruppen muss sich der Fahrdienstleiter auf der Bereichsübersicht zuerst die Schaltgruppen einblenden lassen. Die Maustrefferfläche ist hierfür ein beliebiger Bereich in der anzeigenfreien Fläche der Bereichsübersicht oder der jeweilige Betriebsstellenbezeichner.

Bedienungen für Anzeigen auf der Bereichsübersicht ohne direkten Bezug zu einem dargestellten Element werden über die „Freie Fläche" vorgenommen.

Freie Fläche

Anstelle des Bedienreflexes wird folgendes oder ein ähnliches Popup-Menü aufgeblendet:

Objekt Freie Fläche

Fläche	bzw. Betriebsstellenbezeichner
LSE	
LSA	
OL	
LGE	
LGA	

Nachdem der Menüeintrag „OL" mit der linken Maustaste selektiert wurde und das Bedienkommando mit „Verarbeiten" abgeschlossen wurde, werden auf der Bereichsübersicht alle Oberleitungsgruppen des jeweiligen Bereiches eingeblendet.

Mit der rechten Maustaste kann nun der Schaltgruppenbezeichner selektiert werden.

Schaltgruppenbezeichner

Danach erscheint folgendes Popup-Menü:

Objekt Schaltgruppenbezeichner

102N
SGE
SGL
SGA

Die entsprechende Funktion kann nun mittels Mausklick der linken Maustaste ausgewählt werden.

7. Der Streckenblock

7.1 Allgemeines

Der Streckenblock sichert die Zugfolge auf der freien Strecke dergestalt, dass sich immer nur ein Zug in einem Zugfolgeabschnitt befinden kann. Anders ausgedrückt: „Der Streckenblock hat die Aufgabe, die Zugfahrten so zu sichern, dass sich die Züge nur im Abstand der Zugfolgestellen nachfahren können. Auf eingleisigen Strecken und Strecken mit Gleiswechselbetrieb (beim Fahren auf dem Gegengleis mit Hauptsignal) ist durch ihn zusätzlich sichergestellt, dass sich keine Züge einander entgegenkommen".

Die Strecken der Eisenbahnen lassen sich hinsichtlich der Blockformen bzw. der Sicherungsformen in drei große Gruppen einteilen.

Zuerst wären die **Strecken ohne Streckenblock** zu nennen. Auf diesen Strecken übernimmt das Zugmeldeverfahren die Aufgabe der Sicherung der Zugfolge. Da hier keinerlei technische Sicherung vorhanden ist, werden diese Strecken bei der Nennung der Blockformen oft vergessen.

Auf **Strecken mit nichtselbsttätigem Streckenblock** sind im Wesentlichen drei Bauformen – der Felderblock, der Trägerfrequenzblock 71 und der Relaisblock – vorhanden. Charakteristisch für diese Blockformen ist, dass der fahrende Zug in die Blocksicherung mehr oder weniger mit eingebunden ist. Der Mensch hat sich in der Regel durch die Feststellung des Zugschlusses, um das Freisein des Blockabschnittes zu kümmern.

Auf unseren neuen Elektronischen Stellwerken ist der nichtselbsttätige Streckenblock immer dann installiert, wenn wir in den Außenbereichen des Stellwerks an ganz alte Signaltechnik – sprich an Stellwerke mit diesen Blocktechniken – anstoßen. ESTW-seitig werden diese Blockformen jedoch mit selbsttätigen Streckengleisfreimeldeanlagen ausgerüstet, so dass die Einbindung des Menschen bezüglich der Zugschlussfeststellung entfällt. Nur im Störungsfall ist der Mensch hier angehalten, die Vollständigkeit des Zuges festzustellen.

Anfang der zweiten Hälfte des 20. Jahrhunderts entwickelte sich der **selbsttätige Streckenblock**. Hierbei handelte es sich im Wesentlichen um die Bauformen des Selbstblocks und des Zentralblocks. Bei diesen Blockformen ist der Mensch aus der Blocksicherung herausgelöst. Der fahrende Zug und die Technik arbeiten unabhängig vom Menschen. Lediglich in die Bedienung der Erlaubnisfelder ist er noch beim Wechsel dieser Felder mit eingebunden.

Kurz einige Unterschiede zwischen den beiden wichtigen Formen des selbsttätigen Streckenblocks – Selbstblock und Zentralblock –, die auf Elektronischen Stellwerken eingesetzt werden.

Die Überwachung der Blocksignale ist beim Selbstblock in der Regel am Signal selbst auf der freien Strecke untergebracht.

Beim Zentralblock werden die Signale zentral im Stellwerk überwacht. Man könnte auch sagen, dass vom ersten bis zum letzten Zentralblocksignal des Stellwerks ein „großer Bahnhof" vorhanden ist. Genau genommen könnte man auch die herkömmlich Grenze zwischen Bahnhof und freier Strecke hier aufheben. Sie wird jedoch der Einheitlichkeit wegen für den Bediener beibehalten. Bei neuerer Technik (FunkFahrBetrieb – FFB) wird auf diese Trennung ganz verzichtet.

Hieraus resultiert auch ein weiterer Unterschied zwischen diesen Streckenblockbauformen – die Zuordnung der Signale.

Beim Selbstblock sind in der Regel nur die Signale der ablaufenden Richtung den Fahrdienstleitern zugeordnet.

Beim Zentralblock sind die Signale beider Gleise der freien Strecke einem Fahrdienstleiter in die Verantwortung gestellt. Besondere örtliche Verhältnisse, zum Beispiel Schnittstelle zu mechanischen Stellwerken, lassen Ausnahmen zu dieser Regel zu.

Auch die Grundstellung der Signale zeigt eindeutig einen Unterschied zwischen diesen Techniken auf.

Während beim Selbstblock die Grundstellung des herkömmlichen Selbstblocksignals der Fahrtbegriff Hp 1 ist, zeigt das Zentralblocksignal den Haltbegriff Hp 0. Das Selbstblocksignal fällt zur Deckung einer Zugfahrt in Haltstellung und kommt selbsttätig, sobald die Voraussetzungen (Zug befindet sich vollständig unter Deckung des nächsten Hauptsignals, Signalzugschlussstelle dieses Signals ist befahren und das Signal zeigt Halt sowie der Melder eines Zs 1 oder Zs 7/Zs 11 an diesem Signal ist erloschen) erfüllt sind, wieder in die Fahrtstellung.

Das Zentralblocksignal hingegen wird entweder durch das Einstellen der Ausfahrzugstraße, durch den fahrenden Zug oder durch eine Start-/Zielbedienung vom Fahrdienstleiter angereizt und erhält dann den Fahrtbegriff Hp 1 bzw. Ks 1/2.

An diesen Ausführungen lässt sich unschwer erkennen, dass der Zentralblock die Streckenblockform des Elektronischen Stellwerks ist. Der Selbstblock wird in der Regel nur an Schnittstellen zu anderen Stellwerken mit Selbstblocktechnik eingesetzt. Zu Stellwerken mit nichtselbsttätigem Streckenblock wird in der Regel der Relaisblock eingesetzt. Aber auch andere Blockanpassungen sind denk- und einsetzbar.

Übersicht der Streckenblocktechniken

Sicherung der Zugfolge auf der freien Strecke = Streckenblock

▼

Strecken ohne Streckenblock

= Zugmeldeverfahren

▼

Strecken mit nichtselbsttätigem Streckenblock

= Felderblock

= Relaisblock
mit und ohne Streckengleisfreimeldeanlage

= Trägerfrequenzblock 71
mit und ohne Streckengleisfreimeldeanlage

▼

Strecken mit selbsttätigem Streckenblock

= Selbstblock
Bauformen Sb 57 – 59 und 60
mit Streckengleisfreimeldeanlage

= Zentralblock
Bauformen 65, 600 und 800
mit Streckengleisfreimeldeanlage

Im Stellbereich des ESTW Neustadt (Weinstraße) ist auf der eingleisigen Strecke Richtung Mußbach der Relaisblock und auf der zweigleisigen Strecke Richtung Edenkoben der Selbstblock installiert. Auf der zweigleisigen Strecke Richtung Haßloch ist zur Anpassung an die dort bestehende Blocktechnik ebenfalls der Selbstblock eingerichtet. Sonst ist im gesamten Stellbereich der Zentralblock realisiert worden.

7.2 Der Zentralblock

7.2.1 Der Zentralblock

Der Ausleuchtungszustand der Gleise ist beim Zentralblock in Grundstellung „positiv frei“, d.h. die gelbe Spurausleuchtung bedeutet bei verfahrensgesicherter Anzeige für den Fahrdienstleiter „frei“. Die Darstellung der Gleise bei den verschiedenen Herstellern bei nicht eingestellter Ausfahrzug- bzw. Blockfahrstraße unterscheiden sich nur geringfügig voneinander.

Die Siemens AG entschloss sich, in Anlehnung an die Darstellung innerhalb eines Bahnhofs, die Verschlussmelder auch bei nicht eingestellter Ausfahr- bzw. Blockfahrstraße weiß darzustellen. Gleiche Darstellungen sind jedoch bei den wichtigen Meldern vorhanden. Dies wäre sicherlich an erster Stelle der Blocküberwachungsmelder (BLÜM). Dies ist die Bezeichnung des Streckengleises in schwarzer Schrift auf weißem Feld. Auch die Signal- und der Erlaubnismelder werden gleich dargestellt. Nachstehend sind Abbildungen der Streckenbänder beider Hersteller von Elektronischen Stellwerken gezeigt.

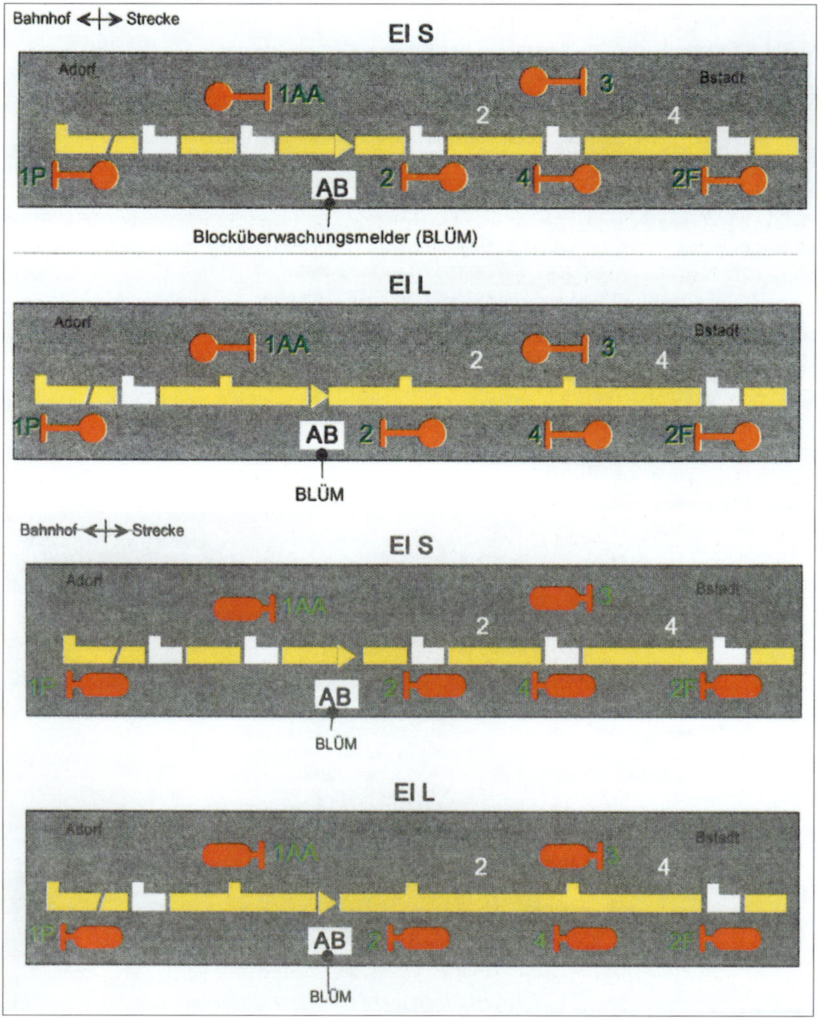

Abbildung 102: Darstellung auf der Bahnhofslupe – Darstellung der Streckenbänder der Herstellerfirmen Lorenz (L) und Siemens (S) im Vergleich.

Für die Gleisfreimeldung werden in erster Linie Achszähler eingesetzt. Die Blockabschnitte sind in Grundstellung gelb ausgeleuchtet. Nach der Einstellung der Ausfahrzugstraße wechselt die Ausleuchtung der freien Gleisabschnitte von gelbe in grüne Ausleuchtung. Dazu bedient der Fahrdienstleiter als Startsymbol das Ausfahrsignal und als Ziel die Bezeichnung des Ausfahrblockabschnittes bzw. bei mausbedienten Stellwerken das virtuelle Fahrstraßenziel am Streckengleis. Dies ist in der Regel die Bezeichnung des Blocküberwachungsmelders bzw. bei mausbedienten Stellwerken ein grünes bzw. blaues (Lupe) oder blaues (Bereichsübersicht) Dreieck mit der Spitze in Richtung Streckengleis. Die Melder und die Einstellung der Ausfahrzugstraße wurden bereits im Abschnitt „Einstellen von Fahrstraßen" beschrieben, so dass an dieser Stelle nicht mehr auf den Blocküberwachungsmelder, Zielfestlegemelder 1 und 2 sowie auf den Festlegeüberwachungsmelder am Start der Zugstraße eingegangen wird. Im Folgenden soll vielmehr auf die Ausleuchtung der Blockfahrstraße – also die Fahrstraße von Zentralblocksignal zu Zentralblocksignal bzw. von Zentralblocksignal zum nächsten Einfahrsignal – eingegangen werden.

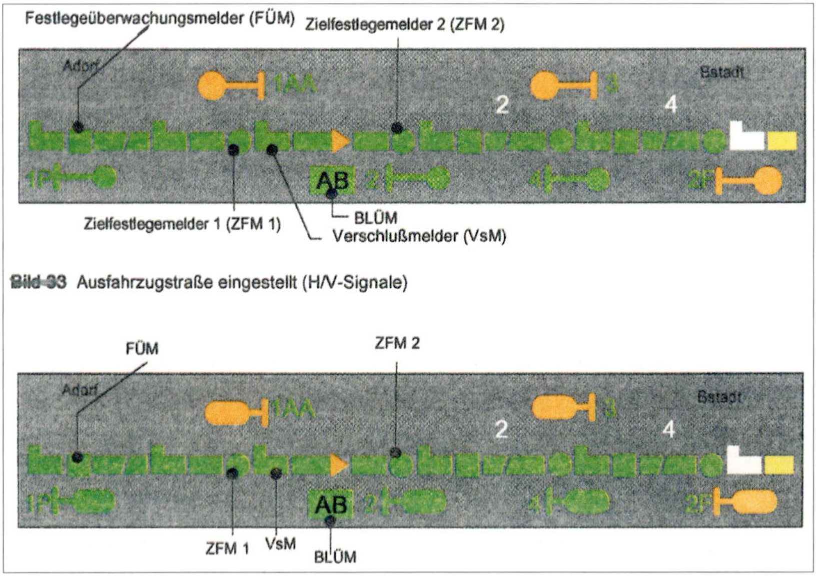

Abbildung 103: Darstellung auf der Bahnhofslupe – Darstellung der Melder innerhalb der Blockfahrstraße.

Bei der Ausleuchtung der Gleismelder bei eingestellter Zugstraße/Blockfahrstraße unterscheiden sich die Herstellerfirmen Siemens AG und Alcatel SEL AG nicht mehr. Neben dem Gleismelder/Blockmelder, der bei eingestellter Blockfahrstraße und freiem Blockabschnitt grün leuchtet, sind der Verschlussmelder, der Festlegeüberwachungsmelder und der Zielfestlegemelder angeordnet. In ihrer Aussagekraft hinsichtlich der Sicherung der Blockfahrstraßen unterscheiden sie sich in keiner Weise zur Fahrstraßensicherung innerhalb der Bahnhöfe. Deshalb lassen sich die Aussagen einfach auf die Blockfahrstraße übertragen – siehe Abschnitt „Einstellen von Zugstraßen".

Auch die Sonderbedienungen bei der Fahrstraßeneinstellung durch „S" (Sperrumgehung) und „F" (fehlende Fahrleitung) lassen sich ohne Einschränkungen auf die Blockfahrstraße übertragen.

Unterschiede zur Fahrstraßeneinstellung existieren beim Richtungsbezug der Streckengleise. Eingleisige Strecken und Strecken mit Gleiswechselbetrieb (beim Fahren auf dem Gegengleis mit Hauptsignal) können signalmäßig richtungsabhängig befahren werden. Voraussetzung hierfür ist, dass die entsprechende Richtungserlaubnis vorliegt. Das manuelle Wechseln der Erlaubnis entfällt in der Regel bei Zentralblock ohne Signale zwischen zwei Bahnhöfen innerhalb des Stellbereiches eines Stellwerks. Hier macht die Erlaubnisabhängigkeit in der Regel ja auch keinen Sinn, weil der Fahrdienstleiter sich immer selbst die Erlaubnis geben würde. Ausnahmen bestätigen jedoch auch hier die Regel.

Die Richtungserlaubnis wird durch den Richtungspfeil im Gleisbild der Bahnhofslupe und der Bereichsübersicht (spitze Klammer) ausgedrückt.

Die Erlaubnis kann mit dem Bedienkommando

EA,<Ausfahrziel/Erlaubnisfeld >

abgegeben werden, wenn keine Zugstraße auf die Strecke eingestellt ist, alle Blockabschnitte der freien Strecke frei von Eisenbahnfahrzeugen sind und der Streckenblock nicht gestört ist.

Bei abgegebener Erlaubnis leuchtet auf der Bahnhofslupe der Erlaubnisabgabemelder gelb.

Bf ↔ Strecke

Mit der Erlaubnisabgabe werden alle auf diese Strecke weisenden Hauptsignale eines Bahnhofes gesperrt. Nach dem Einstellen der Ausfahrzugstraße im Nachbarbahnhof wechselt der Erlaubnismelder in rotes Ruhelicht. Die Erlaubnis ist beansprucht.

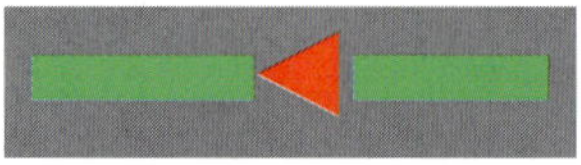

Beim Erlaubnisempfang leuchtet der Erlaubnisempfangsmelder gelb. Die auf diese Strecke weisenden Hauptsignale sind für den Fahrdienstleiter bedienbar.

Sofern die Erlaubnisabgabe bei noch beanspruchter Erlaubnis vorgesehen ist, blinkt nach der Erlaubnisabgabe der Erlaubnisabgabemelder gelb.

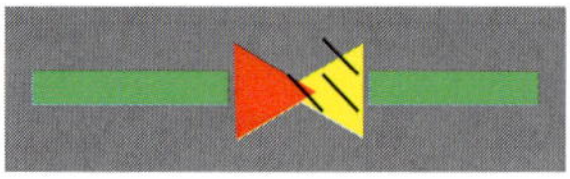

Auf der Bereichsübersicht werden die Erlaubnismelder als spitze Klammer dargestellt.

Beim Zentralblock ertönt kurzzeitig ein langsam schlagender Wecker als Vorblockmelder, wenn der erste Zentralblockabschnitt des Stellbereiches in der zulaufenden Richtung besetzt wird. In der ablaufenden Richtung ertönt dieser Wecker als Rückblockmeldung mit dem Auflösen des letzten Blockabschnittes in ablaufender Richtung. An den Stellwerken/Bedienoberflächen innerhalb einer Betriebszentrale können diese akustischen Hinweise abgeschaltet werden.

Unterschiede zur Fahrstraße bestehen auch bei der Hilfsauflösung/Zurücknahme der Blockfahrstraße. Mit der Hilfsauflösung/Zurücknahme der Ausfahrzugstraße wird auch der erste Zentralblockabschnitt (Ausfahrblockabschnitt) mit aufgelöst/zurückgenommen, sofern die Ausfahrzugstraße noch nicht befahren wurde. Die weiteren Zentralblockabschnitte bzw. der nicht aufgelöste erste Zentralblockabschnitt werden mit dem KF-pflichtigen Bedienkommando

BHA,<Zielsignal>

hilfsweise aufgelöst/zurückgenommen. Das Funktionsfeld bedeutet „**B**lock**h**ilfs**a**uflösung“ und befindet sich im grauen Gruppenfelderblock „Streckenblock“.

Bei der objektorientierten Mausbedienung wird die Bedienfunktion BHA am Zielsignal durch Mausklick selektiert.

Zu einem praktischen Beispiel im Stellbereich Neustadt (Weinstraße):

Der Fahrdienstleiter stellt für einen in Gleis 703 stehenden Zug die Ausfahrt in Richtung Weidenthal. Dazu bedient er als Startfeld das Signalsymbol 7P3 auf dem Bedientablett.

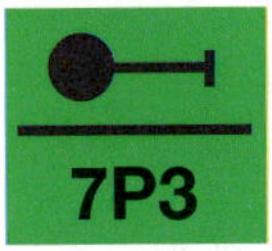

Danach bedient er das grüne Zielfeld „LNF". LNF steht für **L**ambrecht/**N**eiden**f**els.

Die Ausfahrzugstraße läuft ein. Durch diesen Einlauf bedingt werden auch die einzelnen Blockfahrstraßen bis zum Zentralblocksignal 20 der Überleitstelle Neidenfels angesteuert und eingestellt. Da sich auch dieses Signal im Selbststellbetrieb befindet, laufen die Blockfahrstraßen bis zum Einfahrsignal 1F des Bahnhofs Weidenthal ein. Auf der Bahnhofslupe 2 wird folgendes Bild angezeigt:

Abbildung 104: Darstellung auf der Bahnhofslupe – Ausfahrzugstraße 7P3.LNF eingestellt.

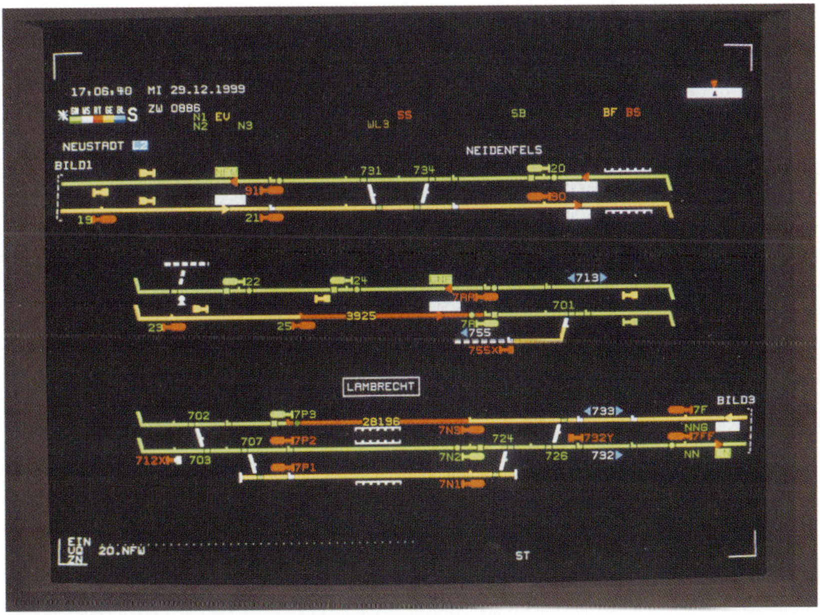

Sollte eine Fahrt im Gegengleis vom Bahnhof Lambrecht (Pfalz) bis zur Überleitstelle Neidenfels stattfinden, muss die Erlaubnis LNFG vorhanden sein. Dazu bedient der Fahrdienstleiter Neustadt (Weinstraße) das Funktionsfeld „EA“

EA

und danach das Fahrstraßenfeld für die vorhandene Erlaubnis „NFL“.

NFL

Das Bedienkommando wird in der „EIN“-Zeile angezeigt:

EIN EA,NFL...

Nach der Verarbeitung des Bedienkommandos wechselt der Erlaubnisempfangsmelder in Richtung Überleitstelle Neidenfels.

Abbildung 105: Darstellung auf der Bahnhofslupe – Erlaubnis LNFG zur Fahrt von Lambrecht (Pfalz) nach Neidenfels im Gegengleis vorhanden.

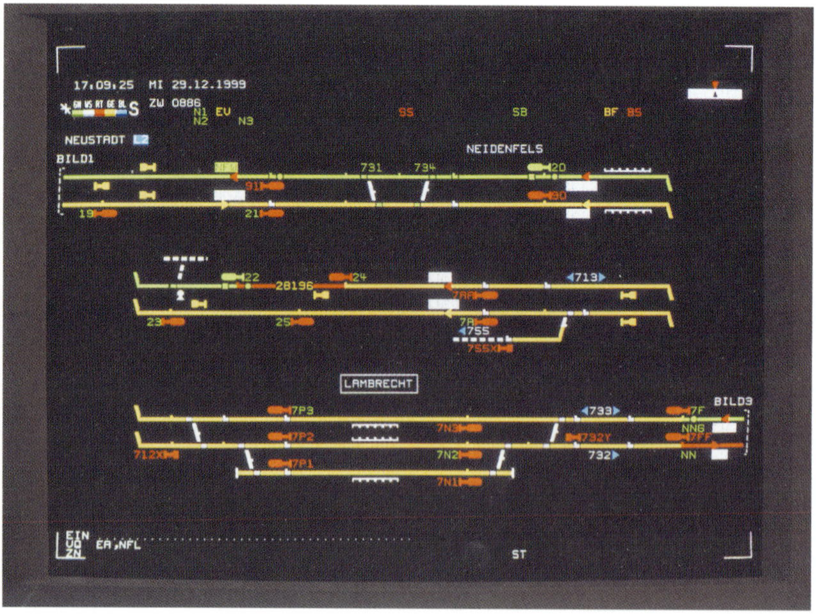

7.2.2 Der LZB-Zentralblock

Die Linienzugbeeinflussung

Die Linienzugbeeinflussung ist eine Ergänzung zur bestehenden Signalisierung mit Haupt- und Vorsignalen, die vor allem bei Geschwindigkeiten über 160 km/h aufgrund der langen Bremswege bzw. des hierfür nicht ausreichenden Abstandes zwischen Haupt- und Vorsignalen eingesetzt werden muss.

Die Linienzugbeeinflussung findet in Deutschland ihre Anfänge Ende der zwanziger Jahre des letzten Jahrhunderts. Damals erfolgten die ersten Versuchseinsätze bei den U-Bahn-Betrieben in Berlin und Hamburg. 1963 führte die Deutsche Bundesbahn auf der 20 km langen Strecke zwischen Bamberg und Forchheim Schnellfahrversuche mit Geschwindigkeiten von 200 km/h durch. Hierzu wurde die Linienzugbeeinflussung eingesetzt.

Im Jahre 1965 verkehrten zur „Internationalen Verkehrsausstellung (IVA)" zwischen München und Augsburg mit Linienzugbeeinflussung ausgerüstete Züge der Deutschen Bundesbahn. Diese Züge fuhren mit einer Geschwindigkeit von 160 bis 200 km/h. Die Einführung der Linienzugbeeinflussung erfolgte dann im Jahre 1972.

In der „Eisenbahn-Bau- und Betriebsordnung – EBO" wird gefordert, dass bei einer Streckengeschwindigkeit über 160 km/h die Strecke mit einer Zugbeeinflussung ausgerüstet sein muss, die einen Zug selbsttätig zum Halten bringen und außerdem diesen Zug auch führen kann.

Die Linienzugbeeinflussung ist somit ein rechnergesteuertes Zugsicherungs- und Zugsteuerungssystem. Durch eine lückenlose Überwachung der Geschwindigkeit sichert und steuert sie die Zugfahrt mit Hilfe der Führerraumanzeige oder direkt mittels der „Automatischen Fahr- und Bremssteuerung – AFB". Ein Zug fährt mit Linienzugbeeinflussung jederzeit nur mit der Geschwindigkeit, aus der er heraus vor einem Gefahrpunkt sicher zum Halten gebracht werden kann.

Sie diente anfänglich dazu, dem Triebfahrzeugführer eine verlängerte Signalsicht zu geben. Dabei blieb das Betriebsverfahren mit Beachtung der ortsfesten Signale und der Geschwindigkeitsangabe im Buchfahrplan erhalten.

Das Verfahren zur Steuerung der Zugfahrt mittels Linienzugbeeinflussung wurde 1990 umgesetzt und das „Betriebsverfahren LZB-Führung" auf allen LZB-Strecken eingeführt. Dies bedeutet, dass für einen LZB-geführten Zug nur die Führerraumanzeige maßgebend ist. Die Signale am Fahrweg oder die Geschwindigkeitsangabe im Buchfahrplan sind für den Triebfahrzeugführer nicht zu beachten. Der Fahrprozeß wird also ausschließlich über die vom LZB-System ermittelten Angaben geregelt.

Dies sind in erster Linie die „LZB-Führungsgrößen"
- Sollgeschwindigkeit,
- Zielentfernung und
- Zielgeschwindigkeit.

Durch diese kontinuierliche Überwachung konnte man das Fahren im Abstand der ortsfesten Lichtsignale aufgeben. Das Prinzip fester LZB-Blockabschnitte, ließ sich zu einem System „Hochleistungsblock mit linienförmiger Zugbeeinflussung – HBL" weiterentwickeln. An der Zugfolgesicherung durch feste Raumabstände änderte sich dabei nichts. Mit Hilfe der Gleisfreimeldeanlage werden LZB-Blockabschnitte gebildet, die von LZB-Blockkennzeichen begrenzt werden. LZB-Blockkennzeichen sind ortsfeste Tafeln, die in kurzen Abständen aufgestellt sind. So konnten bestehende Zugfolgeabschnitte nochmals unterteilt und somit die Leistungsfähigkeit der Strecke erhöht werden.

Der Hochleistungsblock ist ein Teil des Projektes „CIR-ELKE". CIR-ELKE steht für „**C**omputer **I**ntegreted **R**ailroading – **E**rhöhung der **L**eistungsfähigkeit im **KE**rnnetz". Hierbei handelt es sich um ein Projekt, das für eine Leistungssteigerung im Kernnetz um 40 Prozent steht.

Da Züge beim Hochleistungsblock im Abstand der LZB-Blockabschnitte verkehren, können mehrere Züge sich in einem konventionellen Zugfolgeabschnitt (Hauptsignal/Hauptsignal) befinden. Dies hat zur Folge, dass ein nachfahrender Zug an einem Halt zeigenden Hauptsignal vorbeifahren müsste, weil der vorausfahrende Zug noch den herkömmlichen Blockabschnitt besetzt. Deshalb entschloss man sich für die Dunkelschaltung der Lichthauptsignale, die in H/V-Führung "Halt" und in LZB-Führung "LZB-Fahrt" signalisieren.

Ein weiterer Entwicklungsschritt hinsichtlich der Erhöhung der Leistungsfähigkeit ist die Fahrt mit Streckengeschwindigkeit zum restriktiven Element und erst ab dort mit der restriktiven Geschwindigkeit. Dies bedeutet zum Beispiel, dass ein Zug bei einer Fahrt im Weichenbogen erst unmittelbar vor der Weiche auf die im Weichenbogen zulässige Geschwindigkeit herabgebremst wird. Auch in diesem Falle erfolgt eine Dunkelschaltung des Signal, da sonst ein Widerspruch zwischen dem Signalbild und der Führerraumanzeige bestehen würde. Bei herkömmlicher Sicherungsart wurde die restriktive Geschwindigkeit bereits ab dem Signal vor dem Element gefahren.

Als Pilotstrecke für CIR-ELKE wurde die 124 Kilometer lange Hauptabfuhrstrecke zwischen Offenburg und Basel ausgewählt.

Die Linienzugbeeinflussung besteht aus
- der LZB-Fahrzeugeinrichtung,
- der LZB-Streckeneinrichtung und
- der LZB-Zentrale.

Die **LZB-Fahrzeugeinrichtung** setzt sich im Wesentlichen aus dem Fahrzeugrechner (zum Datenaustausch mit der LZB-Zentrale), dem Zugdateneinsteller (zur Erfassung der speziellen Zugdaten) und der Modularen Führerraumanzeige – MFA (zur Visualisierung der LZB-Führungsgrößen) zusammen.

Die Übertragung der Daten aus der Zentrale auf das Fahrzeug geschieht mittels Linienleiter – **LZB-Streckeneinrichtung**. Der Linienleiter ist ein Datenübertragungskabel, das im Gleis verlegt ist. Da es in Schleifen verlegt ist, liegt ein Teil des Kabels am Schienenfuß und der andere gleismittig. Die gesamt LZB-Strecke ist in Linienleiterschleifenbereiche von max. 12,7 km Länge unterteilt. Die Übergänge von einem Linienleiterschleifenbereich zum nächsten nennt man Bereichskennungswechsel (BKW). Hier ist ein LZB-Bereichskennzeichen (eine rechteckige weiße Tafel mit schwarzem Rand und der Aufschrift "LZB") aufgestellt. An einem solchen Bereichskennungswechsel ist u.a. die Aufnahme bzw. die Wiederaufnahme des Zuges in die LZB-Führung möglich. Ein solcher Linienschleifenbereich ist in Kurzschleifen von 300 Meter Länge aufgeteilt. Am Anfang einer Kurzschleife ist ein Fernspeisegerät (Streckengerät) für den Datenaustausch mit der LZB-Zentrale installiert. Das Linienleiterkabel ist in der Regel alle 100 Meter gekreuzt. Die Kreuzung des Kabels bezeichnet man als Kreuzungsstelle. Diese Kreuzungsstellen dienen der Ortung des Zuges, was über die Linienleiter an die LZB-Zentrale gemeldet wird. Den Gleisabschnitt zwischen zwei Kreuzungsstellen bezeichnet man als Fahrort oder Grobort. Jeder dieser Fahrorte/Groborte ist wiederum in 8 Feinorte zu je 12,5 Meter Länge unterteilt. Ist der Grobort länger oder kürzer als 100 Meter, ist auch der letzte Feinort entsprechend länger oder kürzer; die Feinorte 0 bis 6 bleiben jedoch 12,5 Meter lang. Mit Hilfe dieser detaillierter Einteilung der Strecke können nun von der LZB-Zentrale über die LZB-Streckeneinrichtung Fahraufträge an den LZB-Fahrzeugrechner erteilt werden. Im Gegenzug teilt die Fahrzeugeinrichtung der LZB-Zentrale mit, wie viele Kreuzungsstellen seit dem Empfang des letzten Telegramms befahren wurden. Die einzelnen Kreuzungsstellen werden von der Fahrzeugantenne durch den gegenläufigen Stromfluss an den Kreuzungsstellen erkannt. Aus dieser Information ermittelt die LZB-Zentrale dann die LZB-Führungsgrößen (Abbildung 106).

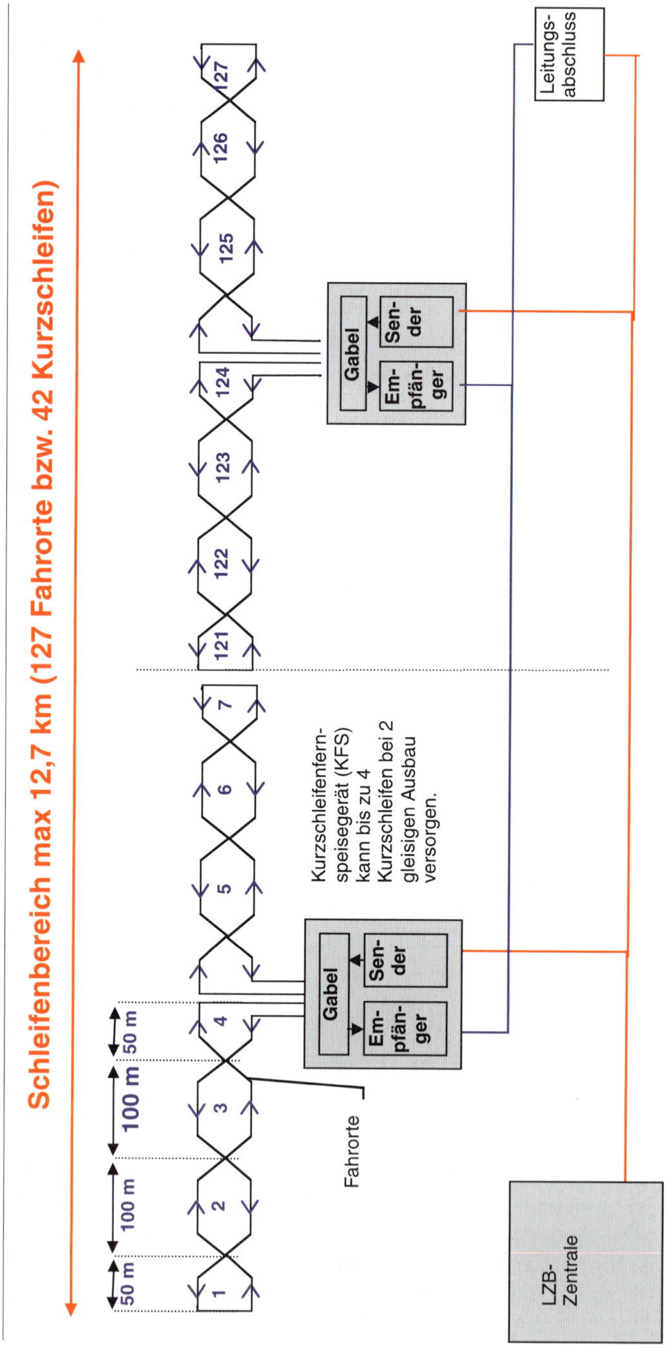

Abbildung 106: Schematische Darstellung der LZB-Strecken-einrichtung.

Die **LZB-Zentrale** ist die Steuerstelle einer ca. 50 – 100 km langen Strecke. Der LZB-Rechner ist nach dem „2 von 3 Prinzip“ aufgebaut. In den Rechnern der LZB-Zentrale sind die streckenspezifischen Daten (z.B. Standort der Signale, zulässige Höchstgeschwindigkeit usw.) gespeichert. Von den Stellwerken erhält die LZB-Zentrale die veränderlichen Daten der Strecke (z.B. Stellung der Weichen und Signale usw.), um die Steuerung der Züge übernehmen zu können.

Die CIR-ELKE II – eine Weiterentwicklung der CIR-ELKE I – wird auf der Neubaustrecke Köln – Rhein/Main eingesetzt. Die LZB dieser CIR-ELKE – Version wird u.a. zur Steuerung der betrieblichen Verwendung der Wirbelstrombremse als Betriebsbremse, zur Erreichung eines besseren Bremsverhaltens und zur generellen Streckenertüchtigung auf 300 km/h benötigt. Auch die extremen Neigungsverhältnisse dieser Strecke von bis zu 40 ‰ machten diese Weiterentwicklung erforderlich.

Die Anzeigen und die Bedienung des LZB-Zentralblocks

Der LZB-Zentralblock ist eine Bauform des selbsttätigen Streckenblocks für LZB-Blockstrecken. Er sichert die Zugfolge für LZB-geführte Züge im Abstand der LZB-Blockstellen und für H/V-geführte Züge im Abstand der H/V-Zugfolgestellen. Es existieren kaum Unterschiede zum herkömmlichen Zentralblock. So sind auch beim LZB-Zentralblock die Hauptsignale in Grundstellung haltzeigend, beide Streckengleise in der Regel einem Fahrdienstleiter zugeteilt und das Streckenband in Grundstellung gelb sowie der Blocküberwachungsmelder weiß dargestellt. Auch die Darstellung der Hauptsignale auf der Bereichsübersicht und der Bahnhofslupe ist gleich dem Zentralblock.

Beim LZB-Zentralblock unterscheidet man zwischen LZB-Ganzblock (LZB-Block ist zum nächsten H/V-Signal gesichert) und LZB-Teilblock (H/V-Block ist nur bis zum nächsten LZB-Blockkennzeichen gesichert).

Die LZB-Blockkennzeichen werden auf der Bereichsübersicht bezüglich der Darstellung der Hauptsignale nur zur Hälfte dargestellt.

"LZB Halt"

"LZB Fahrt" am LZB-Blockkennzeichen

"LZB Fahrt" am dunkelgeschalteten Signal

Auf der Lupe werden die LZB-Blockkennzeichen wie die Verschlussmelder eines Gleisabschnittes außerhalb des Gleisbandes signalseitig dargestellt. Das Symbol wird rot (LZB-Halt) oder gelb (LZB-Fahrt) ausgeleuchtet. Ein dunkelgeschaltetes Hauptsignal wird wie ein Fahrt zeigendes LZB-Blockkennzeichen dargestellt. Die Ausleuchtung des Bezeichners eines LZB-Blockkennzeichen ist gleich dem Bezeichner eines Zentralblocksignals (Abbildung 107).

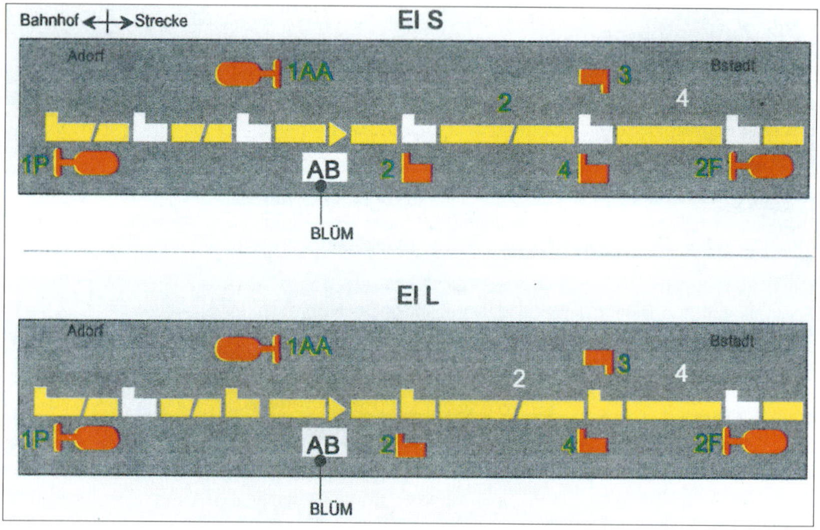

Abbildung 107: Darstellung auf der Bahnhofslupe – Darstellung der LZB-Streckenbänder der Herstellerfirmen Lorenz (L) und Siemens (S)

Zugstraßen in LZB-Abschnitte werden wie andere Ausfahrzugstraßen durch eine Start- und Zielbedienung eingestellt. Nach dem Einstellen der Zugstraße werden die LZB-Blockabschnitte festgelegt. An der LZB-Blockstelle wird der Auftrag "LZB-Fahrt" gegeben. Bei freiem H/V-Zugfolgeabschnitt leuchten

- der Fahrstraßenbereich der Teilfahrstraße Bahnhof und Strecke
- der Zielfestlegemelder 1 und 2
- der Blocküberwachungsmelder
- bei jedem LZB-Blockabschnitt der Gleis-, Verschluss-, der Zielfestlege- und der Festlegeüberwachungsmelder
- der Fesltlegeüberwachungsmelder am Startsignal und
- das Startsignal

grün.

Bei neueren Elektronischen Stellwerken leuchtet der Festlegeüberwachungsmelder der LZB-Blockabschnitte gelb.

Die LZB-Blockabschnitte können durch das Bedienen

- von LZB-Blockstelle zu LZB-Blockstelle sowie
- von LZB-Blockstelle zum Signal oder Bereichsende

festgelegt werden.

Im Ganzblock ist der Festlegeüberwachungsmelder in seiner Ausleuchtung und in den Aussagen gleich dem Zentralblock. Im Teilblock wird er grün (bei neueren

Anlagen gelb) dargestellt und bezieht sich nur auf den Teilblockabschnitt. In der Bedeutung gibt es keine Unterschiede.

Ist die Fahrstraße nur im Teilblock gesichert, zeigt bei neueren Elektronischen Stellwerken der Festlegeüberwachungsmelder an dem Startsignal der Zugstraße gelbe Ausleuchtung.

Sonstige Bedienungen am LZB-Blockkennzeichen (z.B. Sperren und Entsperren) werden wie am Zentralblocksignal vorgenommen.

7.3 Der Selbstblock

Der Selbstblock ist eine weitere Bauform des selbsttätigen Streckenblocks. Er sichert die Zugfolge durch zugbediente Blockeinrichtungen. In Elektronischen Stellwerken sollte der Selbstblock eigentlich ein Ausnahmefall sein. Er ist nur noch dort vorhanden, wo die bereits beim Bau vorhandenen Einrichtungen weiterverwendet werden (Bedienanpassrechner) bzw. zur Anpassung an bestehende Anlagen. Da dies an den Schnittstellen zu anderen Stellwerken älterer Bauart sehr oft der Fall ist, findet sich der Selbstblock fast auf jedem Elektronischen Stellwerk wieder. So auch in Neustadt (Weinstraße) auf den zweigleisigen Strecken Richtung Edenkoben und Haßloch (Pfalz).

Die Selbstblocksignale zeigen in der Regel in Grundstellung „Fahrt“.

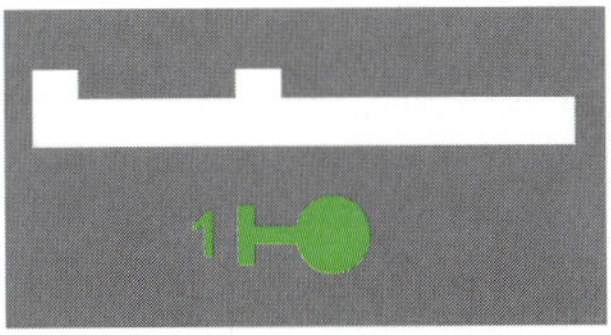

Das Selbstblocksignal am Anfang des Blockabschnittes wird durch Besetzen des Blockabschnittes hinter dem Signal auf „Halt“ gestellt.

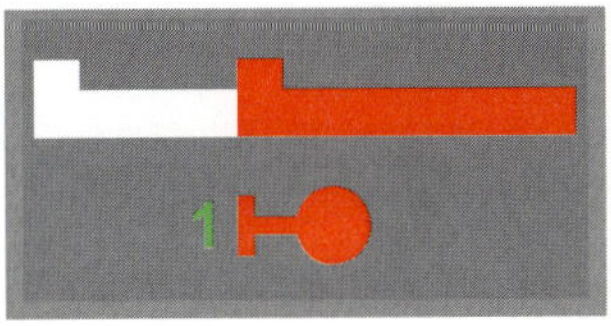

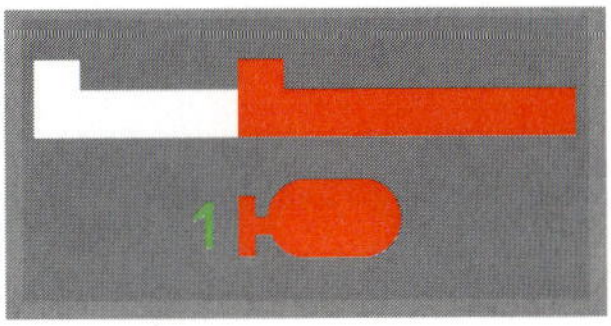

Das Selbstblocksignal wechselt wieder selbsttätig in die Fahrtstellung, wenn der zu schützende Blockabschnitt geräumt ist und das folgende Hauptsignal Halt zeigt. Die Blockabschnittsmelder sind in Grundstellung weiß und leuchten bei besetztem

Abschnitt rot. Der Fahrdienstleiter kann bei weißer Ausleuchtung nicht davon ausgehen, dass der Abschnitt „frei von Eisenbahnfahrzeugen“ ist. Bei dieser weißen Ausleuchtung handelt es sich nicht um eine positive Freianzeige. Für die selbsttätige Gleisfreimeldung werden in der Regel Achszähler verwendet.

Auf der Bereichsübersicht werden die Signale wie im Bahnhof dargestellt. Auf eingleisigen Strecken sowie bei Gleiswechselbetrieb (beim Fahren auf dem Gegengleis mit Hauptsignal) werden sie erlaubnisabhängig ein- bzw. ausgeblendet.

Die Ausfahrsignale und die Blocksignale von Abzweig- und Überleitstellen können auf „Fahrt“ gestellt werden, wenn der Ausfahrblockabschnitt als nicht besetzt angezeigt wird und der Ausfahrsperrenmelder dunkel ist. Wechselt ein zu dem Ausfahrblockabschnitt gehörendes Hauptsignal auf Fahrt, leuchtet der Ausfahrsperrenmelder blau.

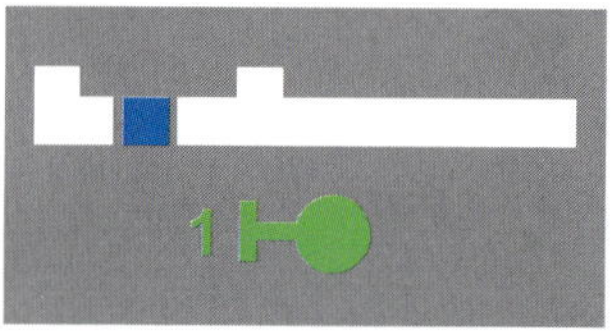

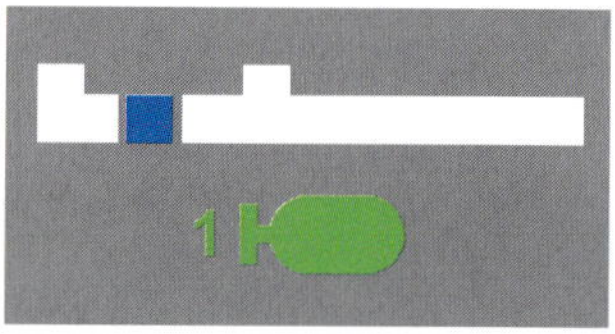

Alle anderen Hauptsignale sind für diese Richtung durch den Ausfahrsperrenmelder gesperrt. Nach dem Besetzen des Ausfahrblockabschnittes leuchtet der Blockabschnittsmelder rot und sperrt zusätzlich alle zugehörigen Ausfahrsignale. Der Ausfahrsperrenmelder erlischt und der Blockabschnittsmelder leuchtet wieder weiß, wenn der Ausfahrblockabschnitt geräumt ist und das folgende Hauptsignal „Halt“ zeigt. Kurzzeitig ertönt ein langsam schlagender Wecker als Rückblockmeldung. Mit dem Besetzen des Blockabschnittes vor dem Einfahrsignal oder eines davorliegenden Blockabschnittes ertönt kurzzeitig ein langsam schlagender Wekker als Vorblockmeldung. Diese Akustik kann man bei Elektronischen Stellwerken, die aus einer Betriebszentrale gesteuert werden, abschalten.

Auf eingleisigen Strecken und Strecken mit Gleiswechselbetrieb (beim Fahren auf dem Gegengleis mit Hauptsignal) ist die Erlaubnisabhängigkeit wie beim Zentralblock vorhanden. Die Erlaubnisbedienung erfolgt ausnahmslos ohne Unterschied zum Zentralblock, deshalb wird an dieser Stelle nicht nochmals darauf eingegangen.

Die Wirkungsweisen des Selbstblocks sollen nochmals an einem praktischen Beispiel des Bahnhofs Neustadt (Weinstraße) verdeutlicht werden. Der Fahrdienstleiter Neustadt (Weinstraße) möchte die Ausfahrzugstraße aus Gleis 205 des Bahnhofs Neustadt (Weinstraße) in Richtung Edenkoben stellen. Dazu bedient er zuerst das grüne Funktionsfeld F

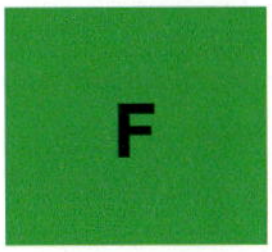

für fehlende Fahrleitung (die Strecke nach Edenkoben ist nicht elektrifiziert) und danach als Startpunkt der eigentlichen Fahrstraße das grüne Fahrstraßenfeld.

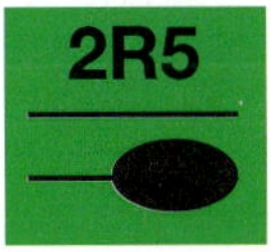

Danach wird das Zielfeld im Streckengleis Richtung Edenkoben bedient.

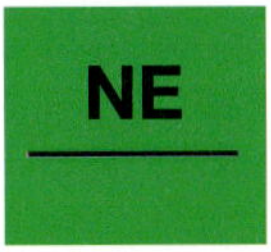

In der „EIN“-Zeile steht nun folgendes Bedienkommando:

EIN F,2R5.NE

Nach der V- und KF-Bedienung wird das Bedienkommando ausgeführt und die Fahrstraße eingestellt. Im Streckengleis leuchtet der Ausfahrsperrenmelder blau.

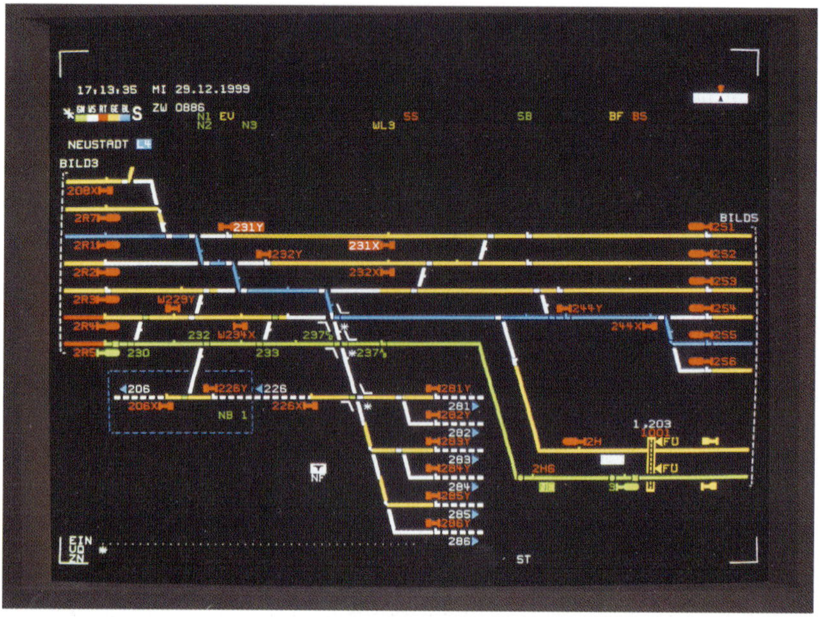

Abbildung 108: Darstellung auf der Bahnhofslupe – Ausfahrzugstraße F,2R5.NE eingestellt.

Abbildung 109: Darstellung auf der Bahnhofslupe – Ausfahrzugstraße mit Selbstblocktechnik im Bereich Maikammer-Kirrweiler.

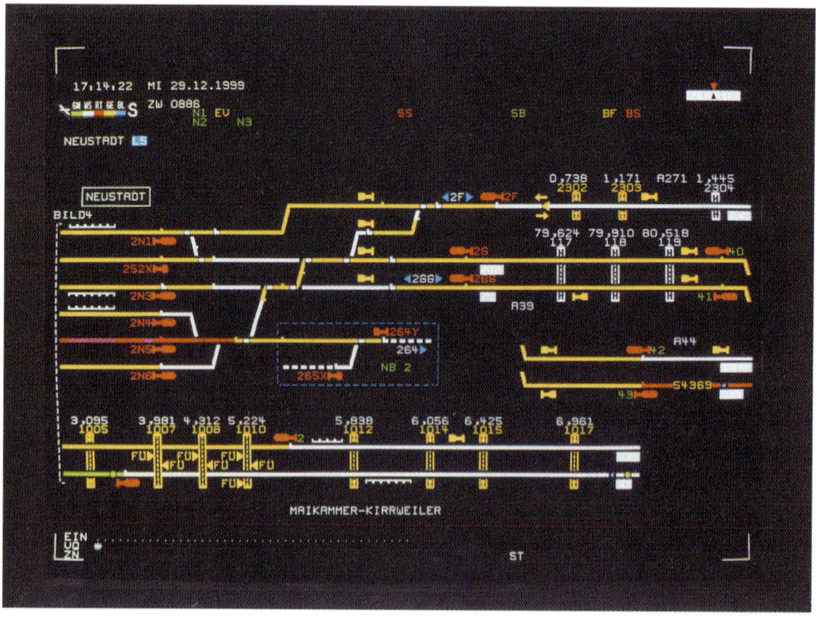

Nach der Ausfahrt des Zuges wird der Ausfahrblockabschnitt NE besetzt. Er leuchtet rot. Diese Rotausleuchtung sperrt zusätzlich die Ausfahrsignale im Bahnhof Neustadt (Weinstraße).

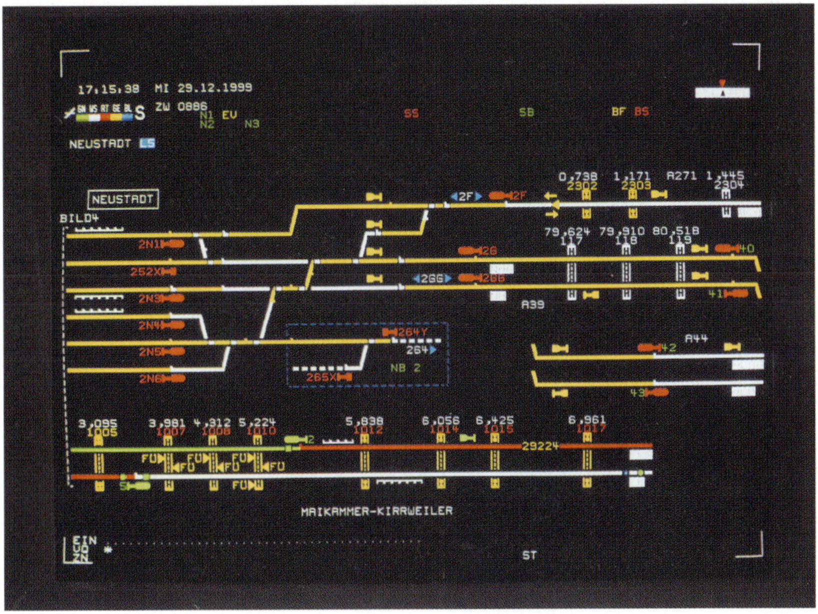

Abbildung 110: Darstellung auf der Bahnhofslupe – Blockabschnitt 3 vor dem Selbstblockabschnitt im Bereich Maikammer-Kirrweiler besetzt.

Wenn sich der Zug unter Deckung des Einfahrsignals des Bahnhofs Edenkoben befindet, wechselt der Blockabschnittsmelder wieder in weiße Ausleuchtung und der Ausfahrsperrenmelder erlischt.

Die Mausbedienung und die Anzeigen dieser Stellwerke sind analog der Stiftbedienung.

7.4 Der Relaisblock

Der Relaisblock ist eine Bauform des nichtselbsttätigen Streckenblocks. Der Felderblock und Trägerfrequenzblock 71 sind weitere Bauformen des nichtselbsttätigen Streckenblocks, die jedoch von der Bedienung und den Anzeigen dem Relaisblock artverwandt sind. Deshalb wird an dieser Stelle nur auf den Relaisblock eingegangen.

Der Relaisblock besteht aus den Einrichtungen für die Vorblockung, die Rückblockung und die Erlaubnisabhängigkeit bei eingleisigen Strecken. Er wird in der Regel an der Schnittstelle Mechanisches Stellwerk zu Elektronischem Stellwerk eingesetzt. So auch in Neustadt (Weinstraße) auf der eingleisigen Strecke nach Mußbach.

Nun einige Hinweise zur Wirkungsweise und zur Bedienung des Relaisblocks:
Die Ausfahrsignale können bei Grundstellung des Relaisblocks bedient werden. Das heißt, dass der Vorblockmelder gelb leuchtet und der Melder der Streckenwiederholungssperre nicht angezeigt wird. Er ist in das Streckenband integriert und leuchtet somit weiß.

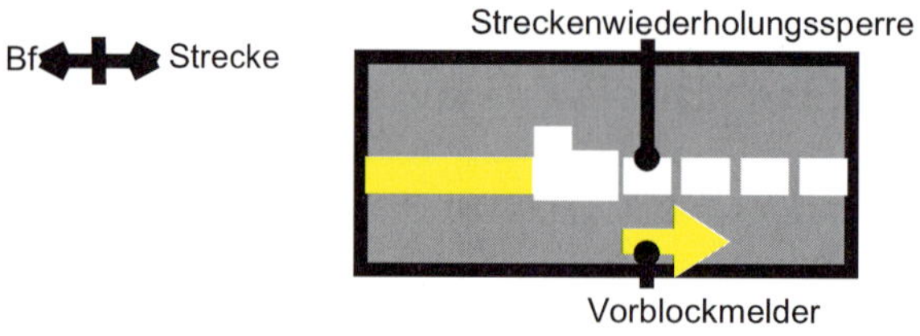

Nach dem Bedienen des Ausfahrsignals leuchtet der Melder der Streckenwiederholungssperre blau. Dadurch sind alle anderen Ausfahrsignale für diese Richtung gesperrt.

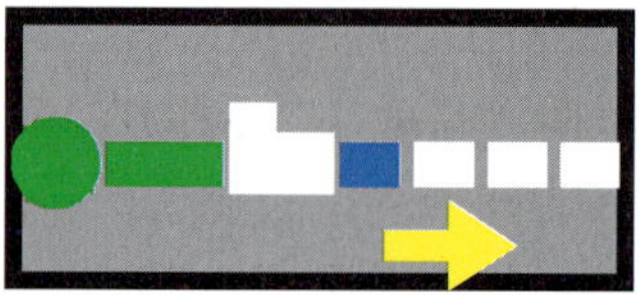

Der ausfahrende Zug blockt selbsttätig vor, wenn das Ausfahrsignal wieder auf Halt steht, sowie der letzte Abschnitt der Teilfahrstraße Bahnhof geräumt und das Streckengleis besetzt ist. Der Vorblockmelder leuchtet dann rot und der blaue Melder der Streckenwiederholungssperre erlischt.

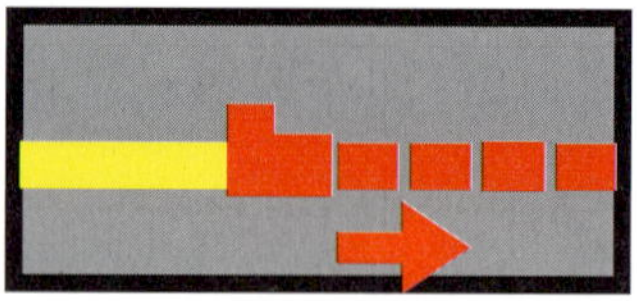

Sämtliche Ausfahrsignale sind nun durch den Vorblock für diese Richtung gesperrt. Mit dem Eingang der Rückblockung ertönt ein langsam schlagender Wecker und der Vorblockmelder leuchtet wieder gelb. Die Ausfahrsignale in diese Richtung sind nun wieder bedienbar.

Nach der Ausfahrt aus dem Nachbarbahnhof wird von dort aus in der Regel von Hand vorgeblockt. Der Rückblockmelder leuchtet als Zeichen für den eingegangenen Vorblock rot. Mit Eingang des Vorblocks ertönt ein langsam schlagender Wecker.

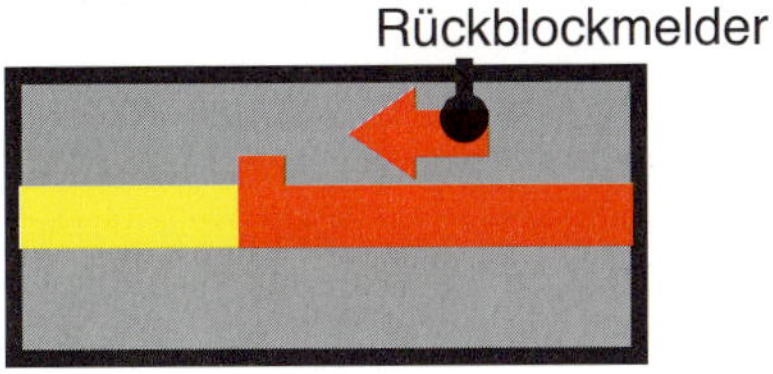

Der Räumungsmelder blinkt gelb, wenn der Zug die Signalzugschlussstelle des Einfahrsignals befahren hat (Räumungsmelderabschnitt geräumt). Er signalisiert dem Fahrdienstleiter, dass das Rückblocken jetzt möglich ist.

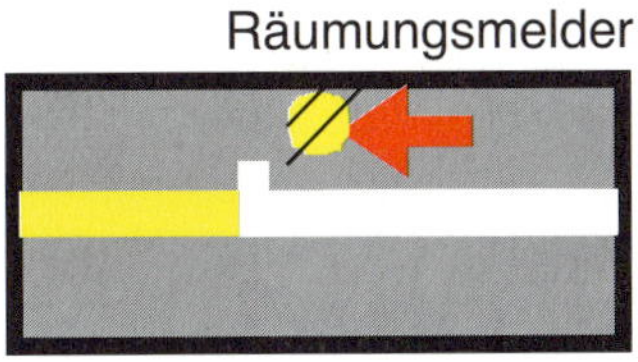

Zeigt das Einfahrsignal „Halt“ und ist das Streckengleis durch den Zug vollständig geräumt, blockt der einfahrende Zug – bedingt durch die Streckengleisfreimeldeanlage – selbsttätig zurück. Der Räumungsmelder erlischt und der Rückblockmelder leuchtet wieder gelb.

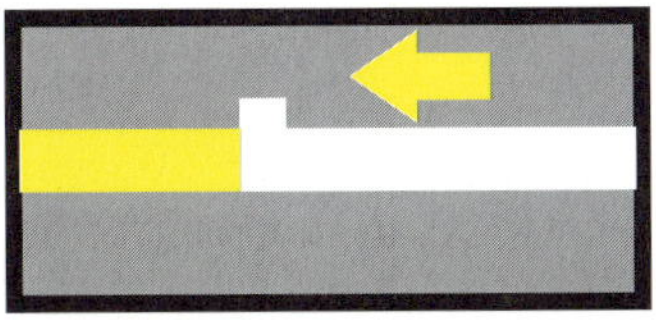

Das zugbewirkte Rückblocken kann auch mit dem KF-pflichtigen Bedienkommando

RBS,<Nachbarbahnhof>

gesperrt werden. „RBS“ bedeutet „**R**ück**b**lock **s**perren“. Der Rückblocksperrmelder leuchtet dann hinter dem Rückblockmelder als roter Punkt.

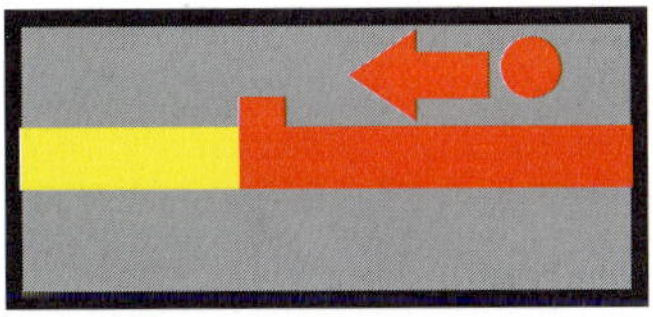

Der Rückblock erfolgt in diesem Fall nur noch durch direkte Bedienung des Fahrdienstleiters durch das Bedienkommando:

RB,<Nachbarbahnhof>

RB steht in diesem Zusammenhang für „**R**ück**b**lock". Dieses Bedienkommando ist KF-pflichtig und ist nur möglich, wenn das Einfahrsignal „Halt" und das dazugehörige Vorsignal „Halt erwarten" zeigt, das Ersatz- bzw. Vorsichtsignal dunkel sowie der Zug an der Signalzugschlussstelle des Einfahrsignals vorbeigefahren ist. Nach vollzogener Rückblockung erlischt der Räumungsmelder und der Rückblockmelder leuchtet wieder gelb.

Nach Wegfall des Anlasses und Grundstellung des Streckenblockes kann die Sperrung des selbsttätigen Rückblocks wieder aufgehoben werden. Dazu ist das Bedienkommando

RBE,<Nachbarbahnhof>

einzugeben. „RBE" steht für „**R**ück**b**lock **e**ntsperren" und befindet sich wie alle anderen in diesem Kapitel erwähnten Funktionsfelder im grauen Gruppenfelderblock „Nichtselbsttätiger Streckenblock".

Die Bedienung der Erlaubnis bei eingleisigen Strecken ist analog dem Zentralblock zu sehen. Die Anzeigen auf der Bahnhofslupe sind ebenfalls gleich dem Zentralblock. Auf der Bereichsübersicht sollen Vor- bzw. Rückblockmelder erlaubnisabhängig eingeblendet werden.

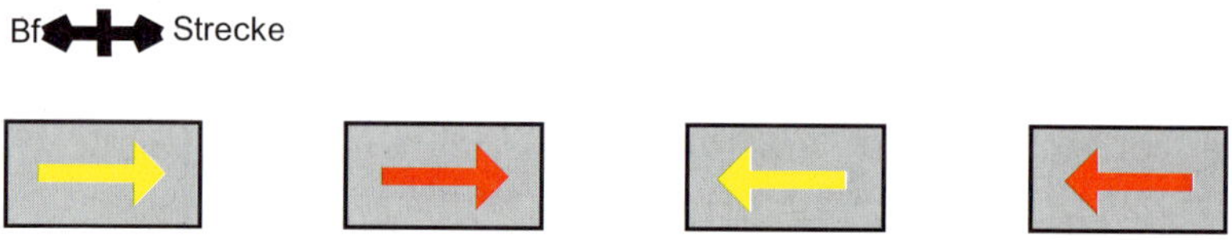

Nicht vorgeblockt | Zug hat vorgeblockt | Vorblockmeldung nicht eingegangen | Vorblockmeldung eingegangen

Soweit der nichtselbsttätige Streckenblock – Relaisblock – wie er in dem Regelwerk der Deutschen Bahn AG beschrieben ist.

Und nun noch Beispiele aus der Praxis des Bahnhofs Neustadt (Weinstraße). Der Fahrdienstleiter möchte die Ausfahrt aus Gleis 251 in Richtung Mußbach einstellen. Bei der Blocksicherung der eingleisigen Strecke nach Mußbach handelt es sich um den nichtselbsttätigen Streckenblock – Relaisblock. Da die Strecke nach Mußbach nicht elektrifiziert ist, muss der Fahrdienstleiter zuerst das Funktionsfeld

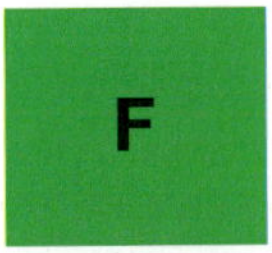

bedienen. Danach gibt er das Startfeld der Zugstraße

und abschließend das Zielfeld

des Bedienkommandos ein. Nach dem Bedienen des Verarbeitungsfeldes läuft die Fahrstraße ein, wird verschlossen, der Melder der Streckenwiederholungssperre leuchtet blau und das Ausfahrsignal kommt in Fahrtstellung.

Abbildung 111: Darstellung auf der Bahnhofslupe – Ausfahrzugstraße 2N1.MCH für Z 29154 eingestellt.

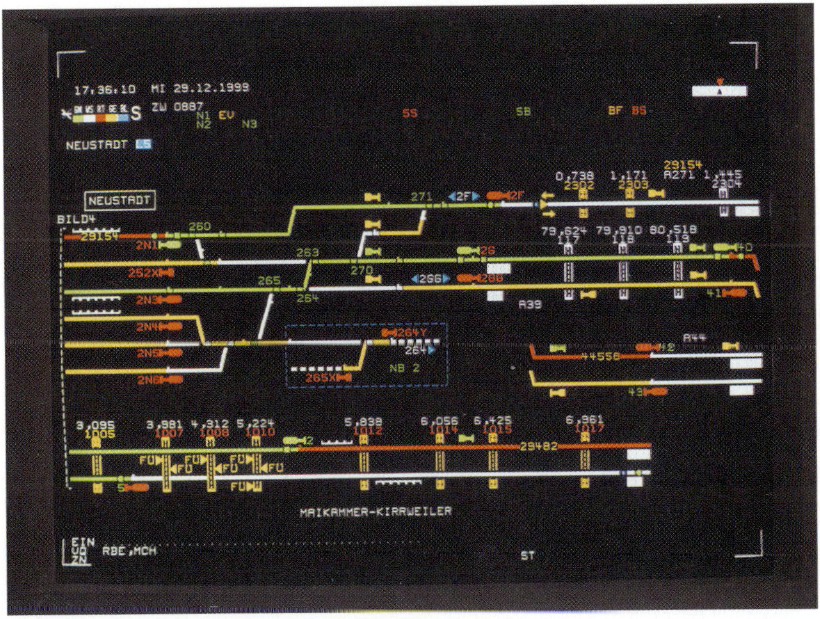

Die Fahrstraße wird durch den ausfahrenden Zug abschnittsweise hinter diesem aufgelöst. Mit dem Besetzen des Streckengleises wird selbsttätig vorgeblockt – der Vorblockmelder leuchtet rot. Nachdem der letzte Bahnhofsabschnitt aufgelöst ist, erlischt die Streckenwiederholungssperre.

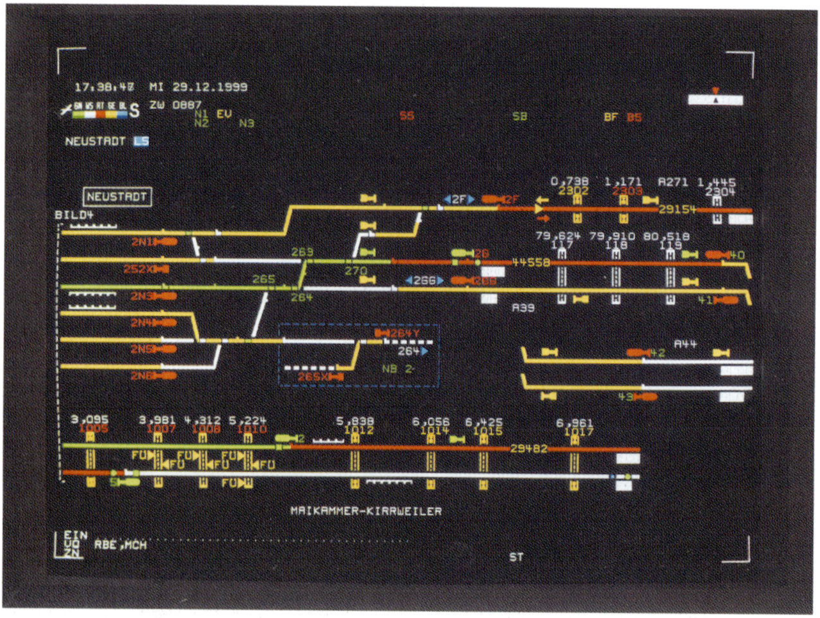

Abbildung 112: Darstellung auf der Bahnhofslupe – Streckenabschnitt Neustadt (Weinstraße) – Mußbach durch Z 29154 besetzt und der Vorblockmelder leuchtet rot.

Wenn der Zug vollständig in Mußbach angekommen ist, blockt der Fahrdienstleiter in Mußbach sein Endfeld und bringt den Streckenblock somit in Grundstellung. Für eine Zugfahrt aus Richtung Mußbach muss der Fahrdienstleiter Neustadt (Weinstraße) die Erlaubnis abgeben. Dazu bedient er das Funktionsfeld EA, welches sich im grauen Gruppenfelderblock „Streckenblock“ befindet.

EA

Danach bedient er das Streckenfeld MCH, welches auch das Zielfeld für die Ausfahrzugstraße ist.

In der „EIN"-Zeile der Bahnhofslupe steht nun folgendes Bedienkommando:

EIN EA,MCH

Nach der Bedienung des Verarbeitungsfeldes leuchtet der Erlaubnisabgabemelder gelb.

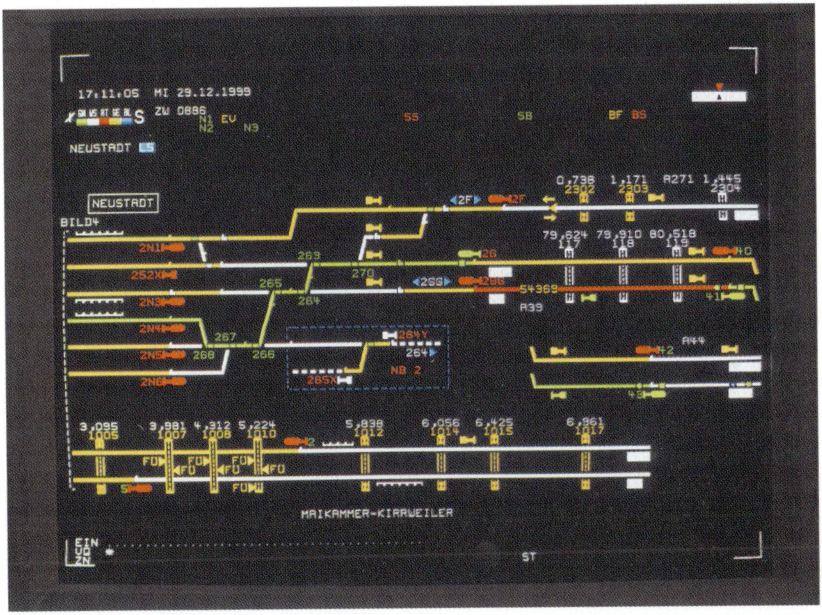

Abbildung 113: Darstellung auf der Bahnhofslupe – Erlaubnis nach Mußbach abgegeben.

Mit der Belegung der freien Strecke und der Vorblockung aus Mußbach, ertönt der langsam schlagende Wecker und der Rückblockmelder wechselt seine Ausleuchtung von gelb in rot. Der Fahrdienstleiter Neustadt (Weinstraße) stellt das Einfahrsignal 2F auf Fahrt.

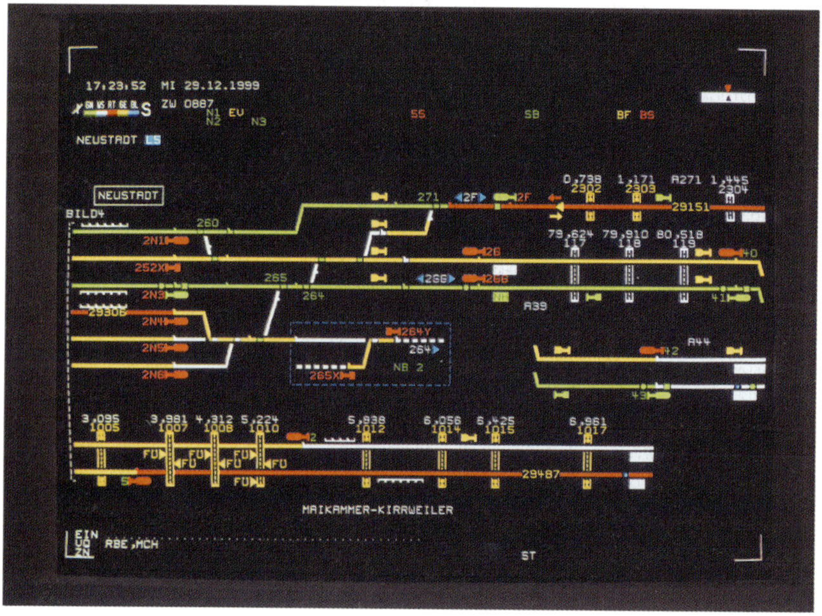

Abbildung 114: Darstellung auf der Bahnhofslupe – Einfahrzugstraße von Mußbach eingestellt und Z 29151 fährt ein.

Nachdem der Zug eingefahren ist und den Haltfallabschnitt des Einfahrsignals befahren hat, fällt das Einfahrsignal in die Haltstellung. Die selbsttätige Streckengleisfreimeldeanlage stellt nach dem Befahren der Signalzugschlussstelle die Vollständigkeit des Zuges fest – danach wird selbsttätig zurückgeblockt. Der Rückblockmelder wechselt seine Ausleuchtung von rot in gelb. Der Streckenblock ist wieder in Grundstellung.

Die Anzeigen und die Bedienungen sind beim mausbedienten Stellwerk analog.

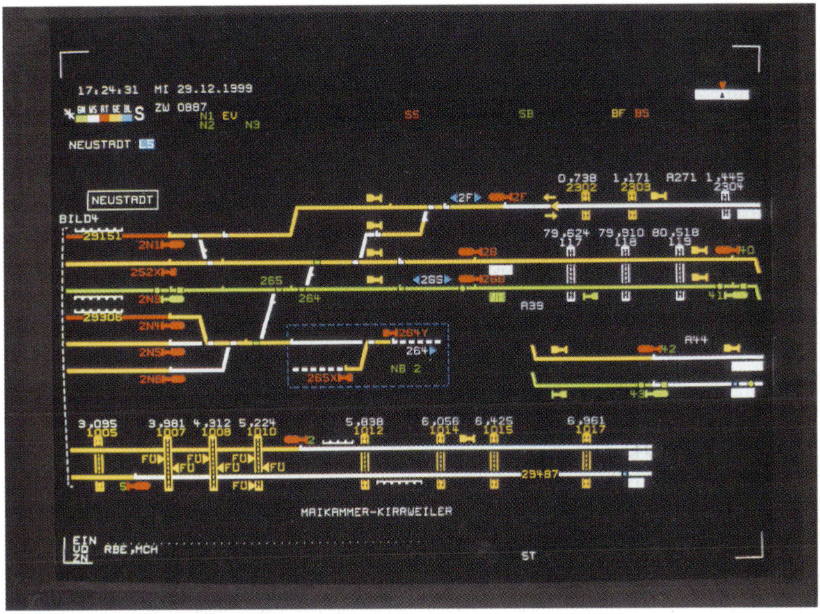

Abbildung 115: Darstellung auf der Bahnhofslupe – Z 29151 ist eingefahren und der Streckenblock befindet sich in Grundstellung.

8. Bahnübergänge

8.1 Allgemeines

Bahnübergänge sind höhengleiche Kreuzungen mit dem Verkehrsträger Straße. Die Eisenbahn-Bau- und Betriebsordnung unterscheidet bei dem Überbegriff „Bahnübergänge“ zum einen nach Schranken – voller Schrankenabschluss mit Gefahrraumüberwachung durch einen Schrankenwärter bzw. durch technische Einrichtungen – und zum anderen nach Bahnübergänge – alle anderen Bahnübergänge mit anderen Sicherungsarten, z. B. Blinklicht oder Halbschranken. Höhengleiche Übergänge für die Reisenden oder Fußgänger sind keine Bahnübergänge.

Von der Sicherung her lassen sich die Bahnübergänge in technisch nicht gesicherte und technisch gesicherte Bahnübergänge einteilen.

Technisch nicht gesicherte Bahnübergänge werden entweder durch die Übersicht des Straßenverkehrsteilnehmers auf die Bahnstrecke, durch hörbare Signale der Eisenbahnfahrzeuge oder die Kombination aus beiden gesichert. Dies ist jedoch nur auf eingleisigen Nebenbahnen mit einer Höchstgeschwindigkeit von 20 km/h am Bahnübergang bzw. 60 km/h bei Privat- und Feldwegen erlaubt. Diese Form der Sicherung ist in den Stellbereichen der Elektronischen Stellwerke äußerst selten.

Die technisch gesicherten Bahnübergänge lassen sich in signalgesteuerte Bahnübergänge (Schranken, Hauptsignal-Überwachung und Büstra-Anlagen – Bahnübergangssicherung mit Straßensignalen) sowie fern- (Fü-Anlagen) und lokführerüberwachte Bahnübergänge (Lo-Anlagen) einteilen. Ferner sind Kombinationen aus diesen Anlagen möglich. Die Lo- und Fü-Anlagen werden auch als zuggesteuerte Bahnübergangssicherungen bezeichnet.

Neuerdings werden Bahnübergänge mit automatischer Gefahrraumfreimeldung installiert. Während des Schließvorganges wird über Radar das Freisein des Gefahrenraumes festgestellt und nach Abschluss der Sicherung der Gefahrraum automatisch freigemeldet (GFR-Anlagen = **G**efahrraum**f**reimeldung mit **R**adar).

8.2 Signalgesteuerte Bahnübergangssicherungen

Die signalgesteuerte Bahnübergangssicherung stellt die Abhängigkeit zu den Signalen her. Nach der technischen Sicherung des Bahnüberganges kommt, sofern die stellwerksbedingten Voraussetzungen erfüllt sind, das schützende Signal entweder selbsttätig oder bedingt durch eine besondere Freimeldung des Gefahrraumes auf Fahrt.

Zu den signalgesteuerten Bahnübergangssicherungen gehören Anlagen mit vollem Schrankenabschluss, ohne vollen Schrankenabschluss (Lichtzeichen- und Blinklichtanlagen mit und ohne Halbschranken) und Anrufschranken.

Diese Bahnübergänge (außer Anrufschranken) werden auf der Bahnhofslupe

in Grundstellung mit diesen Symbolen dargestellt.

Bei Bahnübergängen ohne vollen Schrankenabschluss wechselt die Ausleuchtung in,

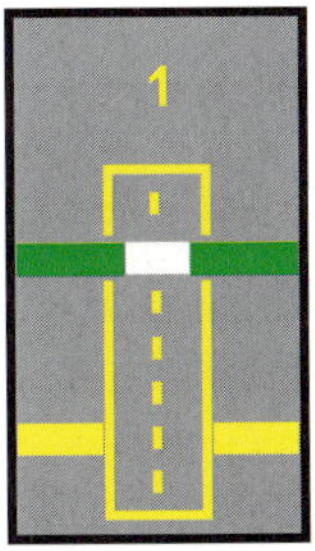

wenn der Bahnübergang durch das Einstellen der Fahrstraße gleisbezogen angesteuert wird. Der weiße rechteckige Melder im BÜ-Meldefeld wird als Bahnübergangsfreimelder bezeichnet. Nach vollzogener technischer Sicherung wechselt seine Ausleuchtung in grün und legt sich über das gesamte BÜ-Meldefeld. Dadurch soll symbolisiert werden, dass die technische Sicherung vollzogen ist und der Schienenverkehr nun Vorrang vor dem Straßenverkehr hat.

Die technische Sicherung von Bahnübergängen mit vollem Schrankenabschluss kann durch den fahrenden Zug, das Einstellen der Fahrstraße oder durch den Bediener selbst mit dem Bedienkommando

UE,<Gleis>

manuell eingeschaltet werden (UE = **U**ebergang **e**inschalten). In diesen Fällen blinkt nach dem Einschalten die Bahnübergangsbezeichnung als Vorsichtsmelder rot auf weißem Hintergrund und ein Summer ertönt. Die Bahnübergangsbezeichnung leuchtet rot, wenn die Schranken geschlossen sind.

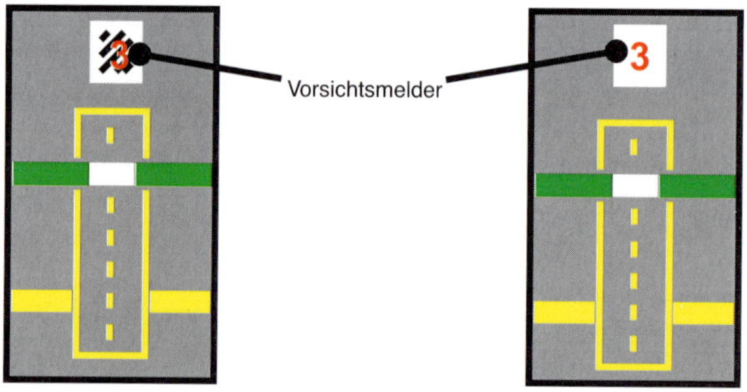

Schranken nich nicht □ geschlossen□ □ | Schranken geschlossen

Der Fahrdienstleiter kann nun den Bahnübergang mit dem KF-pflichtigen Bedienkommando

UF,<Bahnübergang>

freimelden. Bei GFR-Anlagen erfolgt die Freimeldung automatisch mittels Radar. Die Ausleuchtung wechselt dann wie bei den Bahnübergängen ohne vollen Schrankenabschluss in das durchgehende Gleisband.

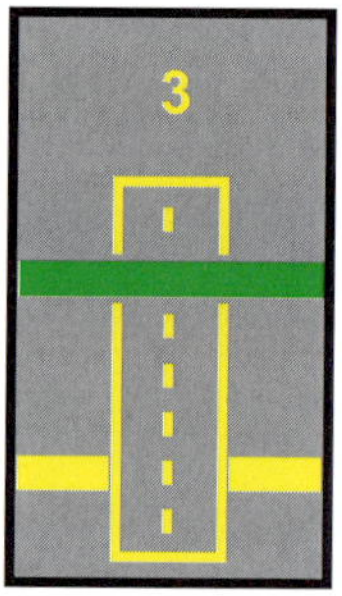

Auf der Bereichsübersicht werden diese Sicherungszustände etwas anders dargestellt.

Bü in Grundstellung

Bahnübergangssicherung eingeschaltet, Schranken noch nicht geschlossen

Schranken geschlossen Bü kann freigemeldet werden

(nur bei Bü mit vollem Schrankenabschluss)

Die Ausschaltung der Bahnübergangssicherung erfolgt im Regelfall selbsttätig durch den fahrenden Zug. Dies geschieht durch Befahren von Zugeinwirkstellen am Bahnübergang.

Die manuelle Einschaltung kann auch gleisneutral mit dem Bedienkommando

UDE,<Bahnübergang>

erfolgen (UDE = **U**ebergang **D**auereinschaltung **e**inschalten). In diesem Falle blinkt zusätzlich zu den bereits geschilderten Ausleuchtungen beim Einschalten und während der technischen Sicherung das BÜ-Meldefeld gelb. Sobald der Einschaltvorgang beendet ist, und der Bahnübergang freigemeldet werden kann, wechselt das gelbe Blinklicht des BÜ-Meldefeldes in rotes Ruhelicht.

Ist der Bahnübergang freigemeldet, erlischt der Vorsichtsmelder – das BÜ-Meldefeld behält zur Erkennung der Dauereinschaltung seine rote Ausleuchtung.

Mit dem Bedienkommando

UDA,<Bahnübergang>

wird die Dauereinschaltung wieder ausgeschaltet (UDA = **U**ebergang **D**auereinschaltung **a**usschalten).

Das gleisbezogene Einschalten der Bahnübergangssicherung bedingt durch den fahrenden Zug bzw. durch das Einstellen der Fahrstraße kann mit dem Bedienkommando

UAS,<BÜ-Gleis>

gesperrt werden. Die Automatiksperre wird je Gleis durch ein „A" im BÜ-Meldefeld angezeigt (UAS = **U**ebergang **A**utomatik **s**perren).

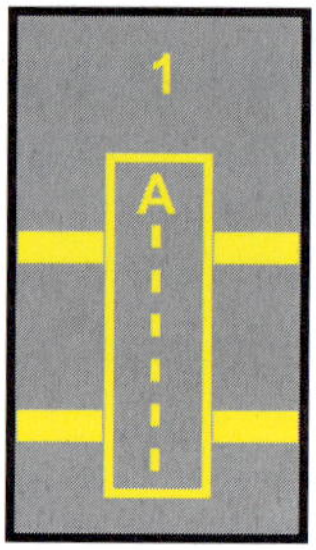

Die Entsperrung der Automatik wird mit dem Bedienkommando

UAE, <BÜ-Gleis>

vorgenommen (UAE = **U**ebergang **A**utomatik **e**ntsperren).

Bei Anrufschranken sind die Anzeigen etwas anders. Da die Anrufschranke in Grundstellung geschlossen ist, leuchtet das BÜ-Meldefeld rot. Man kann diesen Zustand als Dauereinschaltung sehen. Soll die Anrufschranke für einen Straßenverkehrsteilnehmer geöffnet werden, geschieht dies mit der Bedienfunktion „UDA". Das BÜ-Meldefeld wechselt seine Ausleuchtung in gelb und als Zeichen der Entsperrung blinkt unterhalb des Meldefeldes ein gelbes A. Nach der Benutzung des Bahnübergangs werden die Schranken mit der Bedienfunktion „UDE" wieder geschlossen. In der Regel blinkt das BÜ-Bezeichnungsfeld nun gelb – bei einigen Elektronischen Stellwerken auch rot. Wenn der Vorsichtsmelder Ruhelicht zeigt, ist die technische Sicherung abgeschlossen und der Bahnübergang kann mit der KF-pflichtigen Bedienfunktion „UF" freigemeldet werden.

Und nun noch einige Beispiele aus der Praxis.

Auf der Abbildung 116 sehen Sie die Bahnübergänge 87 und 90 des Bahnhofs Weidenthal in Grundstellung – vor Ort geöffnet.

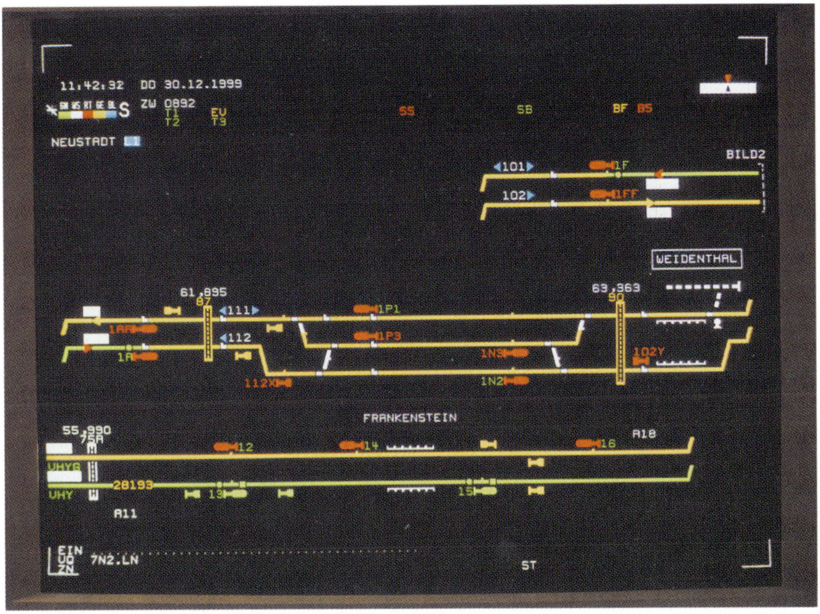

Abbildung 116: Darstellung auf der Bahnhofslupe – BÜ 87 und 90 im Bahnhof Weidenthal in Grundstellung.

Für Zug 28193 ist die Fahrstraße in den Bahnhof bereits eingestellt. Die Bahnübergangssicherung BÜ 87 und 90 ist durch den Zug noch nicht angestoßen worden. Für den Zug 23032 – aus der Gegenrichtung kommend – ist die Bahnübergangssicherung BÜ 90 angestoßen und bereits abgeschlossen. Das Bedienkommando zur BÜ-Freimeldung ist bereits eingegeben und wird in der „EIN"-Zeile angezeigt.

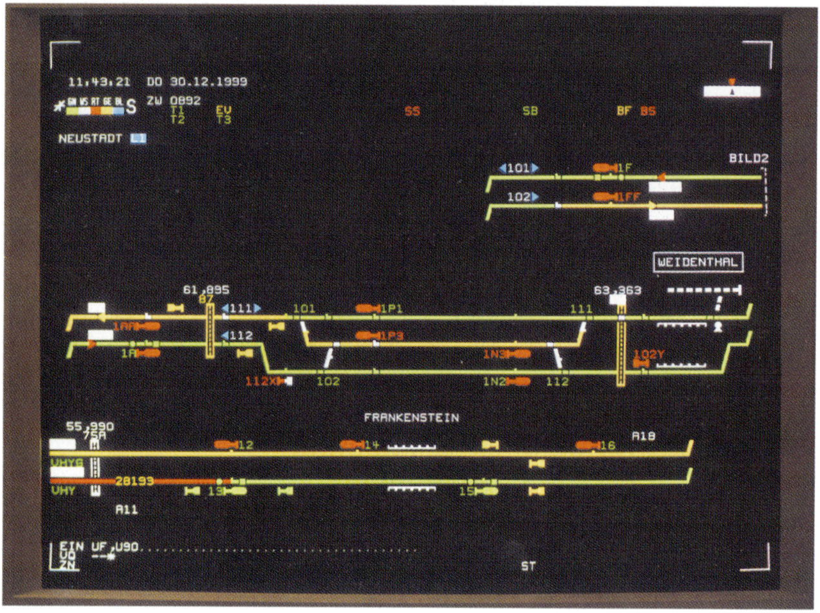

Abbildung 117: Darstellung auf der Bahnhofslupe – BÜ 90 wird freigemeldet.

Der Bahnübergang 90 ist freigemeldet und das Einfahrsignal 1F zeigt Ks 2 – „Fahrt/Halt erwarten“. Das Bedienkommando für die Dauereinschaltung, damit der Bahnübergang nach dem Befahren durch Zug 23032 nicht vor Zug 28193 wieder aufläuft, ist vom Fahrdienstleiter eingegeben und wird in der „EIN“-Zeile angezeigt.

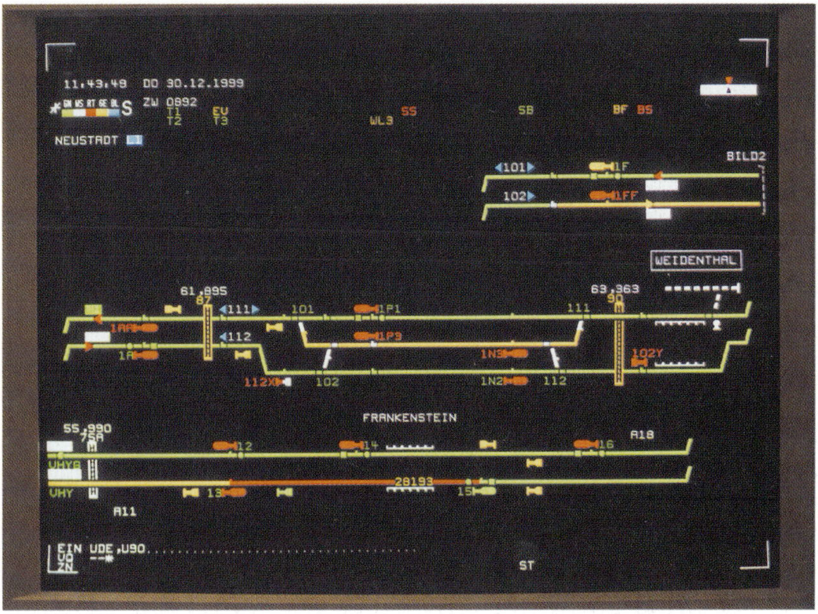

Abbildung 118: Darstellung auf der Bahnhofslupe – BÜ 90 ist freigemeldet und die Dauereinschaltung für Z 28193 ist eingegeben.

Die Dauereinschaltung für BÜ 90 ist vorgenommen worden und der Fahrdienstleiter Neustadt (Weinstraße) meldet BÜ 87 frei. Der Zug 23032 befindet sich im Zugfolgeabschnitt vor dem Einfahrsignal 1F.

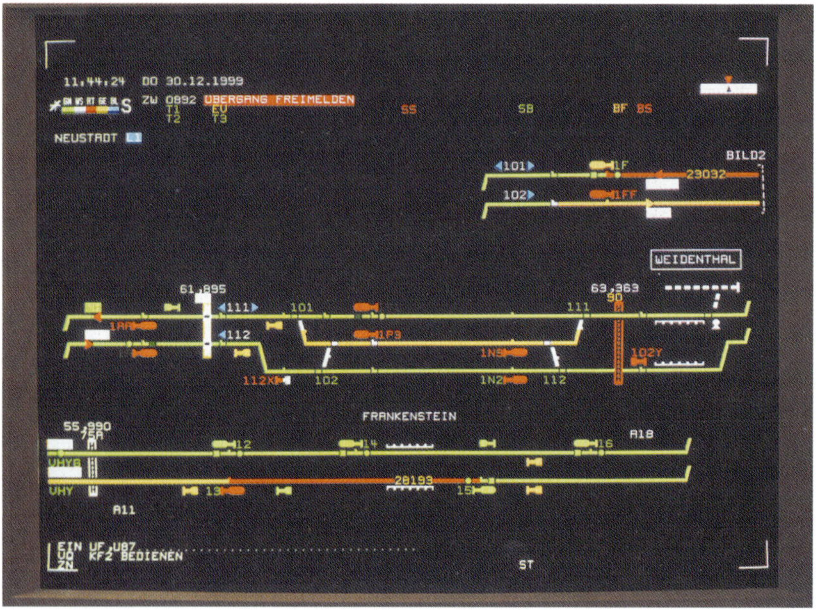

Abbildung 119: Darstellung auf der Bahnhofslupe – BÜ 87 wird freigemeldet.

Zug 23032 befährt den BÜ 90 und der BÜ 87 ist auf Dauer eingeschaltet worden. Das entsprechende Bedienkommando ist nach Durchführung in der „VQ"-Zeile dargestellt.

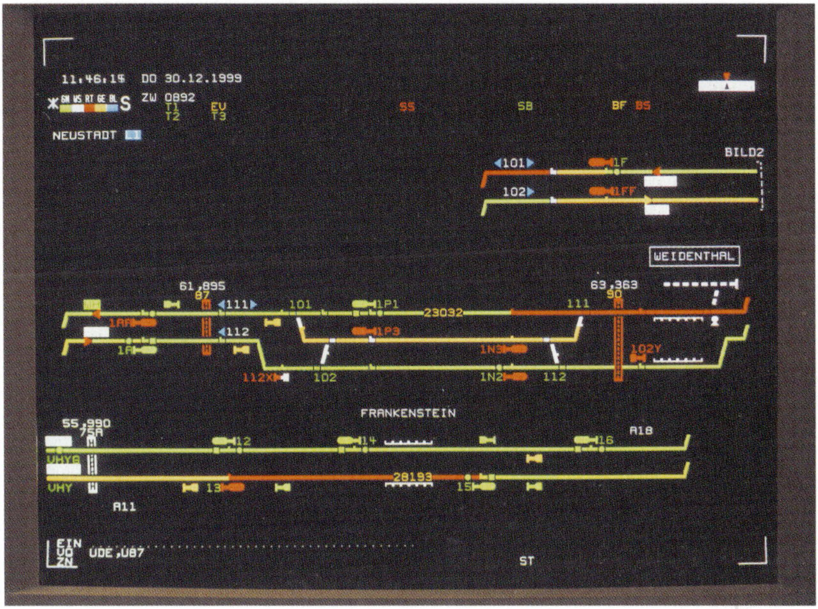

Abbildung 120: Darstellung auf der Bahnhofslupe – BÜ 87 ist dauereingeschaltet.

Nach dem Befahren des Bahnübergangs durch beide Züge wird die Dauereinschaltung für den BÜ 90 ausgeschaltet.

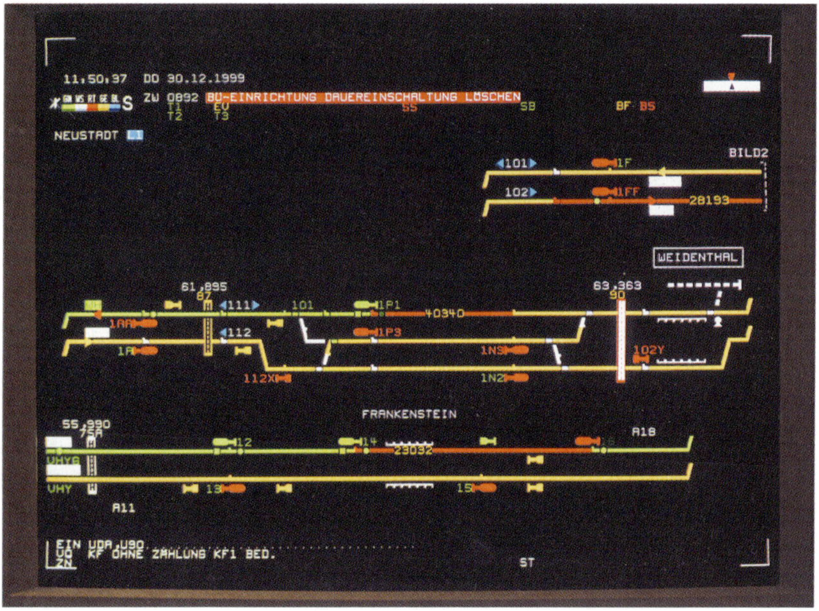

Abbildung 121: Darstellung auf der Bahnhofslupe – Dauereinschaltung für BÜ 90 wird ausgeschaltet.

Der BÜ 90 befindet sich wieder in Grundstellung – vor Ort im geöffneten Zustand.

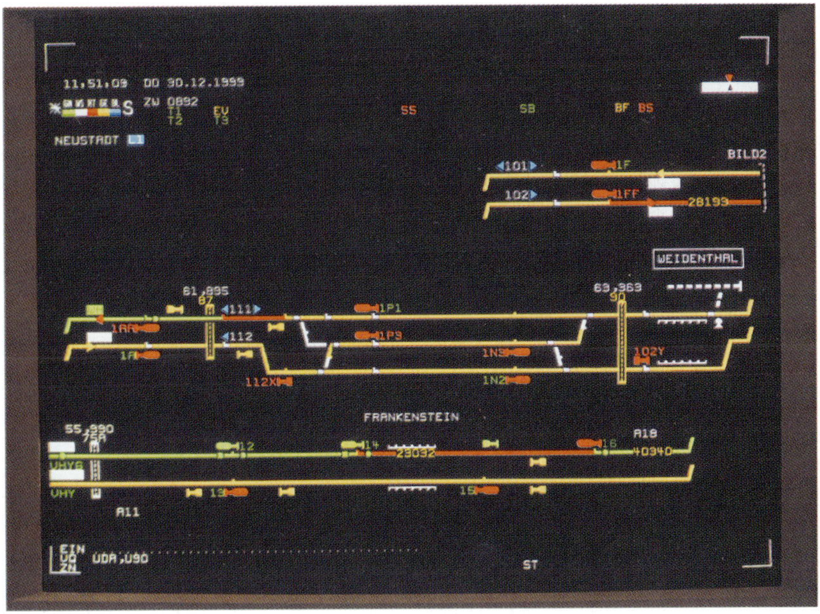

Abbildung 122: Darstellung auf der Bahnhofslupe – BÜ 90 ist wieder in Grundstellung.

8.3 Zuggesteuerte Bahnübergangssicherungsanlagen

Zuggesteuerte Bahnübergangssicherungen mit der Überwachungsart „Fü“ sind vollautomatisiert. Der Sicherungsvorgang am Bahnübergang wird nach einer zugbewirkten Einschaltung selbsttätig eingeleitet. Die Ausschaltung der Bahnübergangssicherung erfolgt ebenfalls zugbewirkt. Der Betriebszustand wird von einem Fahrdienstleiter eines benachbarten Stellwerkes überwacht.

Diese Bahnübergänge, die vor Ort mit Lichtzeichen- oder Blinklichtanlagen mit und ohne Halbschranken ausgerüstet sind, werden auf der Bahnhofslupe mit den nachfolgenden Symbolen

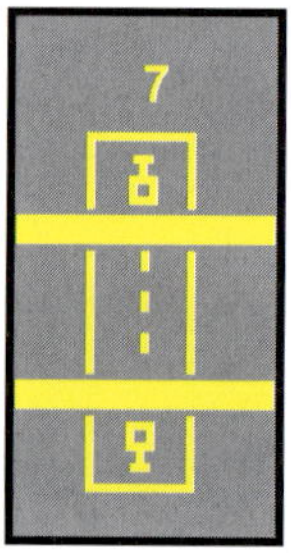

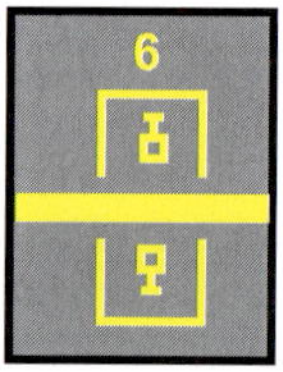

dargestellt. Als Zeichen der Einschaltung wechselt die Bahnübergangsbezeichnung von gelber in rote Ausleuchtung. Die Gleisausleuchtung wechselt je nach Beanspruchung in die entsprechende Farbe. Die Ausschaltung der Bahnübergangssicherung erfolgt auch hier nach dem Befahren des Bahnübergangs zugbewirkt.

Fernüberwachte Bahnübergänge können auch in Mischform, d.h. einseitig hauptsignal- und anderseitig fernüberwacht, eingerichtet werden. Die Überwachungsart „Fü“ wird dem Fahrdienstleiter auf der Lupe mit dem entsprechenden Kürzel angezeigt.

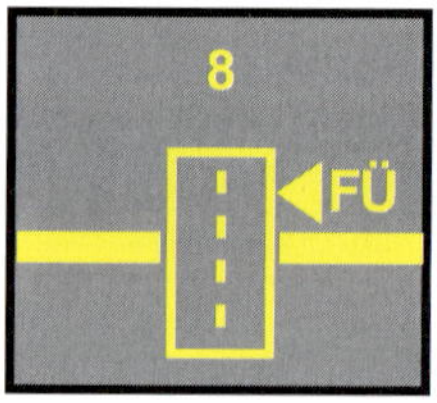

Dieser Bahnübergang ist von links kommend Hp- und von rechts Fü-überwacht.

9. Ausblick

9.1 Die Betriebszentralen – BZ

Die DB Netz AG möchte durch die Einrichtung der Betriebszentralen die Wirtschaftlichkeit der Betriebsführung in ihrem Streckennetz deutlich verbessern. Nur so kann die Wettbewerbsfähigkeit der Bahn gestärkt und die Attraktivität der Schienenwege erhöht werden. Die heutigen Möglichkeiten der Rechner- und Kommunikationstechnik sollen bei der Umsetzung der Betriebszentralen konsequent genutzt werden. Neue Verfahren zur Disposition und Steuerung sowie zur Sicherung des Zugbetriebes werden hierzu angewendet.

Strategisches Ziel ist es, die Aufgaben der Betriebsführung soweit wie möglich zu automatisieren und an sieben Standorten zu zentralisieren. Dies werden die Betriebszentralen in München, Karlsruhe, Frankfurt, Duisburg, Hannover, Leipzig und Berlin sein. Von diesen Schaltstellen des Netzes soll der gesamte Zugverkehr im angeschlossenen Streckennetz überwacht und disponiert sowie gesteuert werden.

Sechs dieser sieben Betriebszentralen haben im Jahr 1999 ihren Dienst aufgenommen. Als erste Zentrale ging die BZ Frankfurt vom 15. auf 16. Mai 1999 ans Netz. Nach und nach kamen weitere Betriebszentralen dazu. Die BZ München hat als letzte Betriebszentrale im Jahr 2001 ihre Arbeit aufgenommmen.

Diese Betriebszentralen sollen in zwei Schritten aufgebaut werden. Zuerst wird bzw. hat man schon die Disposition des Zugverkehrs von den 15 Betriebsleitungen in diese 7 Schaltzentralen integriert. Hierunter versteht man die Einführung von Leitsystemen, die die Disposition von diesen 7 Stellen erst ermöglichen werden.

Zur Systemfamilie „Leitsysteme der Betriebsführung“ gehören derzeit folgende Verfahren:

- Überwachung und Steuerung des Zugbetriebes auf Strecken und in den Bahnhöfen
- Automatische Erkennung und Lösung von Anschluss - und Gleisbelegungskonflikten in großen Bahnhöfen (Knotendisposition)
- Unterstützung der Netzdisposition
- Betriebliche Informationsverteilung
- Integrierte Datenhaltung und -pflege
- Bearbeitung von außergewöhnlichen Ereignissen und Störungen
- Betriebliche Analyse der Betriebsprozesse
- Technische Überwachung der Fahrweganlagen und Bedienung bestimmter Fahrwegeinrichtungen

All diese Verfahren sind bzw. werden innerhalb der Betriebszentrale im dispositiven Bereich installiert. Man kann diesen Teil sicherlich auch mit der „Leittechnik der Betriebszentrale“ umschreiben. Dies ist jedoch nur ein Teil der Betriebszentrale.

Der weitaus größere und sicherlich auch schwierigere Teil ist die „Sicherungstechnik“. Der gesamte Zugverkehr wird heute aus vielen Stellwerken gesteuert und gesichert, die dezentral auf die Betriebsstellen des gesamten Schienennetzes verteilt sind. Die Funktionen zur Bedienung der Stellwerke sowie zur Steuerung und Sicherung der Fahrwege sind auf diesen Stellwerken zentral vor Ort angesiedelt. Diese technischen Einrichtungen bleiben weiterhin dezentral vor Ort. Sie sollen aber nicht mehr mit Bedienpersonal besetzt werden. Gewisse Stellwerke werden zu Unterzentralen ausgebaut und anstelle des Bedienpersonals zusätzlich mit Steuersystemen, zum Beispiel der Zuglenkung, ausgestattet. Diese Systeme sorgen dann dafür, dass die Zugstraßen automatisch gestellt werden und der Zuglauf auch automatisch verfolgt und überwacht wird. Forderung an diese Systeme ist es, bei Ausfall der Verbindung zur Betriebszentrale sowie der Betriebszentrale selbst mindestens 30 Minuten den Zugverkehr weiter zu steuern und zu sichern. Die Verbindung der Betriebszentrale mit der Unterzentrale wird über allgemeine Datenübertragungsnetze realisiert. Es muss gewährleistet sein, dass aus der Betriebszentrale auch sicherheitsrelevante Bedienungen vor Ort möglich sind. Der vor Ort noch vorgesehene Notbedienplatz ermöglicht alle Bedienungen des „örtlich zuständigen Fahrdienstleiter“ aus der Betriebszentrale (Abbildung 123).

Abbildung 123: Der Systemaufbau einer Betriebszentrale.

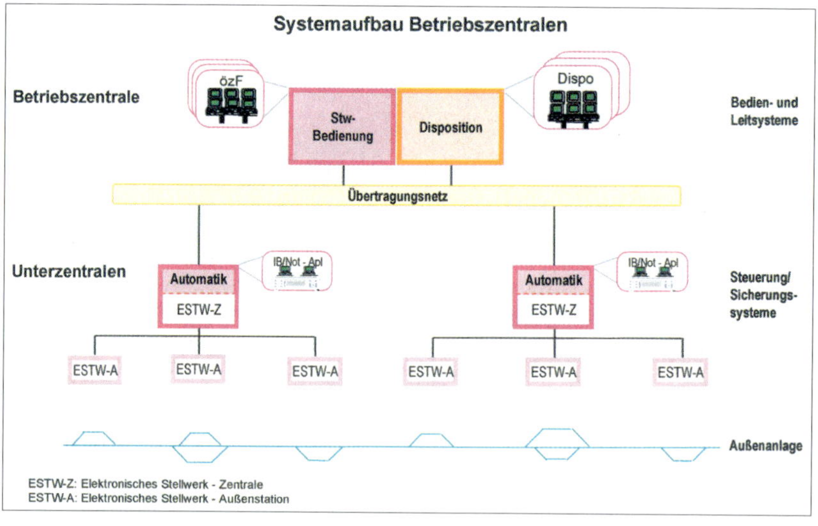

Wesentliche Neuerung gegenüber der bisherigen Bedienung eines Elektronischen Stellwerks ist die sehr flexible Zuordnung der Stellbereiche auf die vorhandenen Arbeitsplätze innerhalb eines Steuerbezirkes der Betriebszentrale. Diese Flexibilität ermöglicht des Weiteren eine genau auf die betriebliche Belastung ausgerichtete Besetzung der Arbeitsplätze mit „örtlich zuständigen Fahrdienstleitern – özF“.

Leitsysteme und Bediensysteme müssen innerhalb der Betriebszentrale kompatibel sein. Hierunter versteht man, dass die Leitsysteme über die Bediensysteme auf die Steuerautomatik der Stellwerke Einfluss nehmen. Der Disponent – Zuglenker – kann die vom System angebotene oder aber auch von ihm selbst bestimmte Konfliktlösung unmittelbar an die Unterzentrale weitergeben. Die Steuerautomatik der Unterzentrale löst daraufhin zum richtigen Zeitpunkt im Stellwerk das Einstellen der vom Zuglenker gewünschten Zugstraße aus, ohne dass es noch einer Bedienung des örtlich zuständigen Fahrdienstleiters bedarf. Beide – Zuglenker und örtlich zuständiger Fahrdienstleiter – arbeiten in einer Betriebszentrale sehr eng zusammen.

Erste Schritte sind in dieser Richtung bereits unternommen. Bevor das ESTW Waldshut in der Betriebszentrale Karlsruhe in Betrieb genommen wurde, sind unter anderem die Stellwerke Frankfurt Zentralstellwerk und Köln – Rhein/Main in die BZ Frankfurt integriert worden. Wenn auch hier die Philosophie der Betriebszentrale noch nicht vollständig verwirklicht wurde, so lassen sich doch erste Versuche erkennen. Ferner wurde das ESTW Bremen und Hamburg-Harburg in Hannover in die BZ integriert – weitere Stellwerke werden sukzessive folgen.

9.2 FunkFahrBetrieb – FFB

Da man nicht das gesamte Schienennetz der DB Netz AG aus diesen sieben Betriebszentralen steuern kann, ist geplant auf einem nicht unerheblichen Teil dieses Netzes eine vereinfachte und damit auch kostengünstige Betriebsführung zu ermöglichen – Varianten können der Funkfahrbetrieb oder einfachere Elektronische Stellwerke sein.

Der Funkfahrbetrieb stellt die bisherige Stellwerksphilosophie auf den Kopf. Das Stellwerk, welches bis dato ja im Bahnhof installiert war, wird zum Lokführer auf das Triebfahrzeug gebracht. Die FFB-Zentrale verwaltet lediglich die vorhandenen Fahrwege. Vom Führerstand des Triebfahrzeuges aus werden diese Fahrwege von der Zentrale angefordert. Innerhalb des zugewiesenen Fahrweges werden dann vom Triebfahrzeug aus alle Fahrwegelemente über Funk angesteuert und für die Zugfahrt richtig gestellt. Die Fahrwegelemente geben nach richtiger Stellung die Fahrwegfreigabe an das Triebfahrzeug, welches erst nach dieser Freigabe das Fahrwegelement befahren darf. Nach dem Befahren der Elemente wird durch den Zug nach Zugvollständigkeitsfeststellung das Fahrwegelement für andere Zugfahrten wieder freigegeben.

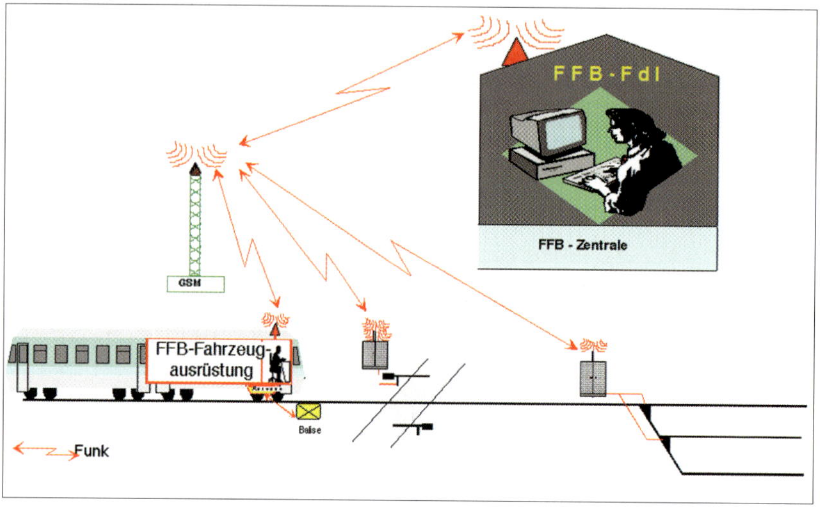

Abbildung 124: FFB-Kommunikation.

Momentan sind zwei Pilotstrecken in der Planung. Es handelt sich hierbei um die Expo-Strecke zwischen Brackwede und Dissen-Bad Rothenfelde, die von der Firma Siemens gebaut wird. Die zweite Pilotstrecke ist die Lautertalbahn zwischen Kaiserslautern und Lauterecken-Grumbach, die von der Firma Adtranz/Bombardier gebaut wird.

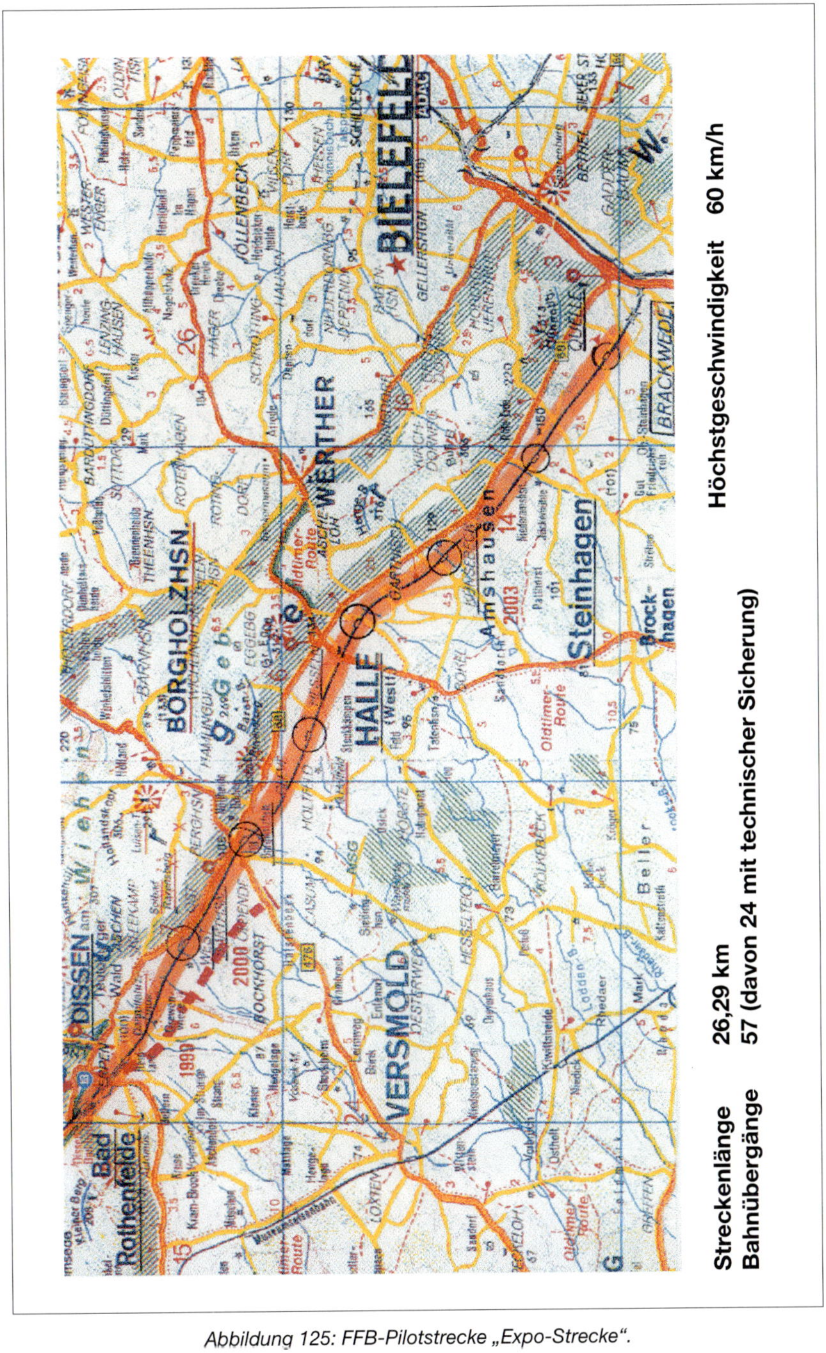

Abbildung 125: FFB-Pilotstrecke „Expo-Strecke".

Pilotstrecke „Lautertalbahn"

Infrastruktur	**Ist**	**Soll**
Streckenlänge	34,6 km	
Höchstgeschwindigkeit	60 km/h	80 km/h
Anzahl der Bahnhöfe	5	3
Haltepunkte	10	11
vorh. Stellwerke	6 (mech.)	1 (FFB-Z)
Bahnübergänge:		
Lo-Anlagen	10	9
mech. Schranken	10	
nicht techn. gesicherte	36	36
Funkgesteuerte BÜ		9
Personalbedarf:	22	3
Betriebsprogramm:	2-Std.-Takt	1-Std.-Takt

Abbildung 126: FFB-Pilotstrecke „Lautertalbahn".

Beide Philosophien – Betriebszentralen und Funkfahrbetrieb – werden die Eisenbahn im 21. Jahrhundert prägen wie damals die Umstellung im vorletzten Jahrhundert von der Einzelstellung der Fahrwegelemente zum Centralapparat. Es bleibt nur zu hoffen, dass der Mensch immer Mittelpunkt dieser faszinierenden Technik bleibt und jede Innovation auch mit einer weiteren Steigerung der schon fast perfekten Sicherheit des Systems „Eisenbahn" verbunden ist.

Anlage 1

Verzeichnis der Abkürzungen

A	=	Aktualitätsmelder
AFB	=	Automatische Fahr- und Bremssteuerung
AKSI	=	akustischer Signalgeber
APR	=	Arbeitsplatzrechner
BAnpR	=	Bedien- und Anpassrechner
BAR	=	Bedien- und Anzeigerechner
Berü	=	Bereichsübersicht
Betra	=	Betriebs- und Bauanweisung
Bf	=	Bahnhof
BLÜM	=	Blocküberwachungsmelder
BM	=	Bildschirm-Modul
BO L	=	Bedienoberfläche Lorenz
Bp	=	Bedienplatz
BPR	=	Bedienplatzrechner
BPS	=	Bedienplatzsystem
BT	=	Bedientablett
BSTR	=	Bereichstellrechner
BÜ	=	Bahnübergang
BZ	=	Betriebszentrale
DET	=	Dateneingabetastatur
DIKOS 210	=	Digitales Kommunikationssystem 210
DS	=	Druckerstörmelder
DS 408	=	Druckschrift 408 – Bereich ehemalige Deutsche Bundesbahn
DV	=	Dienstvorschrift – Bereich ehemalige Deutsche Reichsbahn
D-Weg	=	Durchrutschweg
EAM	=	Element-Ansteuer-Modul
EG	=	Erd- und Gestellschlussmelder
EKA	=	Eingabekontrollanzeige
EKIR	=	Eingabe-, Kontroll- und Interpretationsrechner
EIN	=	Eingabezeile – Zeile in der EKA
El L	=	Elektronisches Stellwerk Lorenz
ESTW	=	Elektronisches Stellwerk
EV	=	Energieversorgungssammelmelder
EVU	=	Energieversorgungsunternehmen

FlÜM	=	Flankenschutzüberwachungsmelder
FM	=	Farbmonitor
Fü	=	fernüberwacht
FÜM	=	Festlegeüberwachungsmelder
H/V-System	=	Haupt-/Vorsignal-System
IO	=	in Ordnung
ISA	=	Integrierte sichere Anzeige
KA	=	Kommunikationsanzeige
Kdo	=	Bedienkommando
KF	=	Kommandofreigabe
KM	=	Kontrollmonitor
Ks-System	=	Kombinationssignal-System
LK	=	Weichenlaufkettensperrmelder
Lo	=	lokführerüberwacht
Lupe	=	Bahnhofslupe
LST	=	Leit- und Sicherungstechnik
MEM	=	Melde- und Eingabe-Modul
MOS	=	Monitorserver
NA	=	Nachtspannungsmelder
NB	=	Nahstellbereich
özF	=	örtlich zuständiger Fahrdienstleiter
PrüfMOS	=	Prüf-Monitor-Server
PSD	=	Protokoll- und Störungsdrucker
R	=	Rückleseverfahren
RSTW	=	Relaisstellwerk
S	=	Sicherheitsmelder
St	=	Störungszeile – Zeile in der EKA
SB	=	Selbststellbetriebssammelmelder
SEL	=	Standard Elektrik Lorenz – auch kurz nur mit Lorenz bezeichnet
SELMIS	=	SEL Mikrorechner-System
SIDOS	=	Sichtgerätedoppelsteuerung
SIMIS	=	Sichere Mikrocomputer der Firma Siemens
SM	=	Sicherungs-Modul
Sp Dr L 20	=	Spurplan Drucktasten Lorenz Stellwerk Baureihe 20

Sp Dr S 59	=	Spurplan Drucktasten Siemens Stellwerk Entwicklung 59
STN	=	Störungsnummer
TA	=	Tagspannungsmelder
TK 2002	=	Telekommunikationsanlage 2002
Üs	=	Überwachungssignal
USV	=	unterbrechungsfreie Stromversorgung
V	=	Verarbeiten
VL	=	Verarbeiten und löschen
VQ	=	Verarbeitungsquittung – Zeile in der EKA
VsM	=	Verschlussmelder
WL	=	Weichenlaufmelder
WLK	=	Weichenlaufkette
Z	=	Zug
ZFM	=	Zielfestlegemelder
ZN	=	Zugnummernmeldeanzeige – Zeile in der EKA
ZW	=	Zählwerk

Anlage 2

Literaturverzeichnis

H.-P. Hillebrand	Personal-Computer-Grundkurs
H. J. Sacht	Von der passiven zur aktiven Computerei, Eine Computer-Fibel; Zeitschrift für Mikrocomputer-Technik
Erich Preuß	Stellwerke deutscher Eisenbahnen
Prof. Dipl.-Ing. Jürgen Basiliee	Elektronische Stellwerke der Deutschen Bundesbahn
Deutsche Bahn AG Geschäftsbereich Netz Technik/Projekte NGT 43	Lastenhefte für das Elektronische Stellwerk (ESTW)
Deutsche Bahn Gruppe Zentrale Ruschestraße 104 10365 Berlin NBB 2.In	DS 482.9012 – 16 und 43 / 43Z Signalanlagen bedienen – – Elektronische Stellwerke –
Deutsche Bahn AG Geschäftsbereich Netz Kaiserstr. 3 55116 Mainz Bernhard Buszinsky	Die Steuerung und Disposition des Eisenbahnbetriebes
Deine Bahn Eisenbahn-Fachzeitschrift Mainz	Mehrere Artikel über das Elektronische Stellwerk Verfasser: Walter Jonas

Anlage 3

Verzeichnis der Abbildungen

Seite

Seite

Seite

Anlage 4

Stichwortverzeichnis

Anhang 1

Das Bedientablett ESTW Neustadt (Weinstraße)

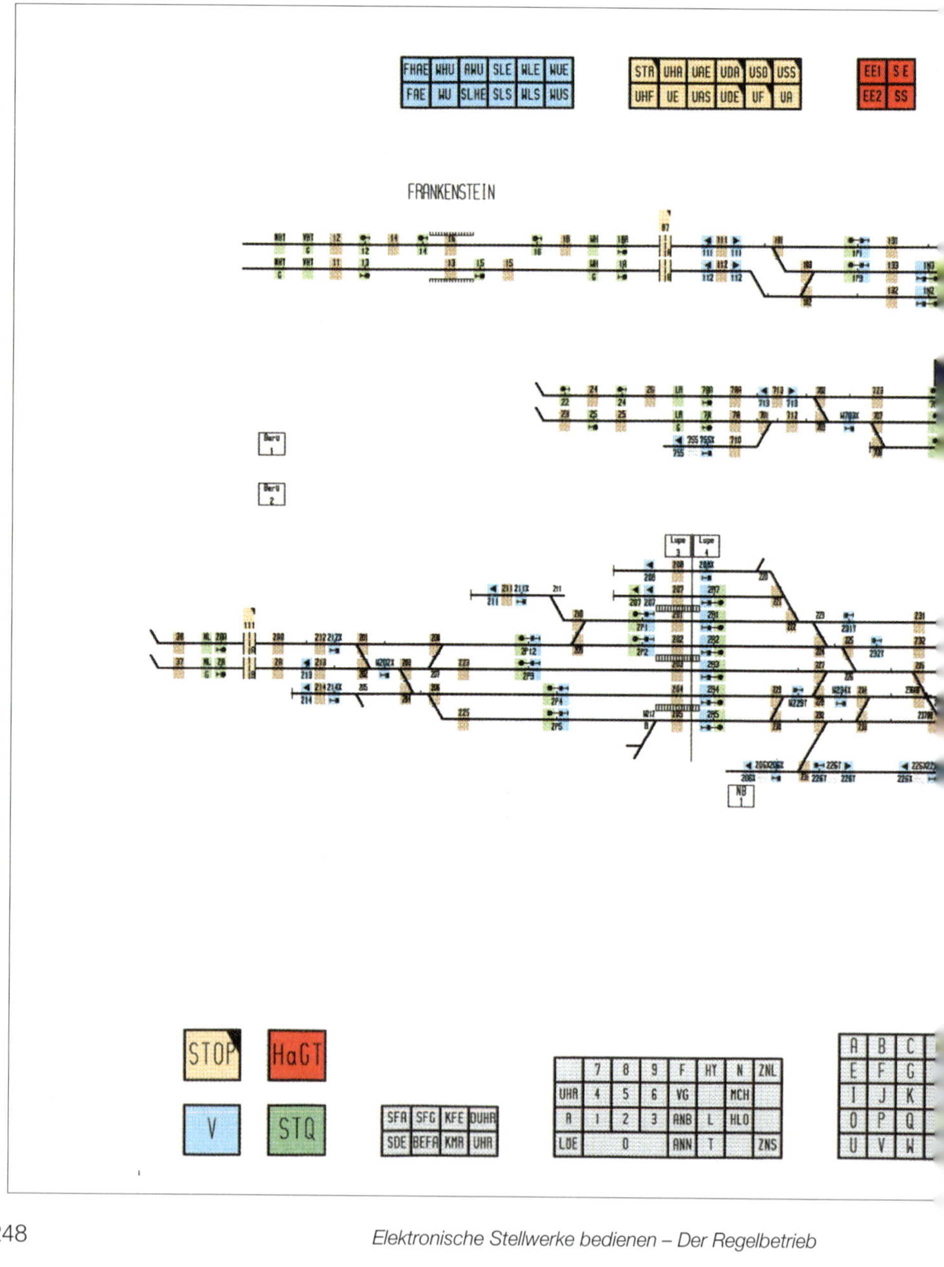

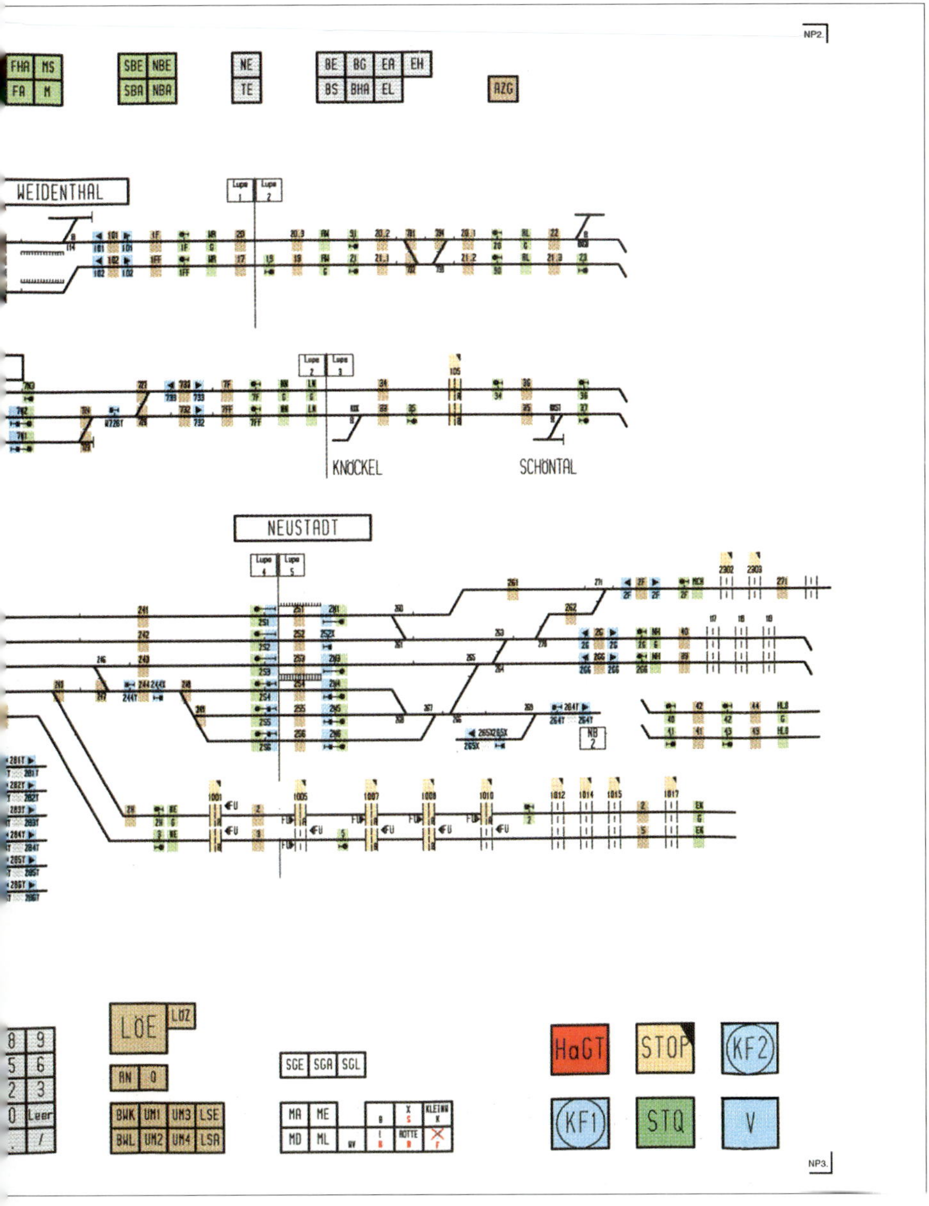
NP2
FHA
MS
FA
M
SBE
NBE
SBA
NBA
NE
TE
BE
BG
EA
EH
BS
BHA
EL
AZG
WEIDENTHAL
KNÖCKEL
SCHÖNTAL
NEUSTADT
LÖE
LÜZ
AN
0
BWK
UM1
UM3
LSE
BWL
UM2
UM4
LSA
SGE
SGA
SGL
MA
ME
MD
ML
HaGT
STOP
KF2
KF1
STQ
V
NP3

Anhang 2

Lupen- und Bereichsübersichtsbilder des ESTW Neustadt (Weinstraße) und Waldshut

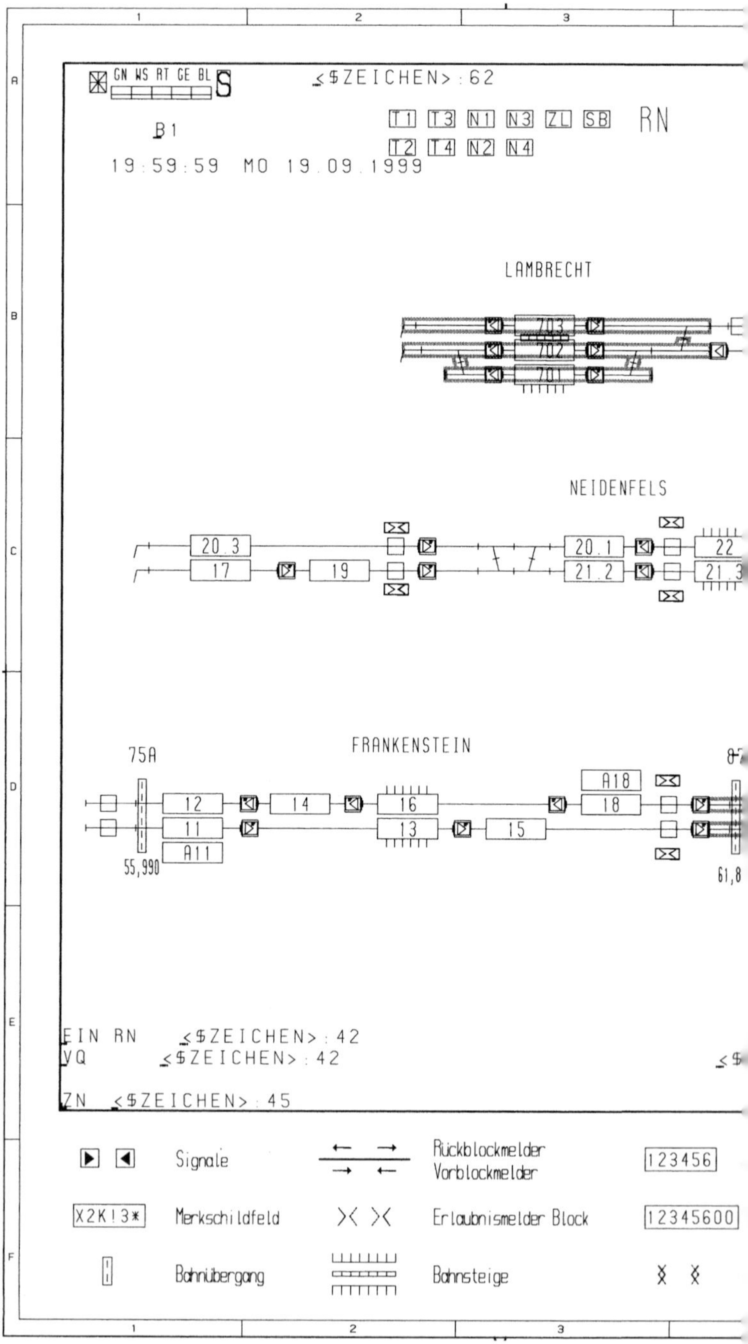

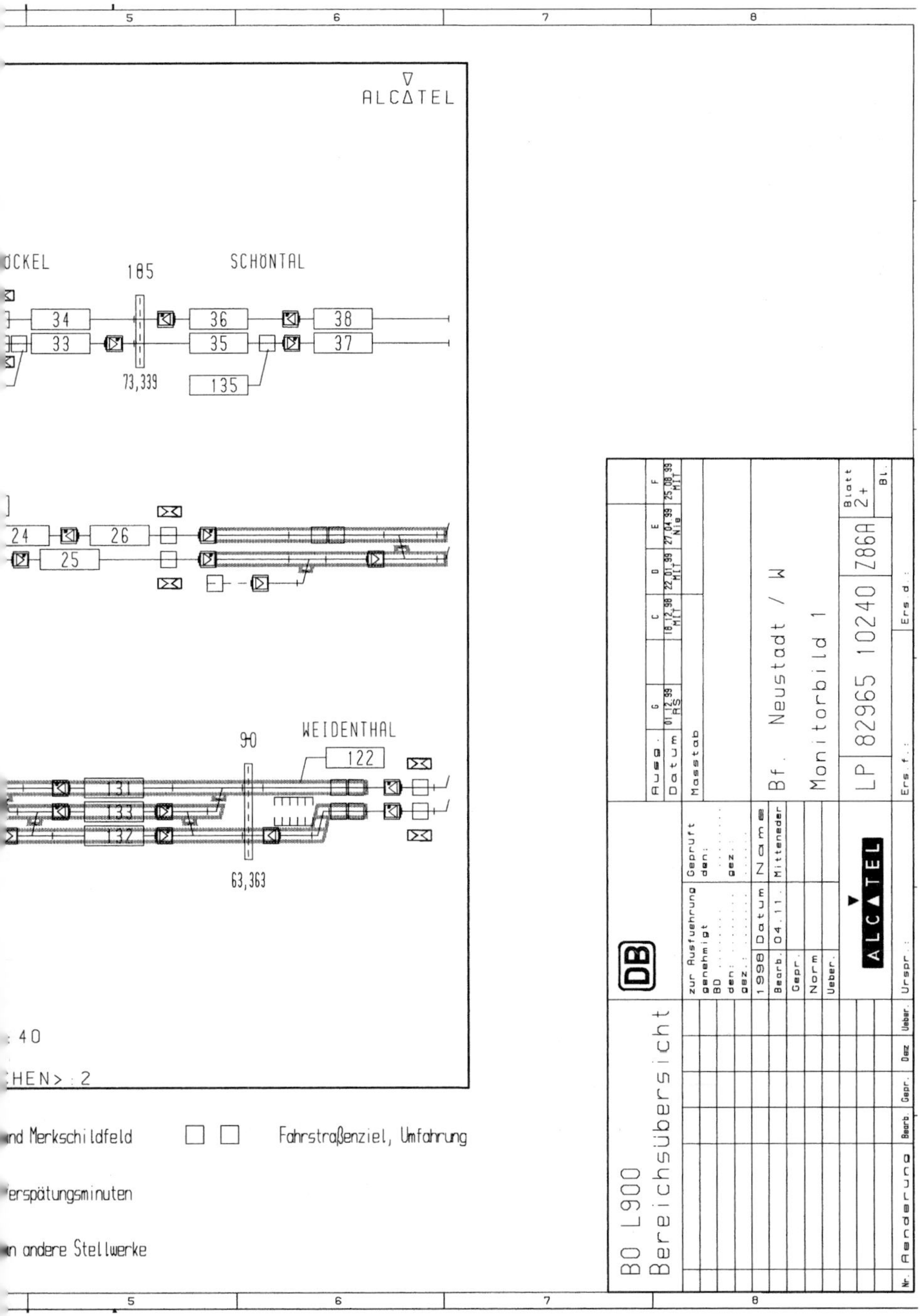
ALCATEL
ÖCKEL
185
SCHÖNTAL
34
36
38
33
35
37
73,339
135
24
26
25
90
WEIDENTHAL
122
131
133
132
63,363
: 40
CHEN> : 2
und Merkschildfeld
Fahrstraßenziel, Umfahrung
Verspätungsminuten
an andere Stellwerke
BO L900
Bereichsübersicht
Bf. Neustadt / W
Monitorbild 1
LP 82965 10240 Z86A
Blatt 2+
Bearb. 04.11. Mitteneder

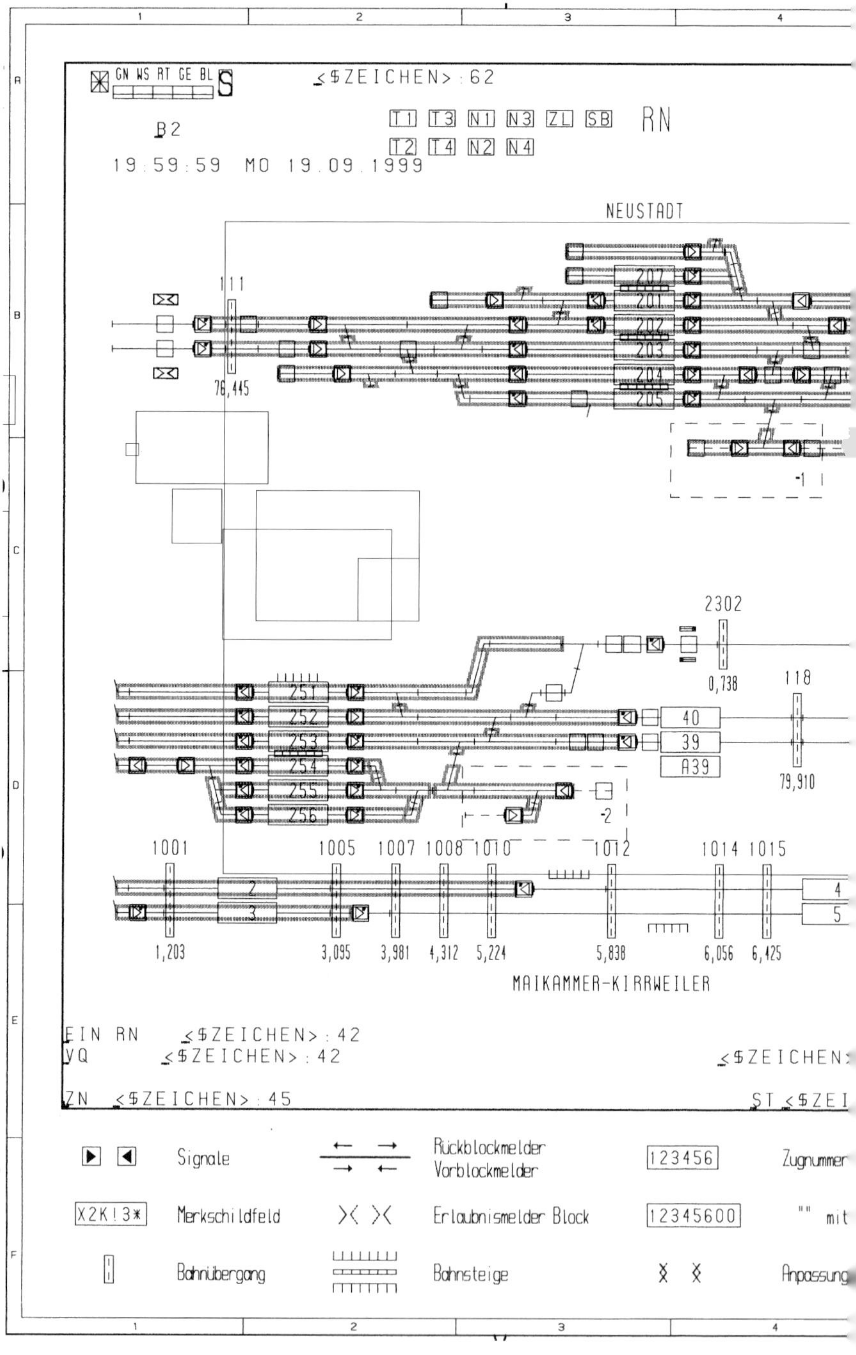
GN WS RT GE BL S
<$ZEICHEN>:62
T1 T3 N1 N3 ZL SB RN
T2 T4 N2 N4
B2
19:59:59 MO 19.09.1999
NEUSTADT
111
76,445
207
201
202
203
204
205
-1
2302
0,738
118
251
252
253
254
255
256
40
39
A39
79,910
-2
1001 1005 1007 1008 1010 1012 1014 1015
2
3
4
5
1,203 3,095 3,981 4,312 5,224 5,838 6,056 6,425
MAIKAMMER-KIRRWEILER
EIN RN <$ZEICHEN>:42
VQ <$ZEICHEN>:42
<$ZEICHEN
ZN <$ZEICHEN>:45
ST <$ZEI
Signale
Rückblockmelder
Vorblockmelder
123456
Zugnummer
X2K!3*
Merkschildfeld
Erlaubnismelder Block
12345600
"" mit
Bahnübergang
Bahnsteige
Anpassung

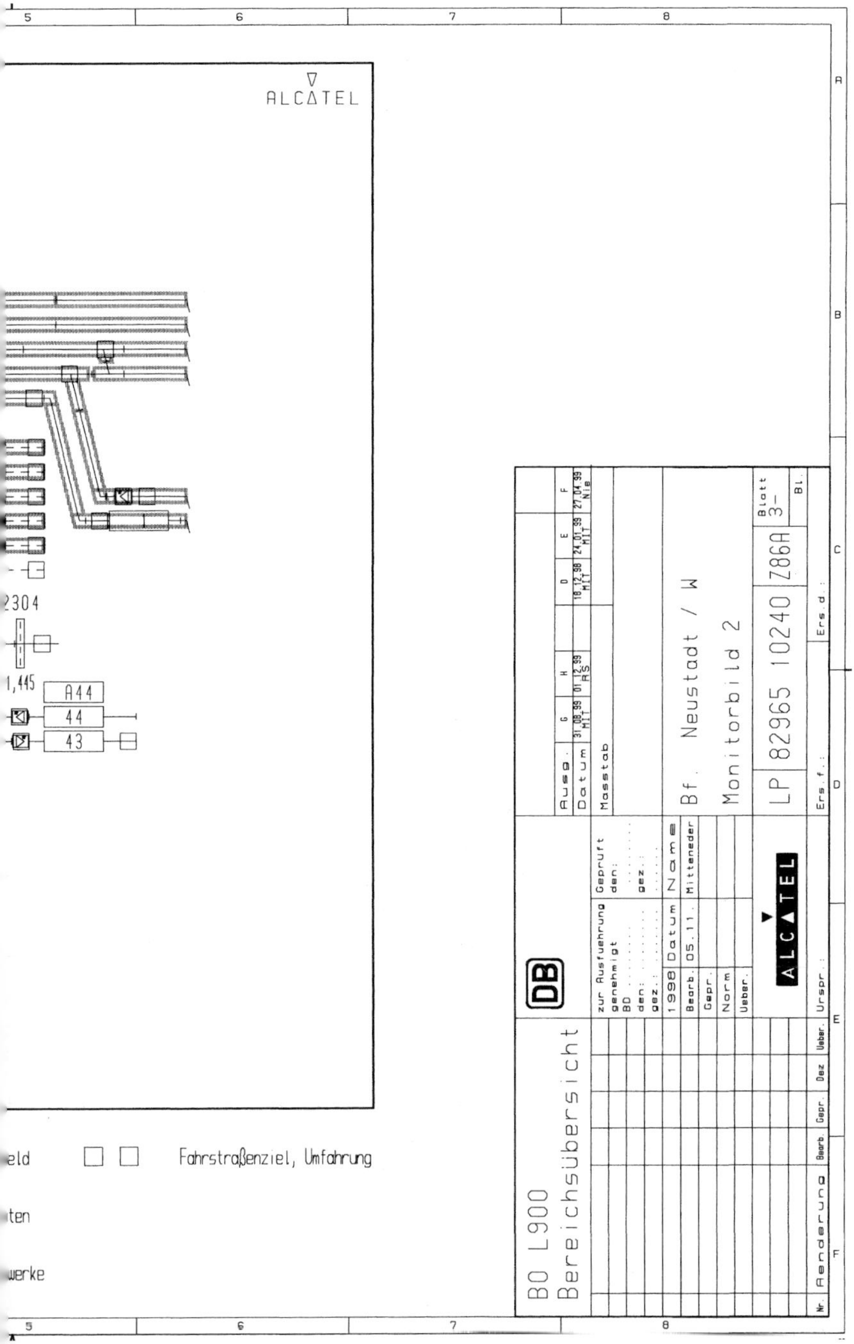
ALCATEL
2304
1,445
A44
44
43
eld
Fahrstraßenziel, Umfahrung
ten
werke
BO L900
Bereichsübersicht
Bf. Neustadt / W
Monitorbild 2
LP 82965 10240 Z86A
Blatt 3-

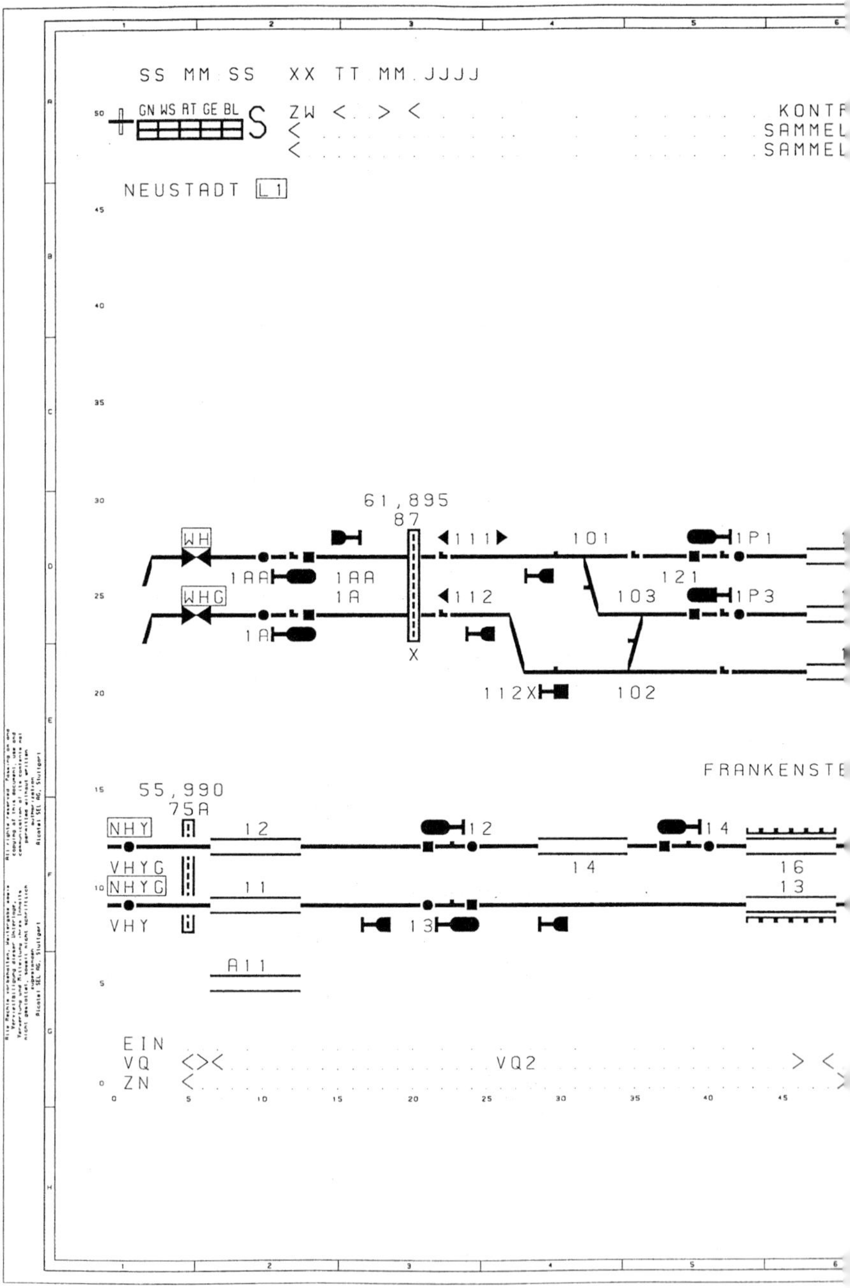
SS MM SS XX TT MM.JJJJ
GN WS RT GE BL
S
ZW < > <
<
<
KONTF
SAMMEL
SAMMEL
NEUSTADT
L1
61,895
87
WH
111
101
1P1
1AA
1AA
1A
121
WHG
112
103
1P3
1A
X
112X
102
FRANKENSTE
55,990
75A
NHY
12
12
14
VHYG
14
16
NHYG
11
13
VHY
13
A11
EIN
VQ <><
VQ2
> <
ZN <

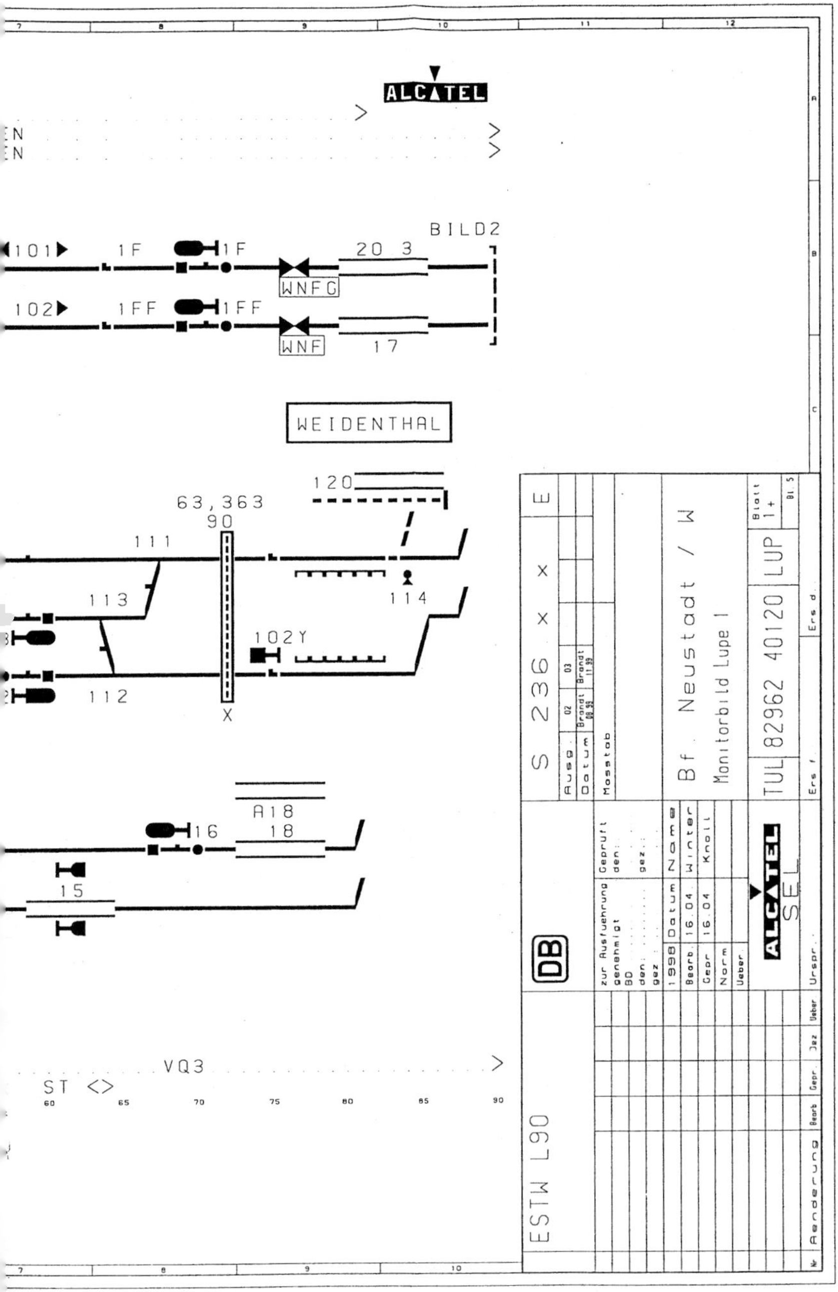
ALCATEL
BILD2
101
1F
102
1FF
20 3
WNFG
WNF
17
WEIDENTHAL
120
63,363
90
111
113
114
102Y
112
X
A18
18
16
15
VQ3
ST
ESTW L90
S 236 x x E
Bf. Neustadt / W
Monitorbild Lupe 1
TUL 82962 40120 LUP
ALCATEL SEL

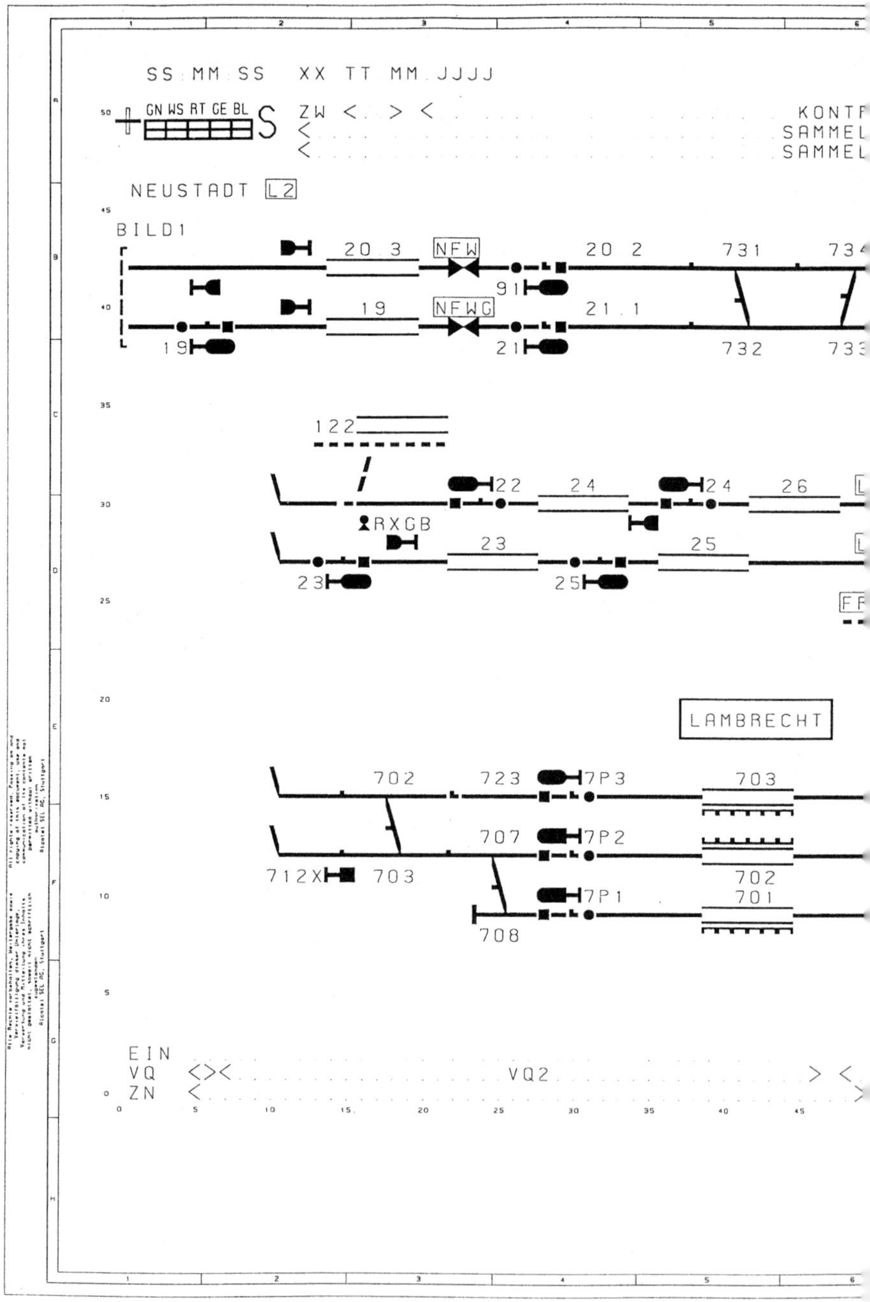
SS:MM:SS XX TT MM.JJJJ
GN WS RT GE BL S
ZW < > <
<
<
KONTR
SAMMEL
SAMMEL
NEUSTADT L2
BILD1
20.3
NFW
20.2
731
91
19
NFWG
21.1
19
21
732
122
22
24
24
26
RXGB
23
25
23
25
LAMBRECHT
702
723
7P3
703
707
7P2
712X
703
702
7P1
701
708
EIN
VQ <><
VQ2
ZN <

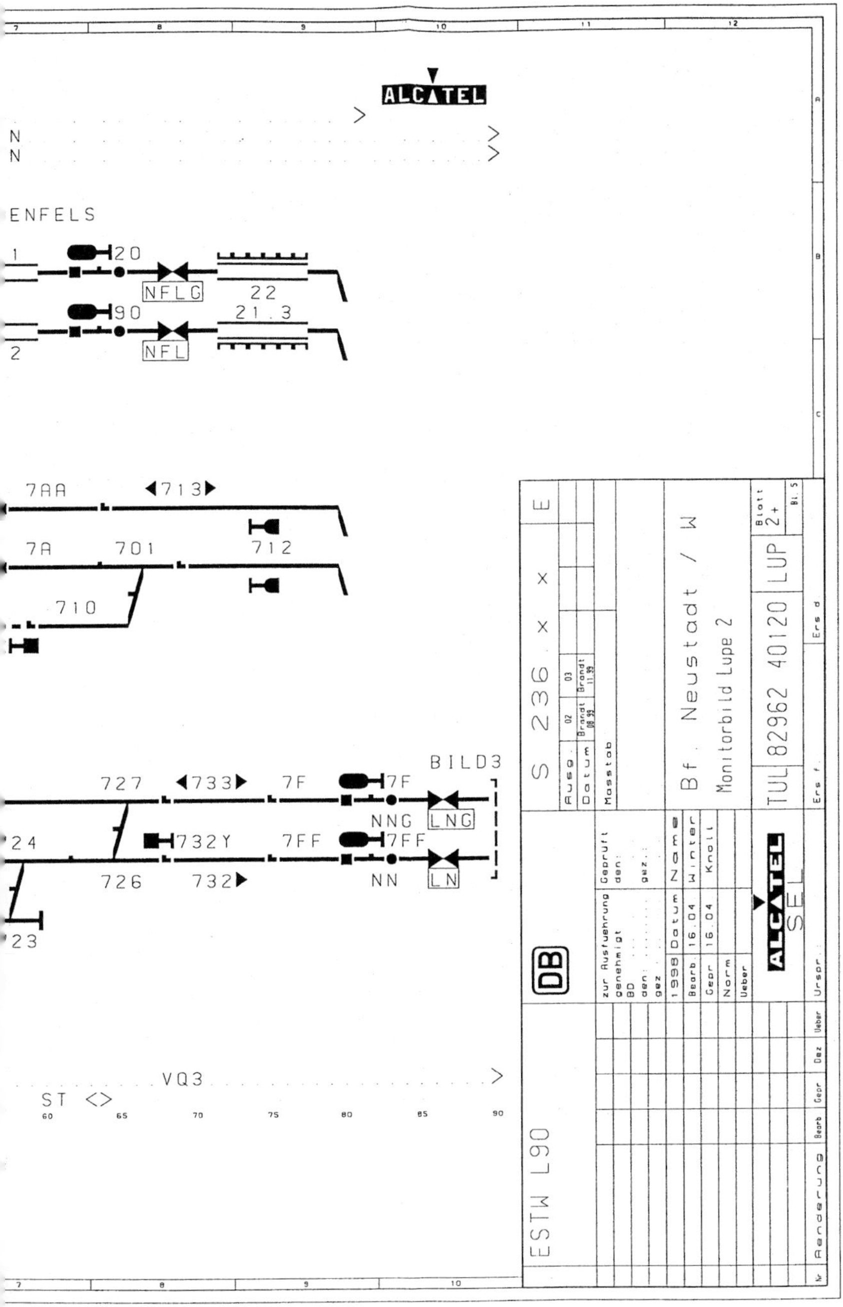
ALCATEL
ENFELS
NFLG
NFL
22
21.3
7AA
713
7A
701
712
710
BILD3
727
733
7F
NNG
LNG
24
732Y
7FF
NN
LN
726
732
23
VQ3
ST
ESTW L90
DB
S 236 x x E
Bf. Neustadt / W
Monitorbild Lupe 2
TUL 82962 40120 LUP
ALCATEL SEL

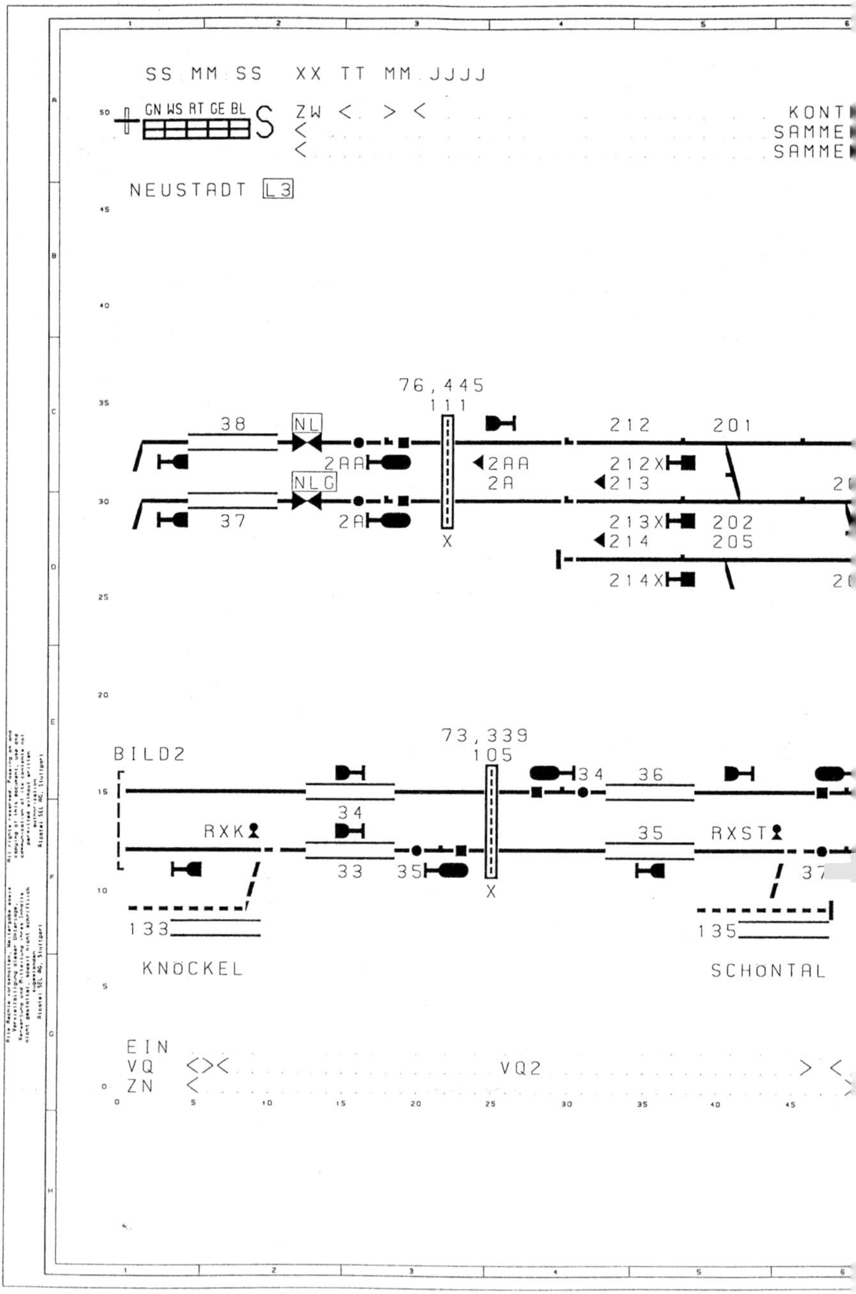
SS MM SS
XX TT MM JJJJ
GN WS RT GE BL
S
ZW
KONT
SAMME
SAMME
NEUSTADT
L3
76,445
111
38
NL
2AA
2AA
2A
212
201
212X
213
NLG
37
2A
X
213X
202
214
205
214X
73,339
105
BILD2
34
36
34
RXK
35
RXST
33
35
X
37
133
135
KNÖCKEL
SCHÖNTAL
EIN
VQ
ZN
VQ2

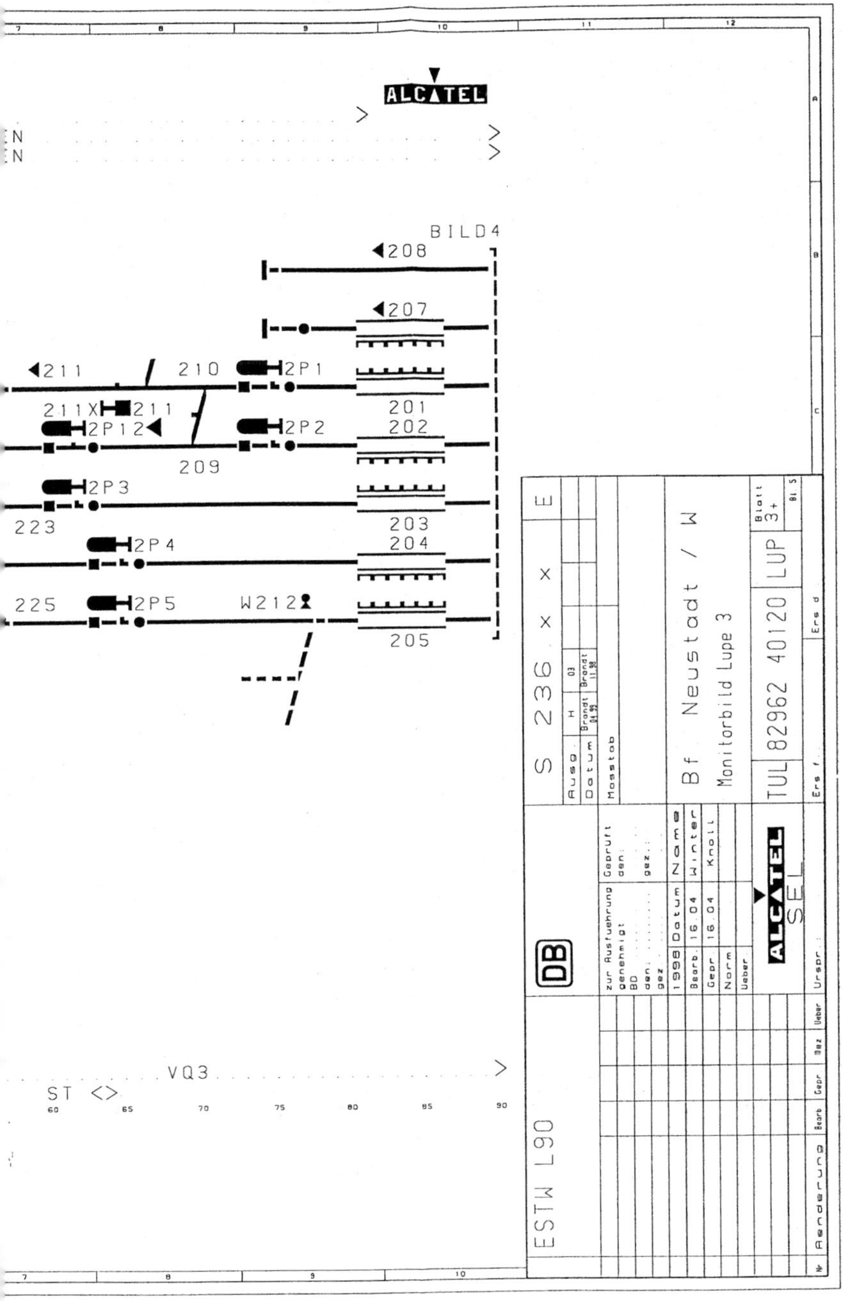
ALCATEL
BILD4
208
207
211
210
2P1
211X
211
2P12
2P2
201
202
209
2P3
223
203
204
2P4
225
2P5
W212
205
VQ3
ST <>
ESTW L90
S 236 x x E
Bf Neustadt / W
Monitorbild Lupe 3
TUL 82962 40120 LUP
DB
ALCATEL SEL

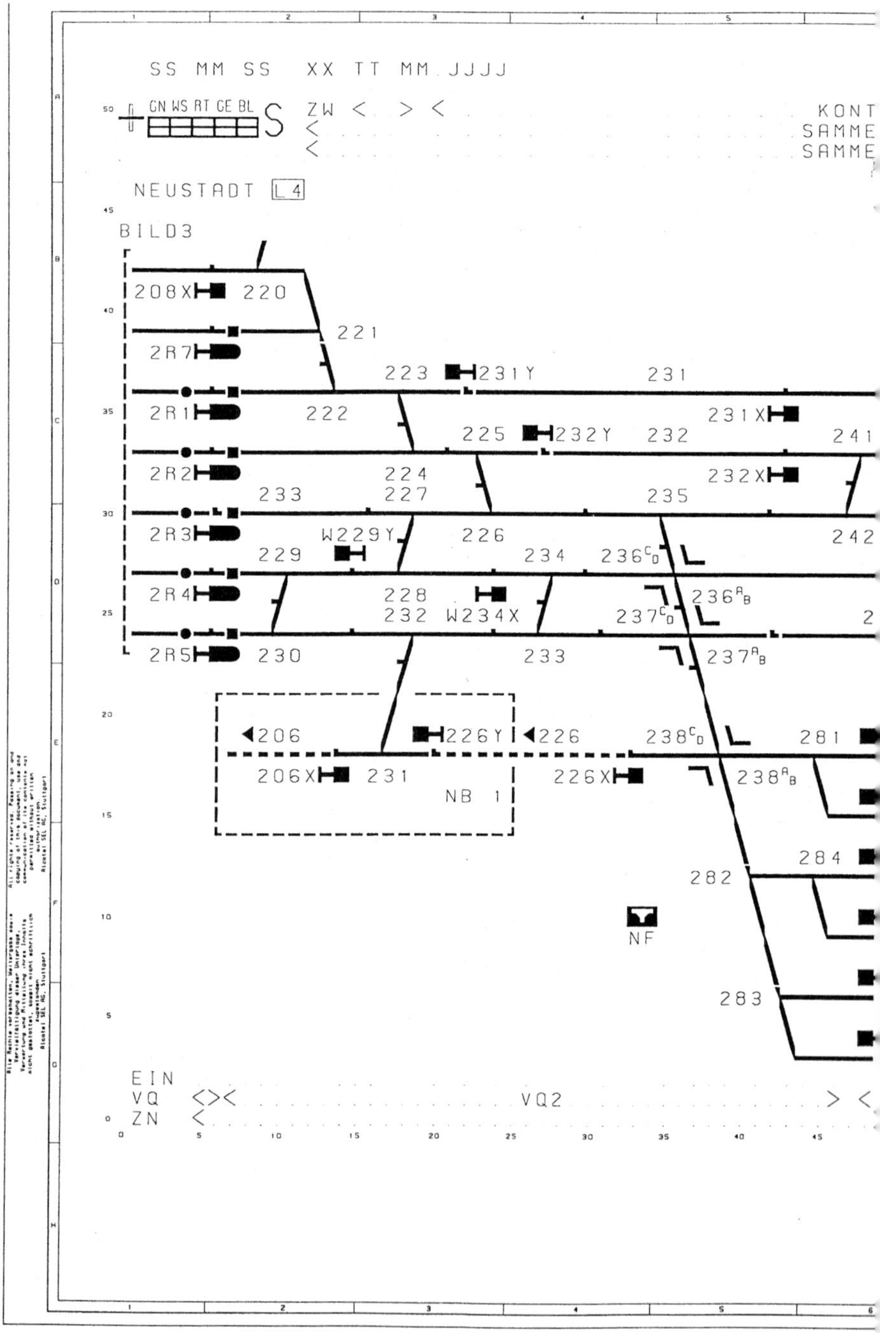
SS MM SS XX TT MM JJJJ
GN WS RT GE BL
S
ZW < > <
KONT
SAMME
SAMME
NEUSTADT
L4
BILD3
208X
220
221
2R7
223
231Y
231
2R1
222
231X
225
232Y
232
241
2R2
224
227
232X
233
235
2R3
W229Y
226
242
229
234
2R4
228
232
W234X
2R5
230
233
206
226Y
226
281
206X
231
NB 1
226X
284
282
NF
283
EIN
VQ
ZN
VQ2

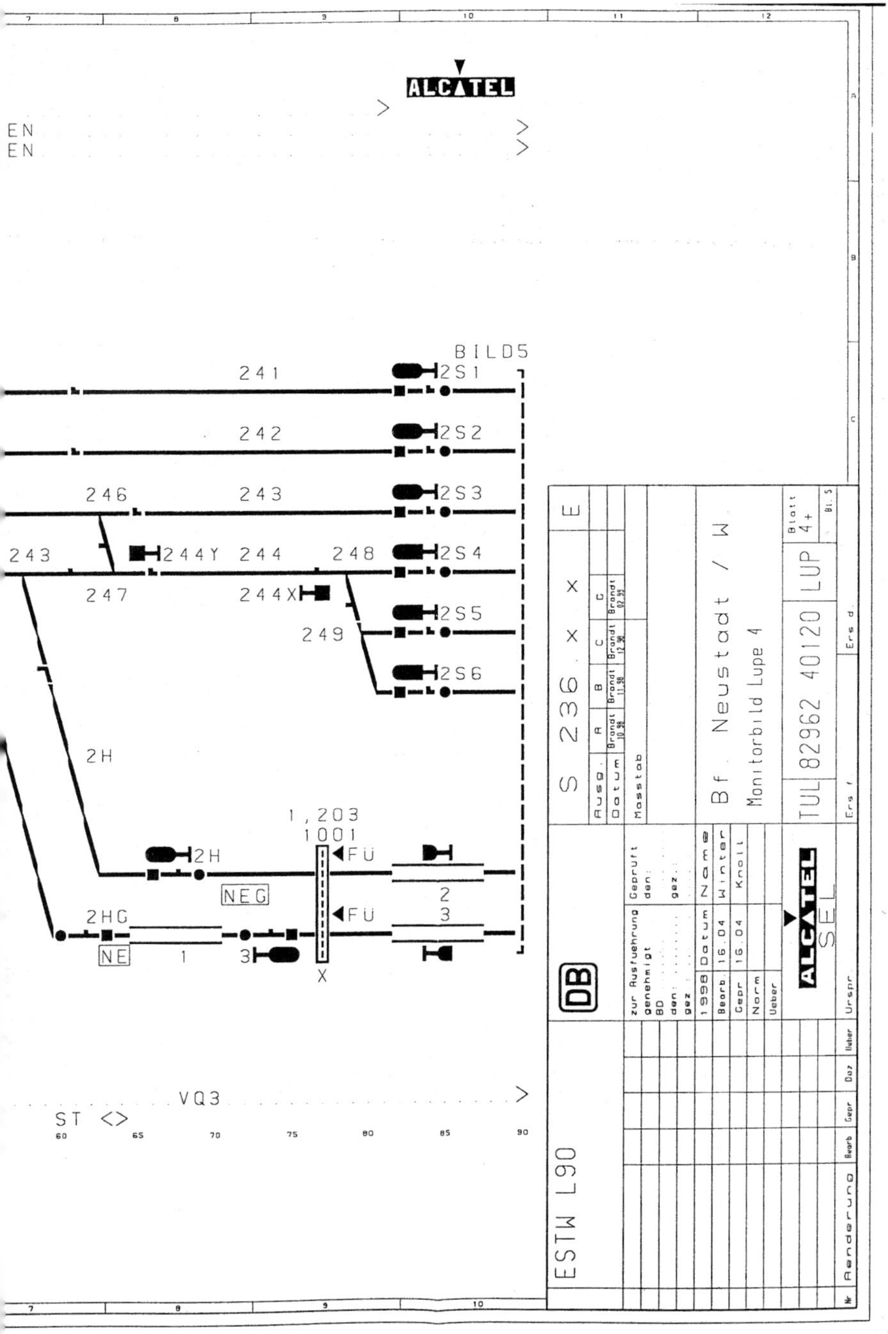
ALCATEL
EN
EN
BILD5
241
2S1
242
2S2
246
243
2S3
243
244Y
244
248
2S4
247
244X
2S5
249
2S6
2H
1,203
1001
2H
FÜ
NEG
2
2HG
FÜ
3
NE
1
3
X
VQ3
ST <>
60
65
70
75
80
85
90
S 236 . x x E
Bf. Neustadt / W
Monitorbild Lupe 4
TUL 82962 40120 LUP
Blatt 4+
ESTW L90
ALCATEL SEL

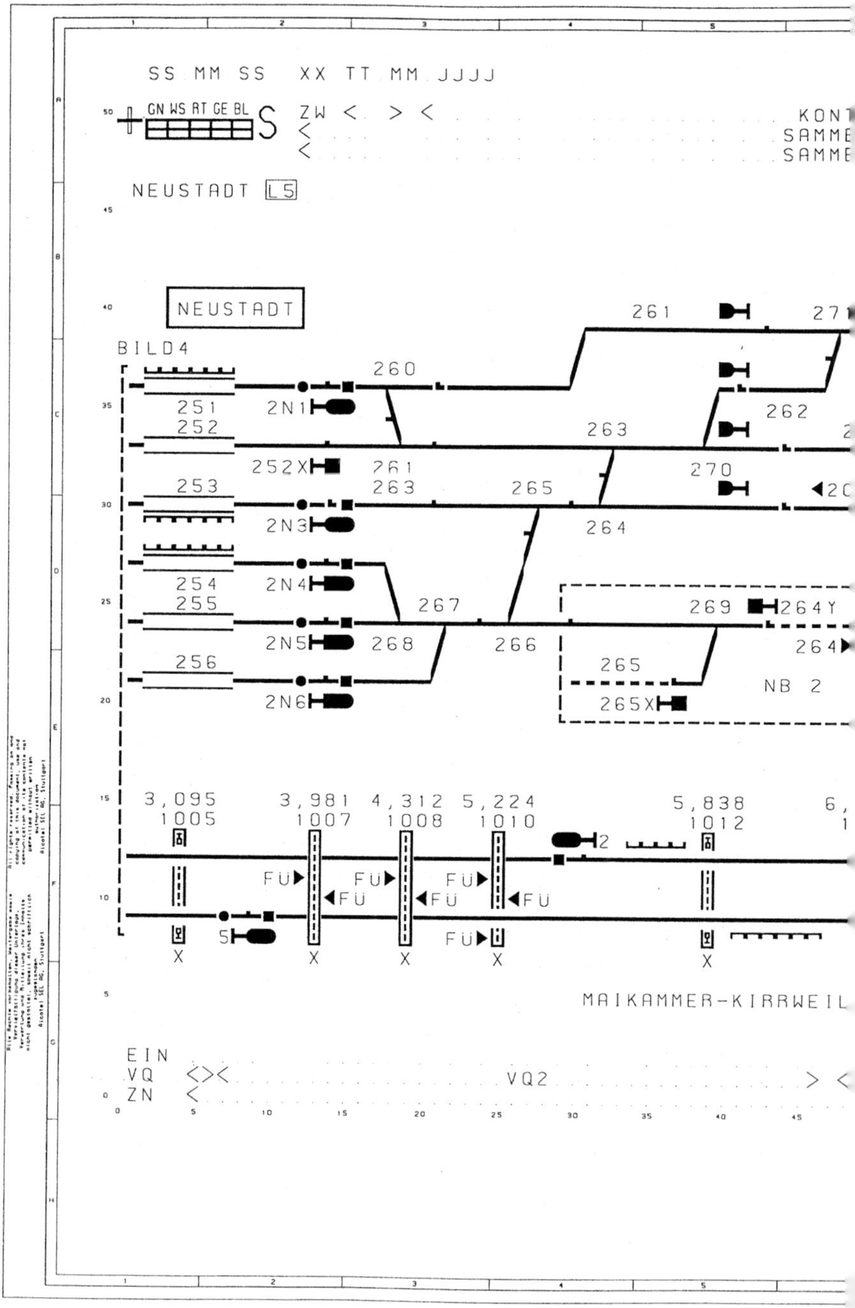
SS MM SS XX TT MM JJJJ
GN WS RT GE BL
S
ZW < > <
<
<
KONT
SAMME
SAMME
NEUSTADT L5
NEUSTADT
BILD4
260
251
2N1
252
263
262
252X
261
263
265
270
253
2N3
264
254
2N4
255
267
269
264Y
2N5
268
266
264
256
265
NB 2
2N6
265X
261
271
3,095
1005
3,981
1007
4,312
1008
5,224
1010
5,838
1012
FÜ
2
5
X
MAIKAMMER-KIRRWEIL
EIN
VQ <><
ZN <
VQ2
> <

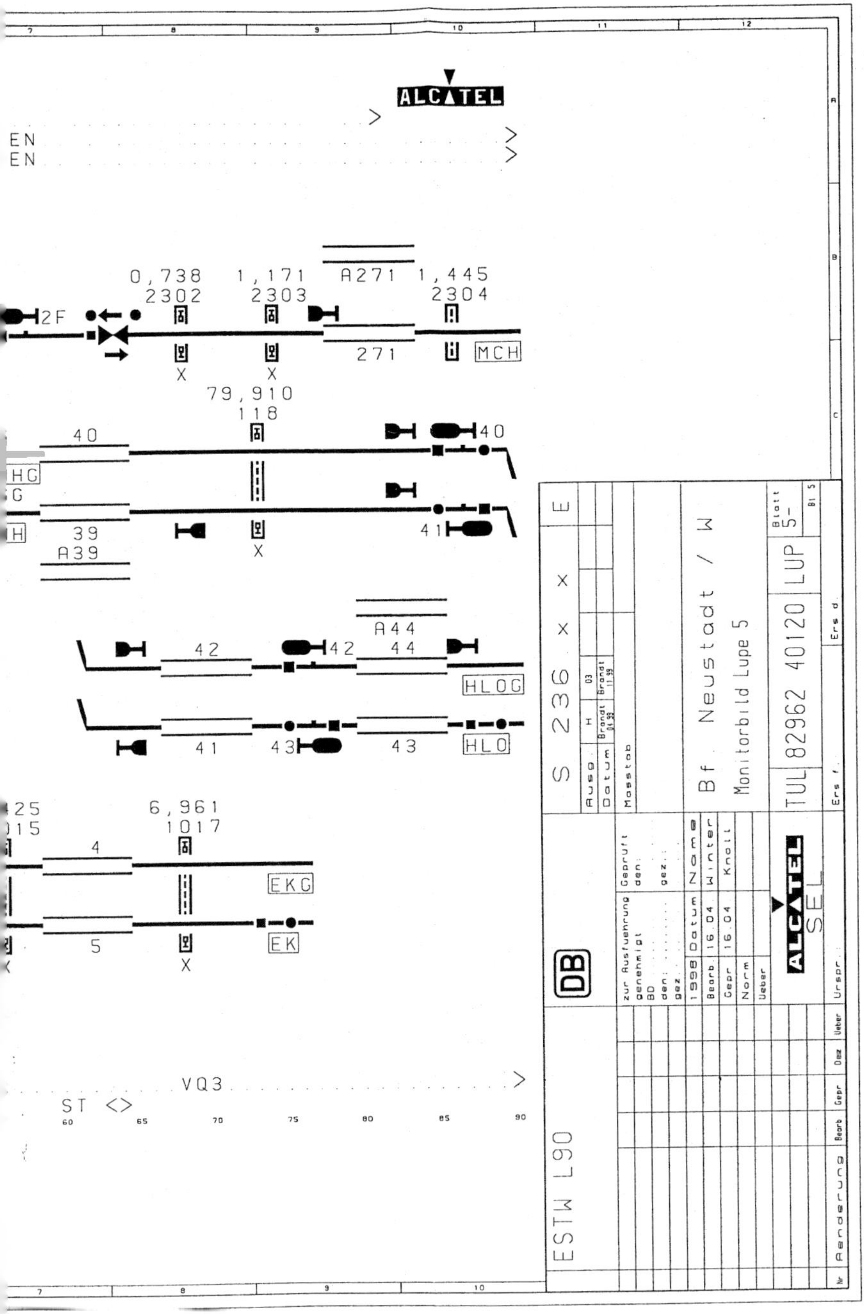
ALCATEL
0,738
2302
1,171
2303
A271
1,445
2304
2F
271
MCH
79,910
118
40
39
A39
41
42
A44
44
HLOG
43
HLO
6,961
1017
4
5
EKG
EK
VQ3
ST
S 236 x x E
Bf Neustadt / W
Monitorbild Lupe 5
TUL 82962 40120 LUP
ESTW L90

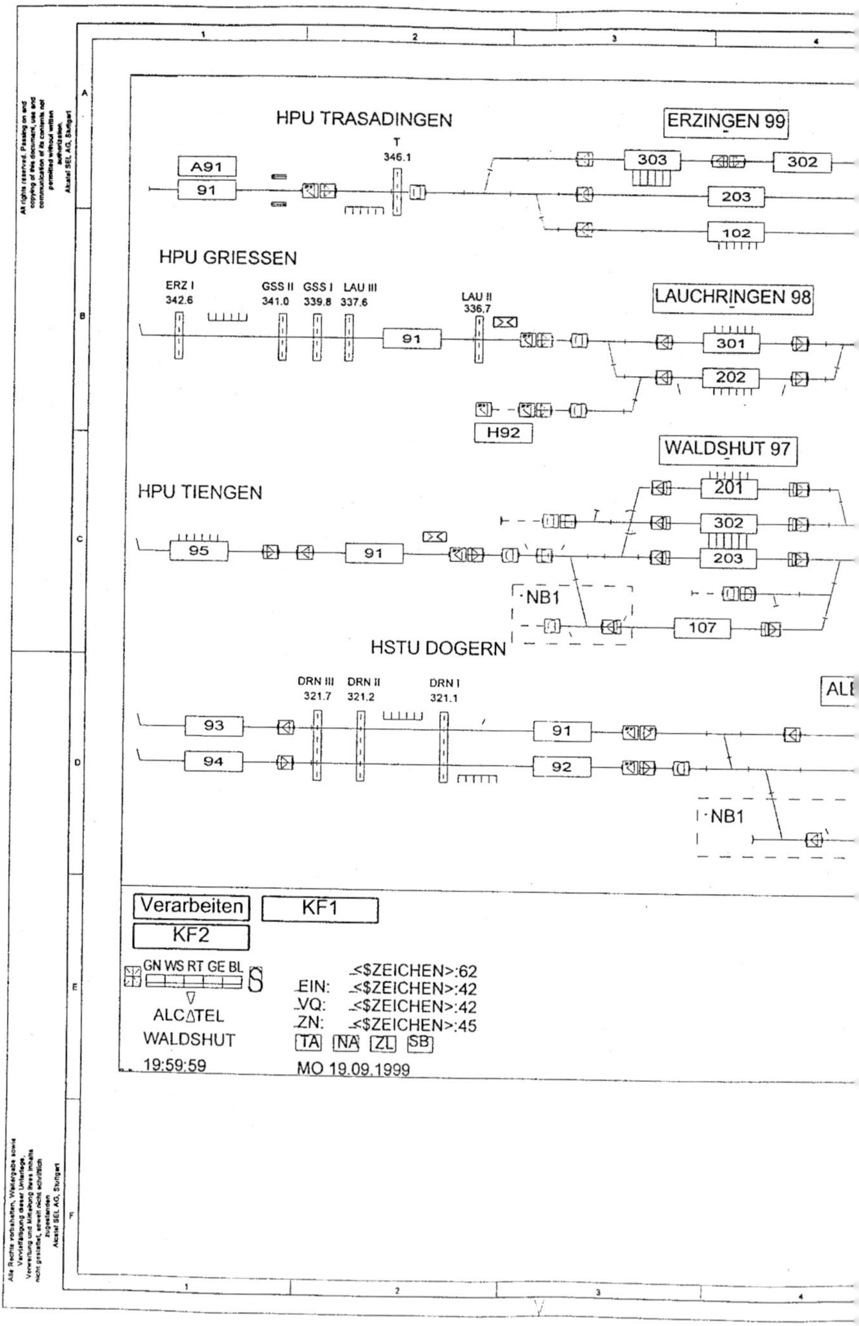
HPU TRASADINGEN
ERZINGEN 99
T
346.1
A91
91
303
302
203
102
HPU GRIESSEN
ERZ I
342.6
GSS II
341.0
GSS I
339.8
LAU III
337.6
LAU II
336.7
91
LAUCHRINGEN 98
301
202
H92
WALDSHUT 97
HPU TIENGEN
95
91
201
302
203
NB1
107
HSTU DOGERN
DRN III
321.7
DRN II
321.2
DRN I
321.1
93
94
91
92
NB1
Verarbeiten
KF1
KF2
GN WS RT GE BL
S
ALCATEL
WALDSHUT
19:59:59
_<$ZEICHEN>:62
_EIN: _<$ZEICHEN>:42
_VQ: _<$ZEICHEN>:42
_ZN: _<$ZEICHEN>:45
TA NA ZL SB
MO 19.09.1999

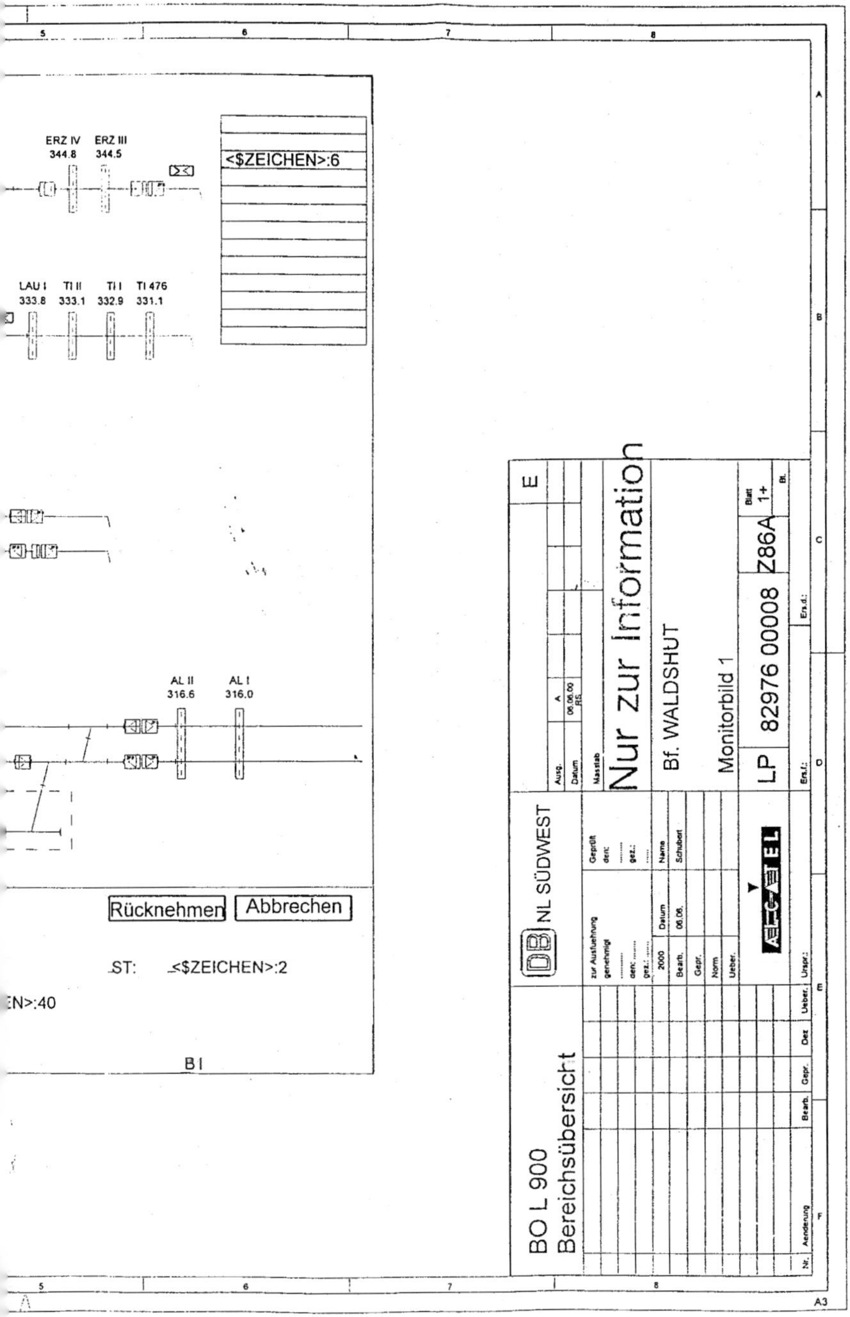
ERZ IV
344.8
ERZ III
344.5
<$ZEICHEN>:6
LAU I
333.8
TI II
333.1
TI I
332.9
TI 476
331.1
AL II
316.6
AL I
316.0
Rücknehmen
Abbrechen
ST: <$ZEICHEN>:2
N>:40
B I
BO L 900
Bereichsübersicht
NL SÜDWEST
Nur zur Information
Bf. WALDSHUT
Monitorbild 1
LP 82976 00008 Z86A
Blatt
1+
A3

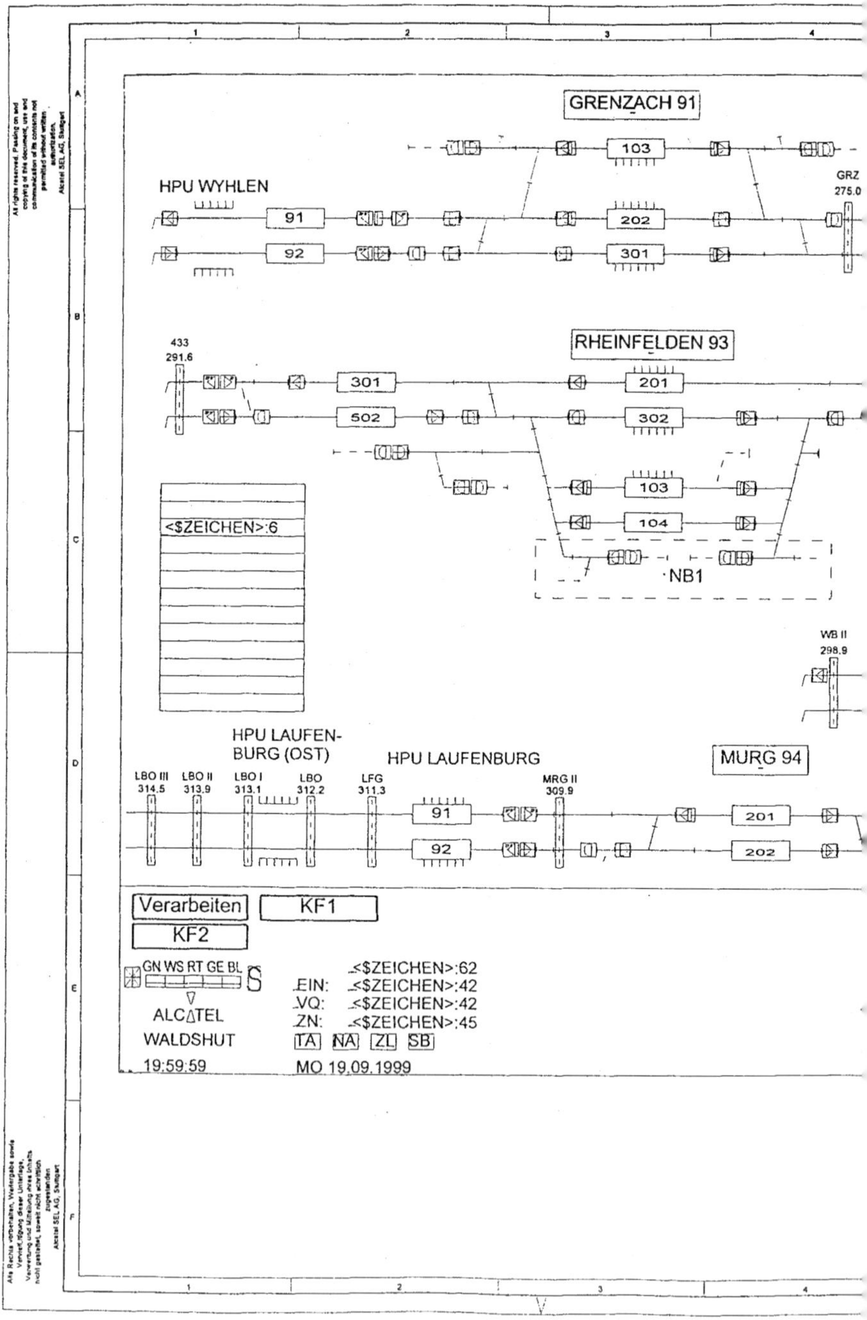
GRENZACH 91
103
202
301
HPU WYHLEN
91
92
GRZ
275.0
RHEINFELDEN 93
433
291.6
301
502
201
302
103
104
NB1
<$ZEICHEN>:6
WB II
298.9
HPU LAUFEN-
BURG (OST)
HPU LAUFENBURG
MURG 94
LBO III
314.5
LBO II
313.9
LBO I
313.1
LBO
312.2
LFG
311.3
MRG II
309.9
91
92
201
202
Verarbeiten
KF1
KF2
GN WS RT GE BL
S
<$ZEICHEN>:62
EIN: <$ZEICHEN>:42
VQ: <$ZEICHEN>:42
ZN: <$ZEICHEN>:45
ALCATEL
WALDSHUT
TA NA ZL SB
19:59:59
MO 19.09.1999

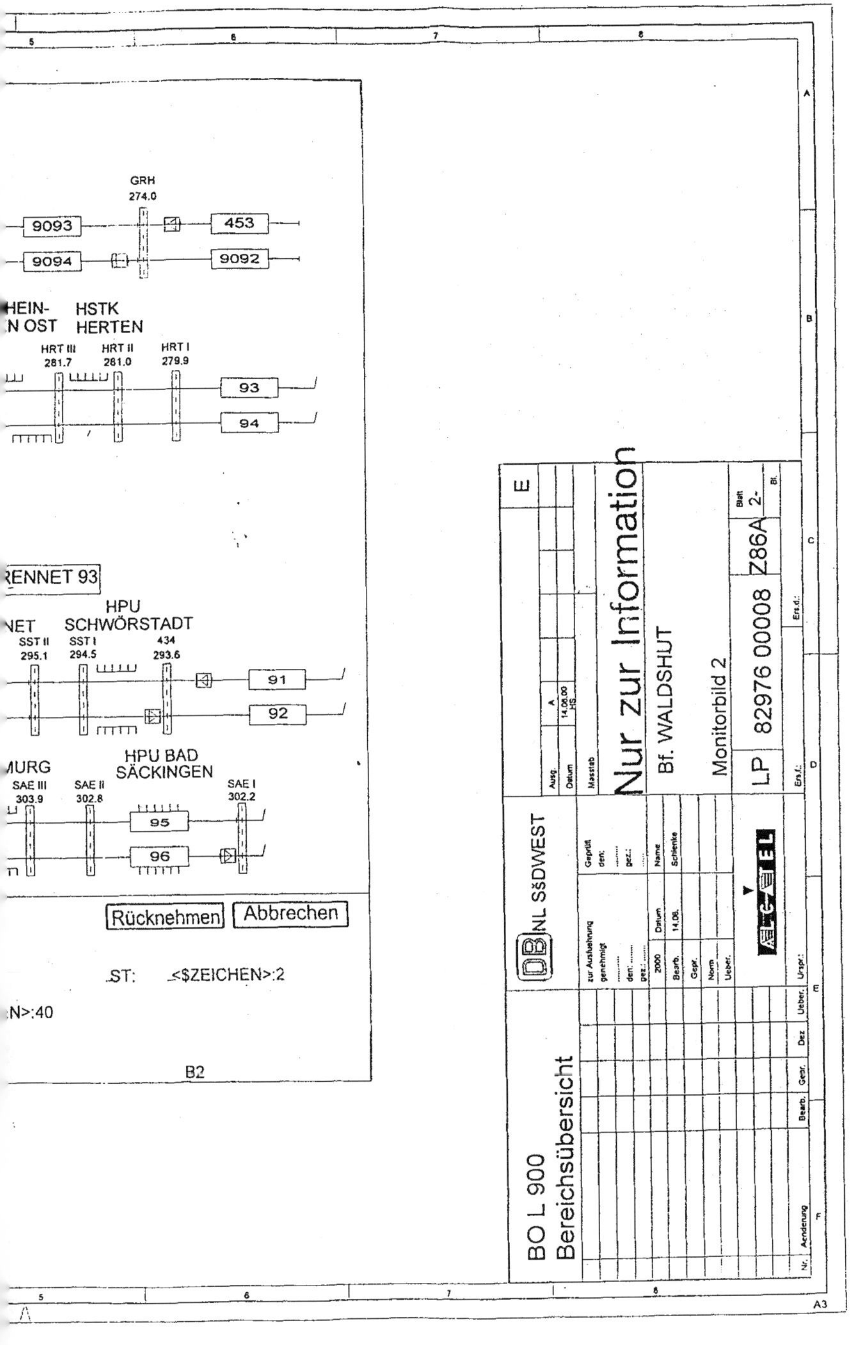
GRH
274.0
9093
453
9094
9092
HEIN-
N OST
HSTK
HERTEN
HRT III
281.7
HRT II
281.0
HRT I
279.9
93
94
RENNET 93
NET
HPU
SCHWÖRSTADT
SST II
295.1
SST I
294.5
434
293.6
91
92
MURG
HPU BAD
SÄCKINGEN
SAE III
303.9
SAE II
302.8
SAE I
302.2
95
96
Rücknehmen
Abbrechen
ST:
<$ZEICHEN>:2
N>:40
B2
BO L 900
Bereichsübersicht
NL SÜDWEST
Nur zur Information
Bf. WALDSHUT
Monitorbild 2
LP 82976 00008 Z86A
A3

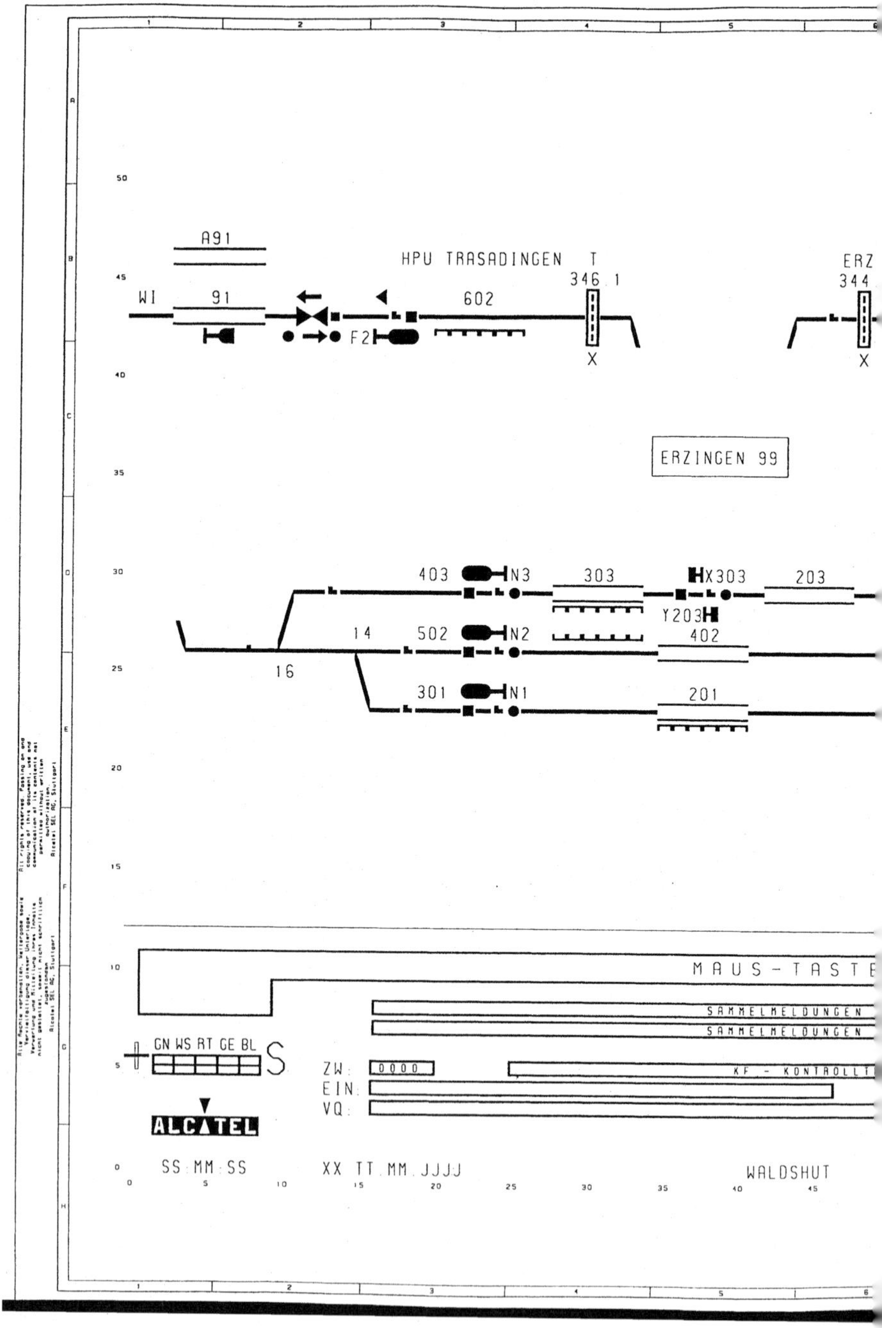
A91
HPU TRASADINGEN
T
346.1
ERZ
344
WI
91
602
F2
X
X
ERZINGEN 99
403
N3
303
X303
203
Y203
14
502
N2
402
16
301
N1
201
MAUS-TASTE
SAMMELMELDUNGEN
SAMMELMELDUNGEN
GN WS RT GE BL
S
ZW:
0000
KF-KONTROLLT
EIN:
VQ:
ALCATEL
SS:MM:SS
XX TT.MM.JJJJ
WALDSHUT

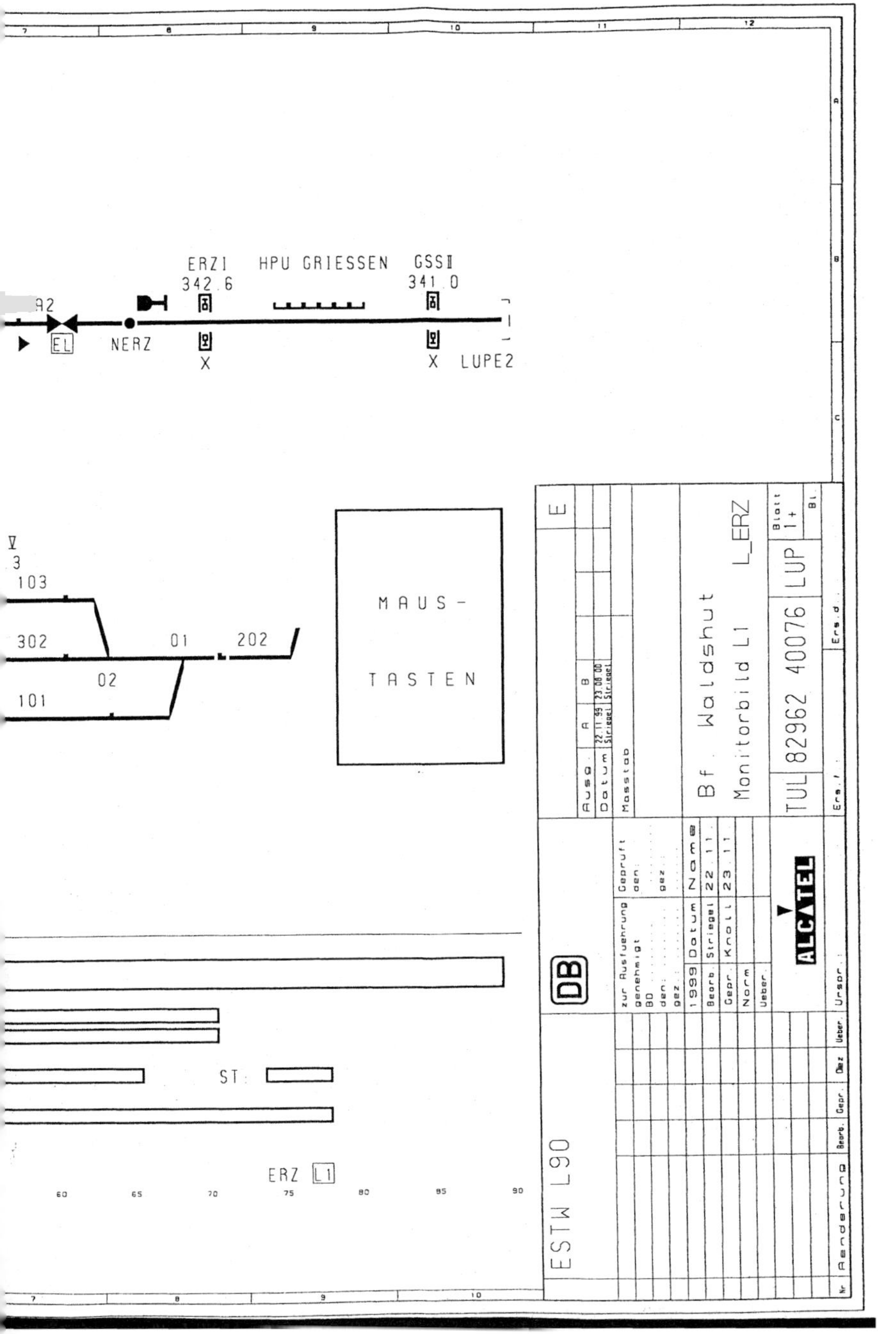
ERZ I
342.6
HPU GRIESSEN
GSS II
341.0
92
EL
NERZ
X
X
LUPE2
103
302
01
202
02
101
MAUS-
TASTEN
ST
ERZ
L1
ESTW L90
Bf. Waldshut
Monitorbild L1
L_ERZ
TUL 82962 40076
LUP
ALCATEL
DB

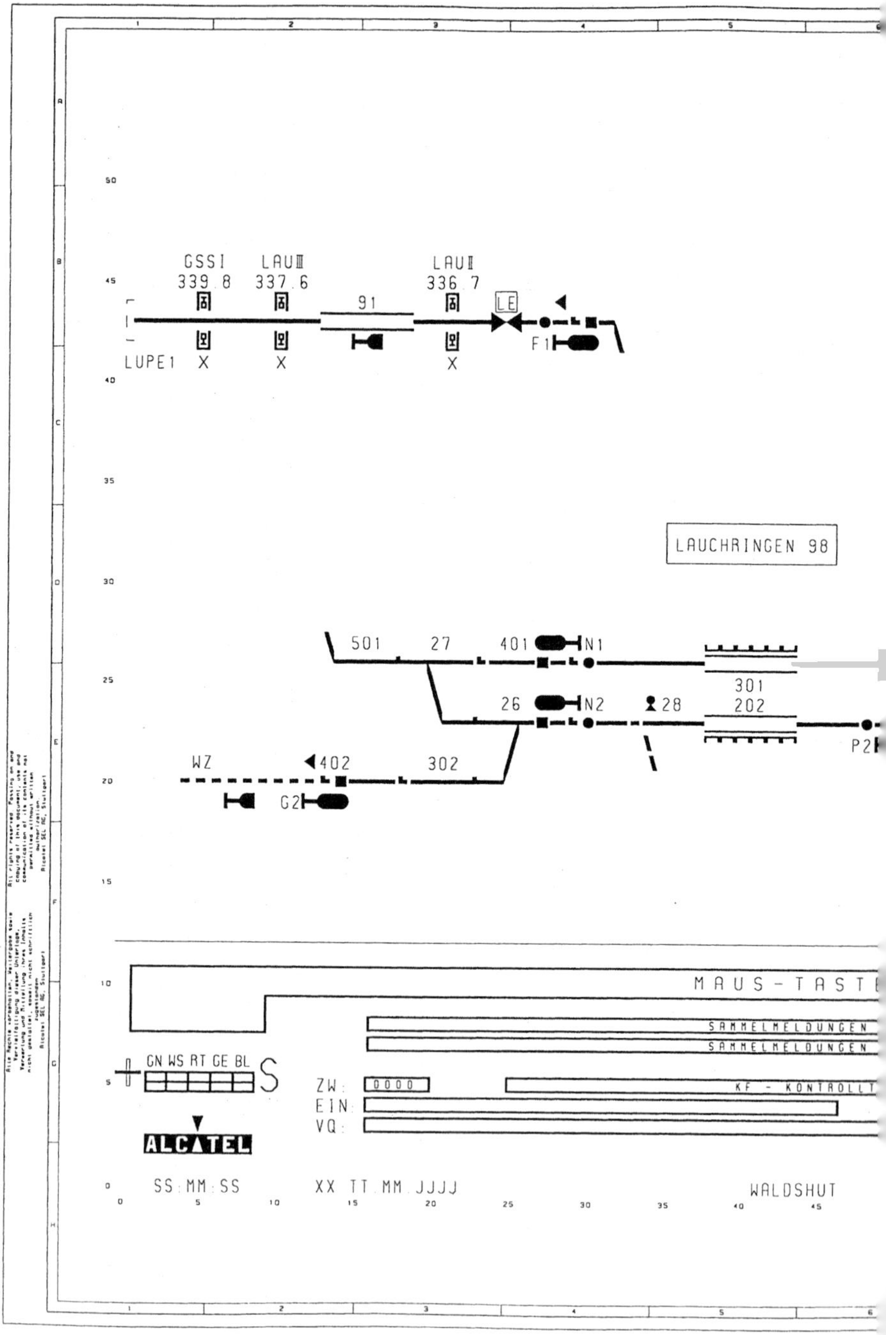
GSSI
339.8
LAUIII
337.6
91
LAUII
336.7
LE
F1
LUPE1
X
X
X
LAUCHRINGEN 98
501
27
401
N1
26
N2
28
301
202
P2
WZ
402
302
G2
MAUS-TAST
SAMMELMELDUNGEN
SAMMELMELDUNGEN
GN WS RT GE BL
S
ZW:
0000
KF - KONTROLLT
EIN:
VQ:
ALCATEL
SS:MM:SS
XX TT.MM.JJJJ
WALDSHUT

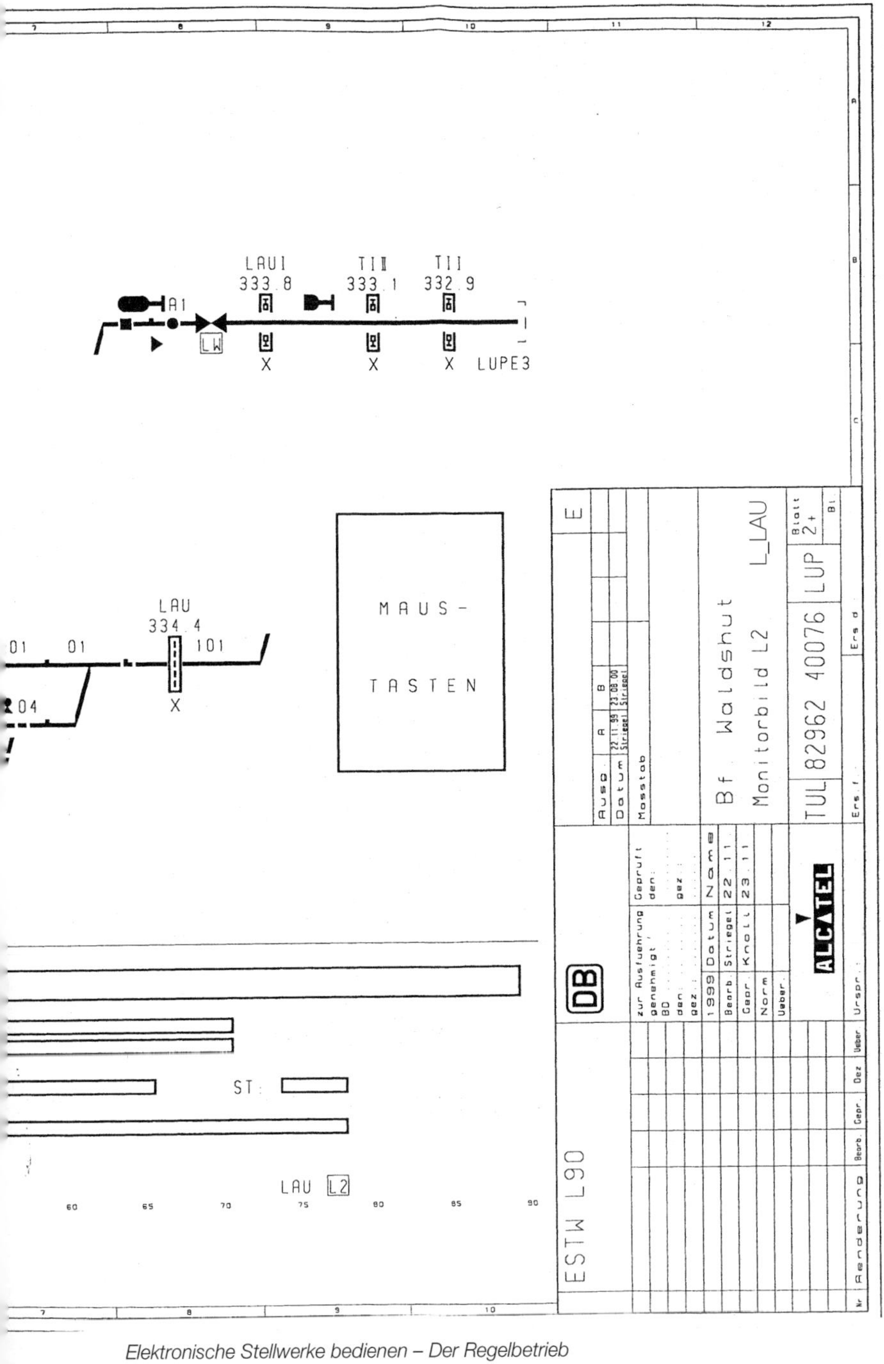
LAUI
333.8
TII
333.1
TII
332.9
A1
LW
X
X
X
LUPE3
LAU
334.4
01
01
101
04
X
MAUS-
TASTEN
ST
LAU
L2
ESTW L90
Bf Waldshut
Monitorbild L2
L_LAU
TUL 82962 40076 LUP
ALCATEL

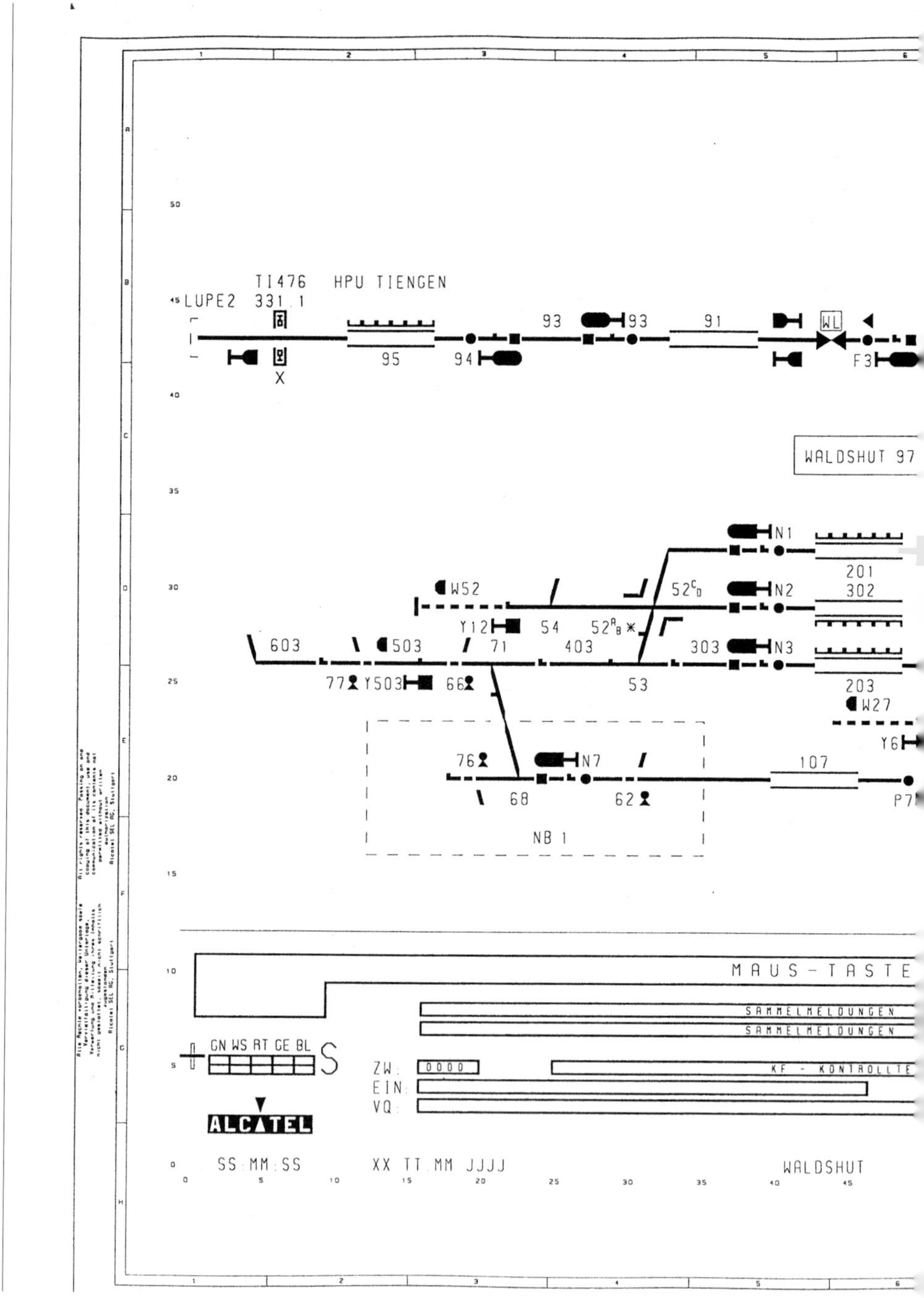
TI476 HPU TIENGEN
LUPE2 331.1
X
95
93
94
91
WL
F3
WALDSHUT 97
N1
201
302
N2
N3
203
W27
Y6
W52
Y12
54
603
503
71
403
303
77
Y503
66
53
76
N7
107
68
62
P7
NB 1
MAUS-TASTE
SAMMELMELDUNGEN
SAMMELMELDUNGEN
GN WS RT GE BL
S
ZW
0000
KF - KONTROLLTE
EIN
VQ
ALCATEL
SS:MM:SS
XX TT.MM.JJJJ
WALDSHUT

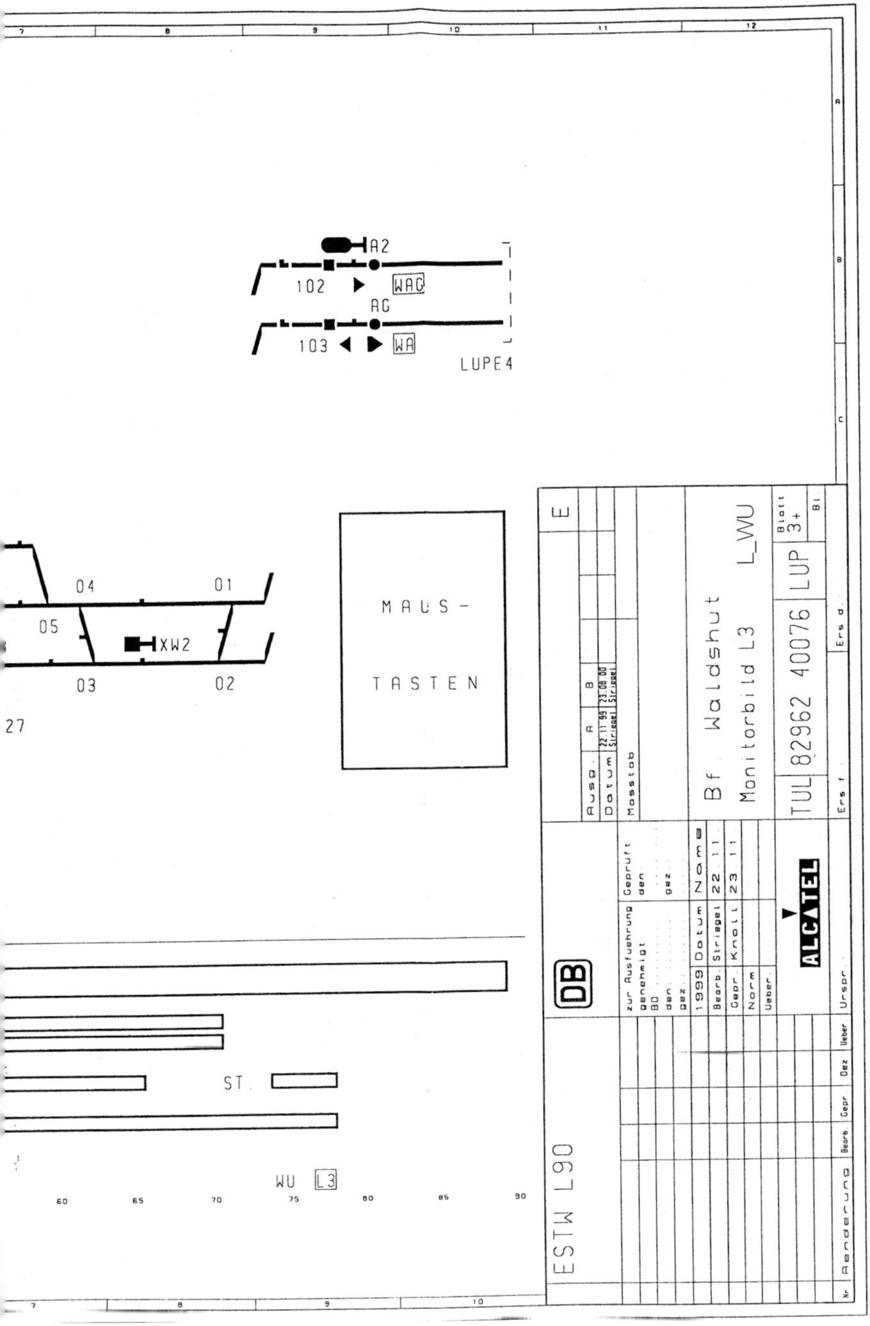
A2
102
WAG
AG
103
WA
LUPE4
04
01
05
XW2
03
02
27
MAUS-
TASTEN
ST
WU
L3
ESTW L90
DB
Bf Waldshut
Monitorbild L3
L_WU
TUL 82962 40076
LUP
Blatt
3+
ALCATEL

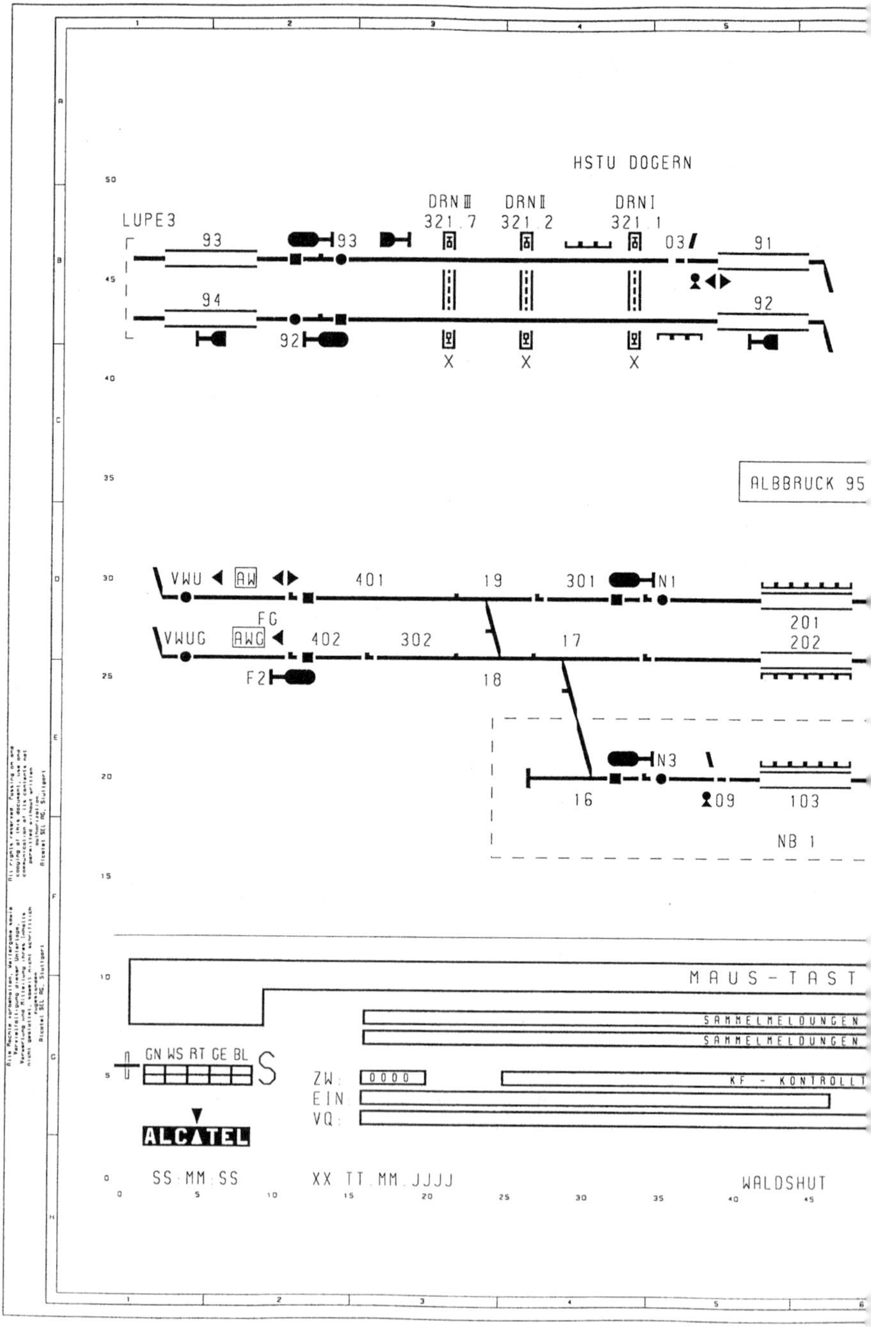
HSTU DOGERN
DRN III
321.7
DRN II
321.2
DRN I
321.1
LUPE3
93
94
92
03
91
X
ALBBRUCK 95
VWU
AW
FG
VWUG
AWG
401
402
302
19
18
17
301
N1
F2
201
202
N3
16
09
103
NB 1
MAUS-TAST
SAMMELMELDUNGEN
GN WS RT GE BL
S
ZW:
0000
EIN:
VQ:
KF - KONTROLLT
ALCATEL
SS:MM:SS
XX TT.MM.JJJJ
WALDSHUT

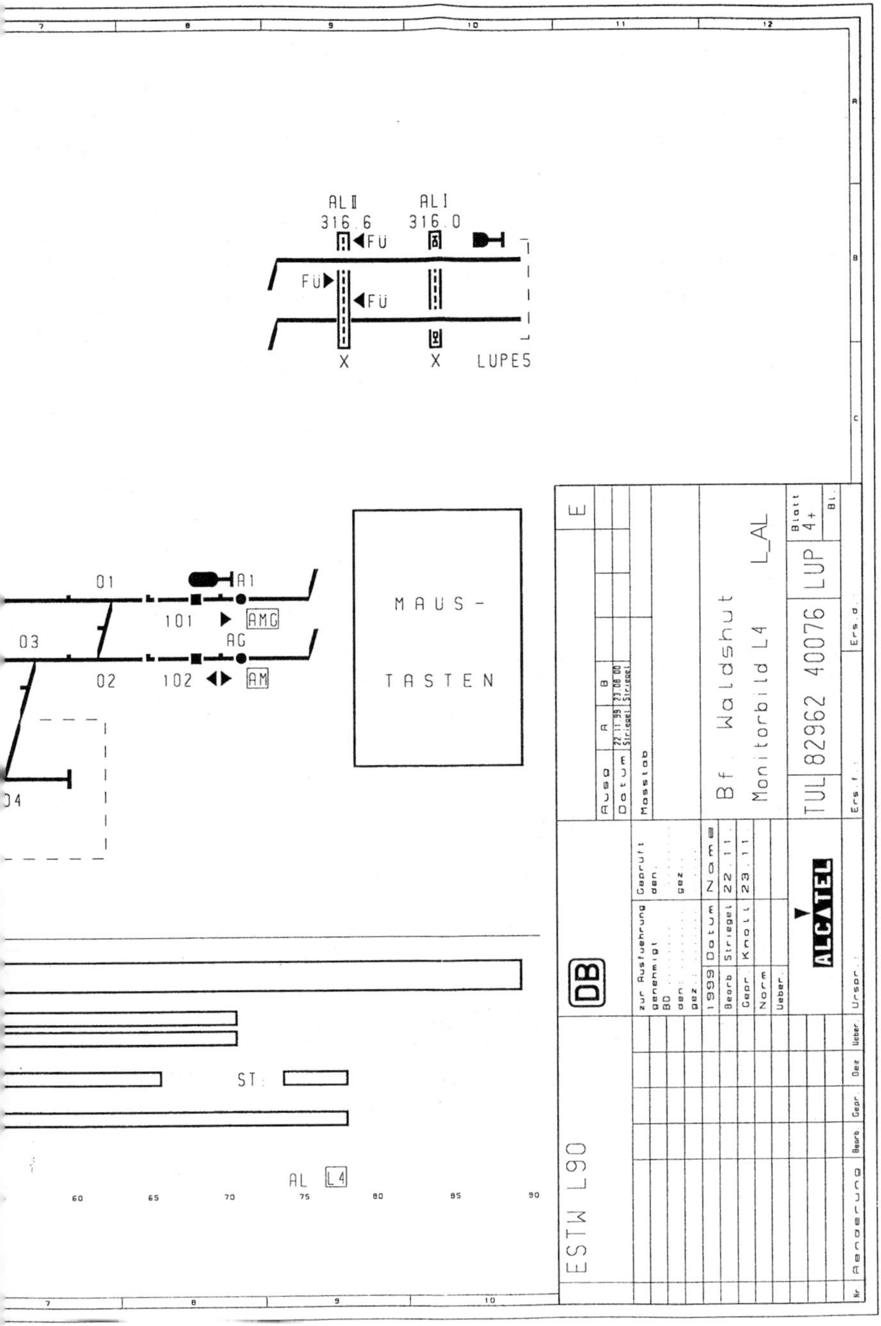

AL II
316.6
AL I
316.0
FÜ
FÜ
FÜ
X
X
LUPE5
01
A1
101
AMG
03
AG
02
102
AM
04
MAUS-
TASTEN
ST
AL
L4
ESTW L90
DB
Bf Waldshut
Monitorbild L4 L_AL
TUL 82962 40076 LUP
ALCATEL

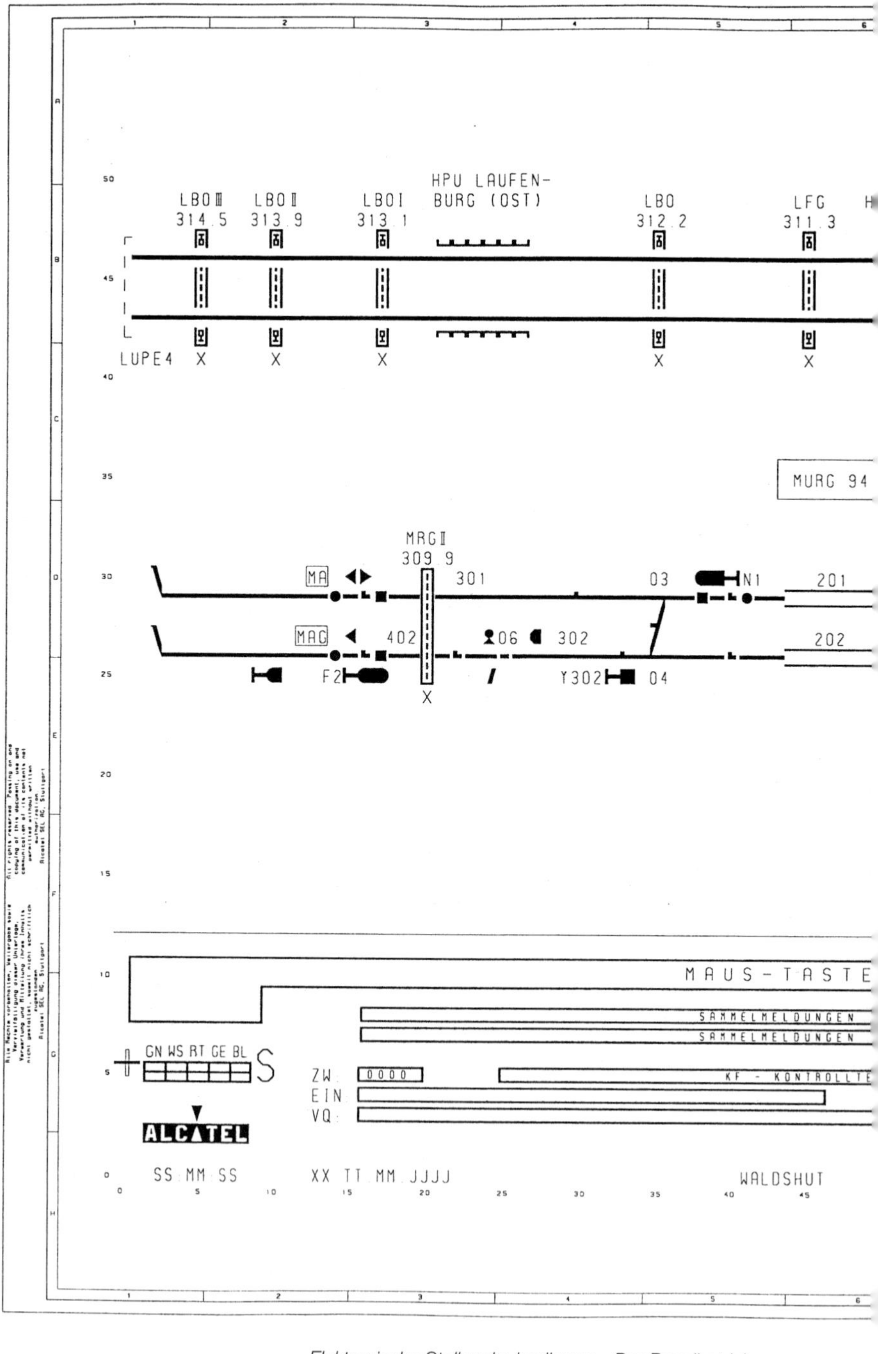
HPU LAUFEN-
BURG (OST)
LBO Ⅲ
314.5
LBO Ⅱ
313.9
LBO I
313.1
LBO
312.2
LFG
311.3
LUPE 4
MURG 94
MRG Ⅱ
309.9
MA
301
03
N1
201
MAG
402
06
302
202
F2
Y302
04
MAUS-TASTE
SAMMELMELDUNGEN
SAMMELMELDUNGEN
GN WS RT GE BL
S
ZW
0000
KF - KONTROLLTE
EIN
VQ
ALCATEL
SS:MM:SS
XX TT.MM.JJJJ
WALDSHUT

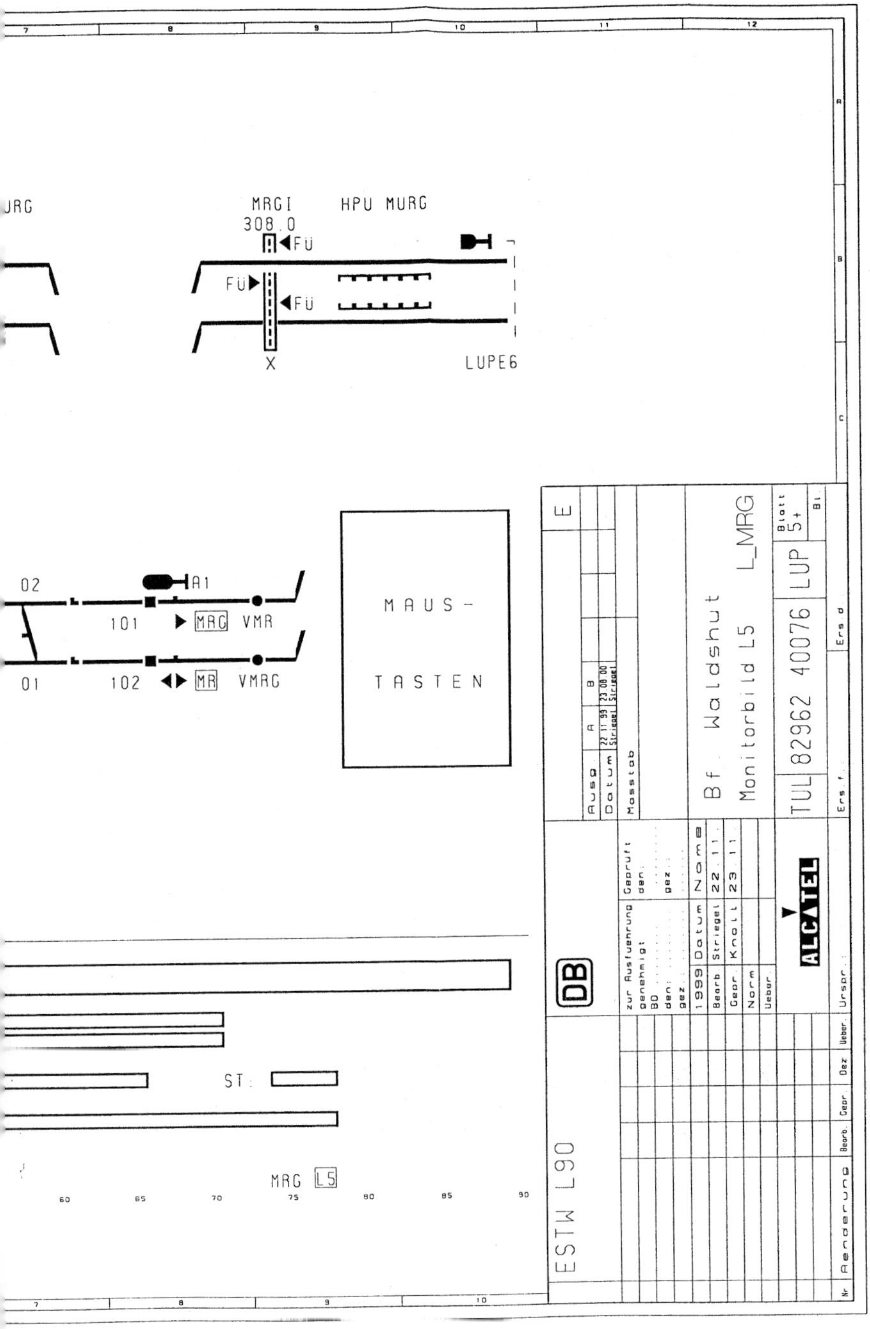

URG
MRGI
308.0
HPU MURG
FÜ
FÜ
FÜ
X
LUPE6
02
A1
101
MRG
VMR
01
102
MR
VMRG
MAUS-
TASTEN
ST:
MRG
L5
ESTW L90
Bf Waldshut
Monitorbild L5
L_MRG
TUL 82962 40076
LUP
Blatt 5+

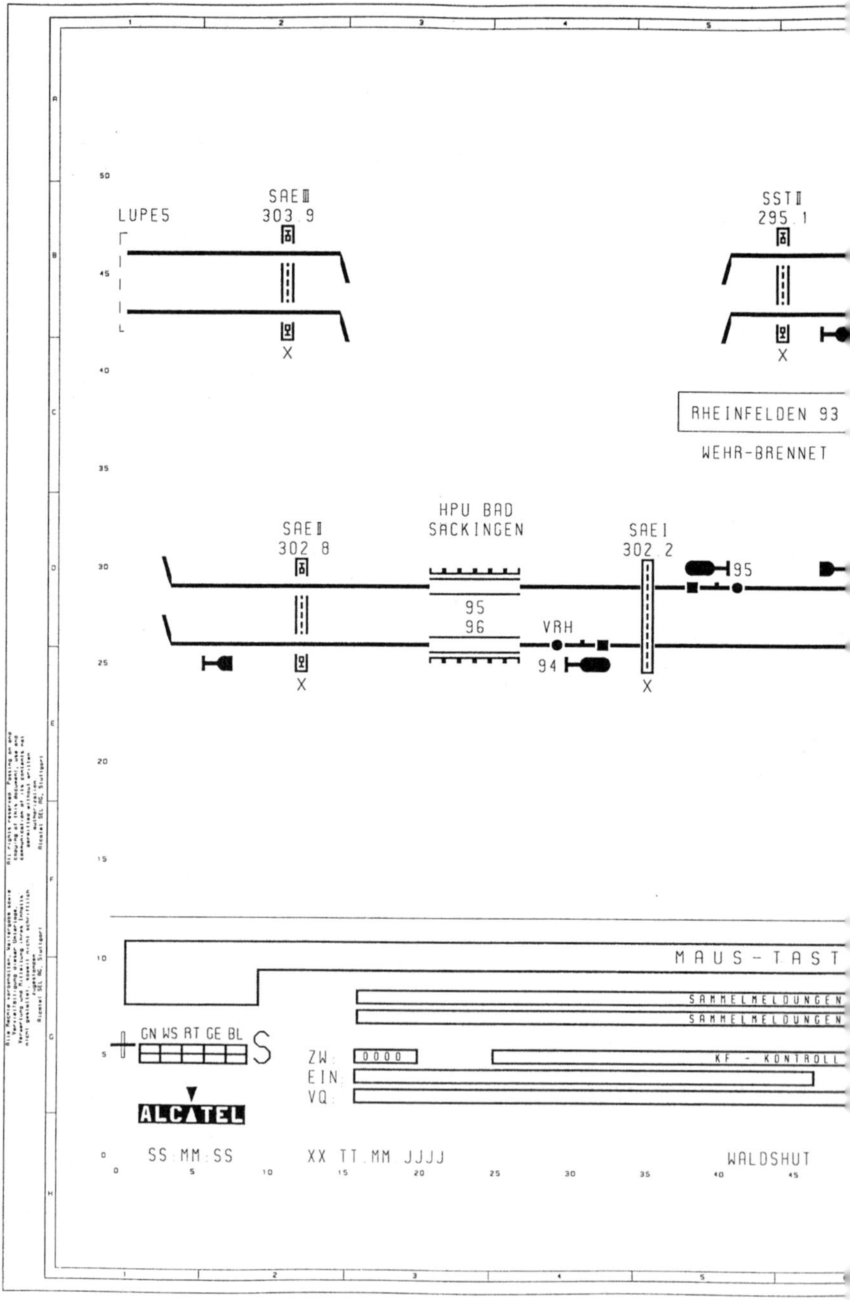
LUPE5
SAE III
303.9
SST II
295.1
RHEINFELDEN 93
WEHR-BRENNET
HPU BAD
SACKINGEN
SAE II
302.8
SAE I
302.2
95
96
VRH
94
MAUS-TAST
SAMMELMELDUNGEN
SAMMELMELDUNGEN
GN WS RT GE BL
S
ZW:
0000
KF - KONTROLL
EIN:
VQ:
ALCATEL
SS:MM:SS
XX TT.MM.JJJJ
WALDSHUT

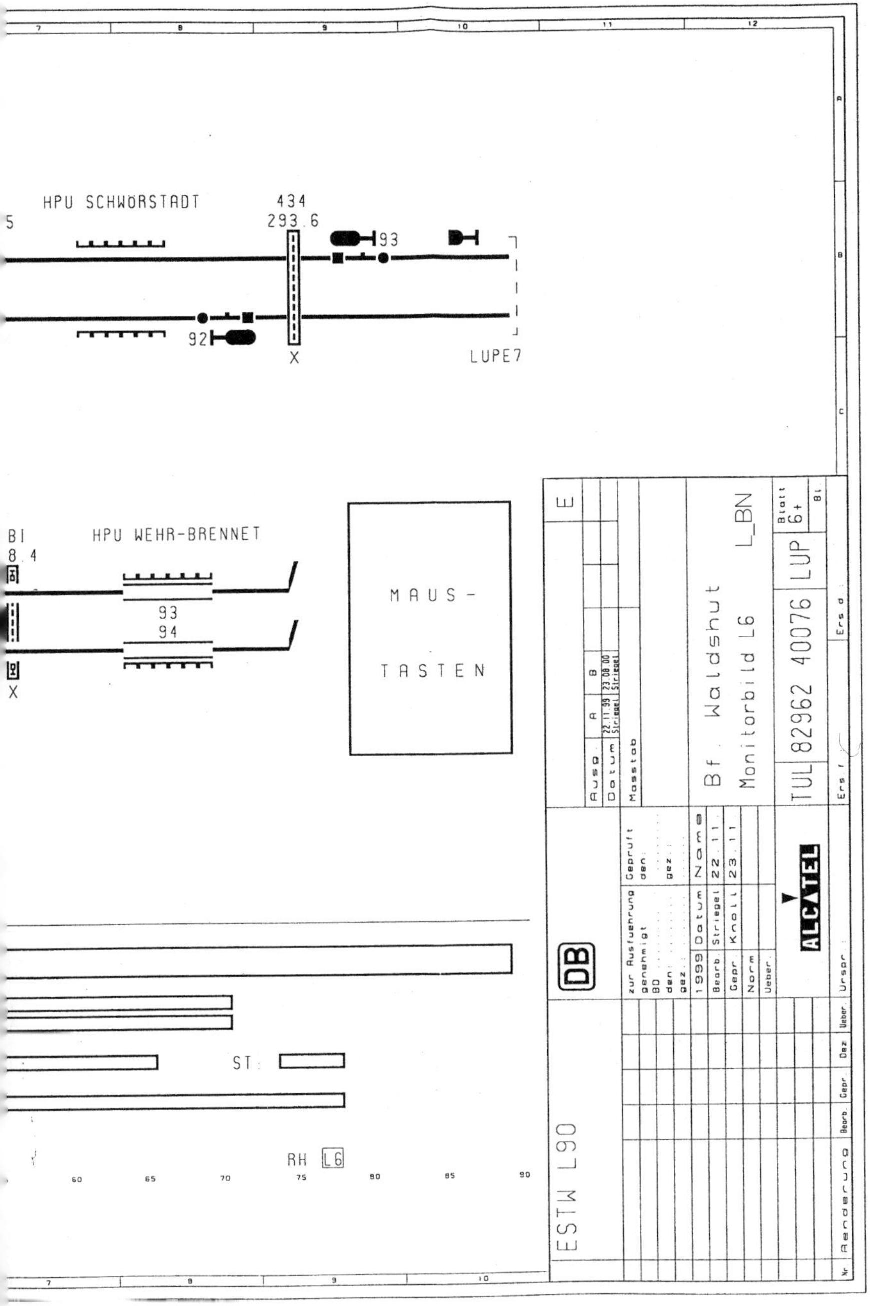
HPU SCHWÖRSTADT
434
293.6
93
92
X
LUPE7
HPU WEHR-BRENNET
93
94
X
MAUS-
TASTEN
ST
RH
L6
Bf. Waldshut
Monitorbild L6
L_BN
TUL 82962 40076 LUP
ESTW L90
ALCATEL

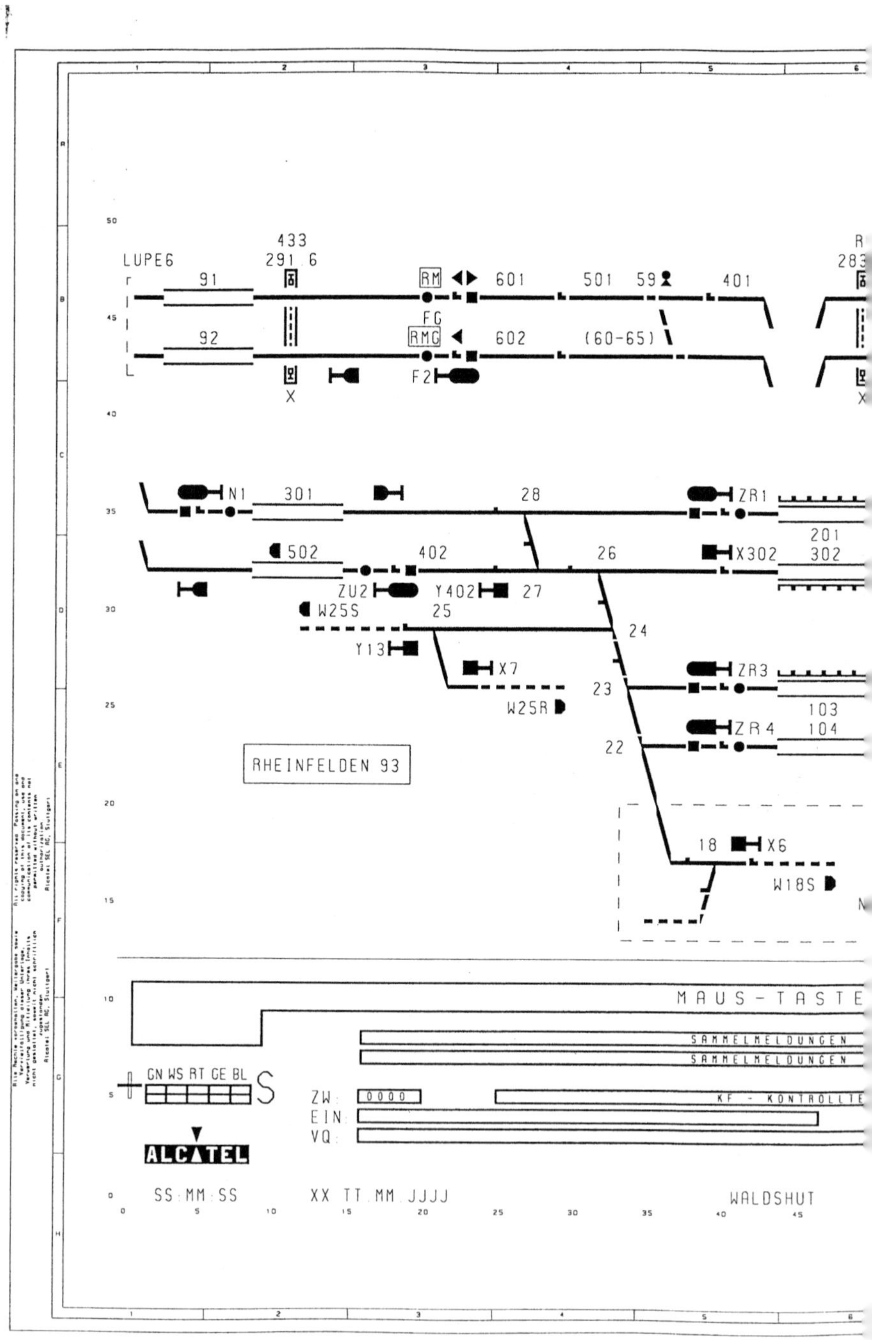
LUPE6
433
291.6
91
92
RM
601
501
59
401
FG
RMG
602
(60-65)
F2
X
R
283
N1
301
28
ZR1
502
402
26
X302
201
302
ZU2
Y402
27
W25S
25
24
Y13
X7
ZR3
23
W25R
103
104
ZR4
22
RHEINFELDEN 93
18
X6
W18S
MAUS-TASTE
SAMMELMELDUNGEN
SAMMELMELDUNGEN
GN WS RT GE BL
S
ZW:
0000
KF - KONTROLLTE
EIN:
VQ:
ALCATEL
SS:MM:SS
XX TT.MM.JJJJ
WALDSHUT

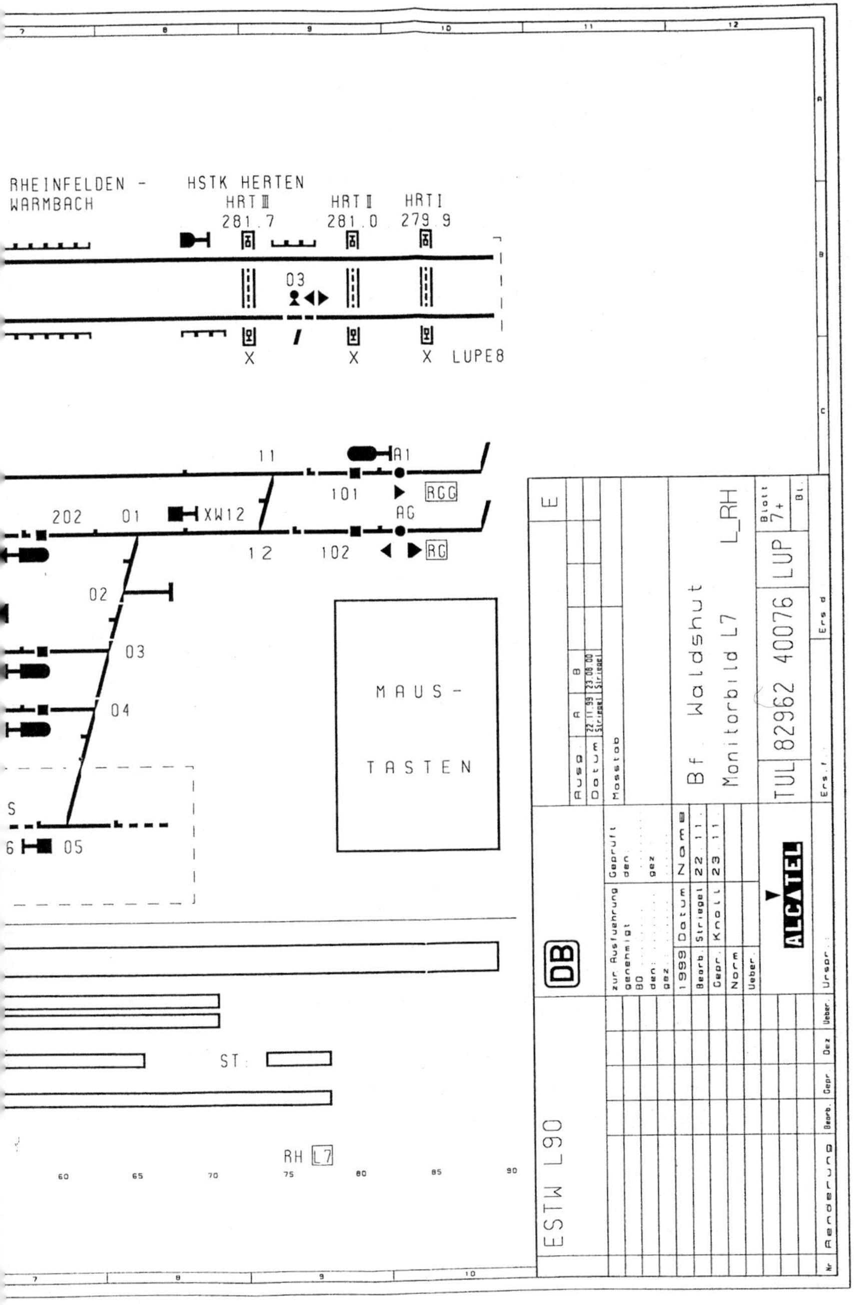
RHEINFELDEN -
WARMBACH
HSTK HERTEN
HRT III
281.7
HRT II
281.0
HRT I
279.9
03
X
X
X
LUPE8
11
A1
101
RGG
202
01
XW12
AG
12
102
RG
02
03
04
05
MAUS-
TASTEN
S
6
ST
RH
L7
60
65
70
75
80
85
90
DB
ESTW L90
Bf Waldshut
Monitorbild L7
L_RH
TUL 82962 40076
LUP
Blatt
7+
ALCATEL

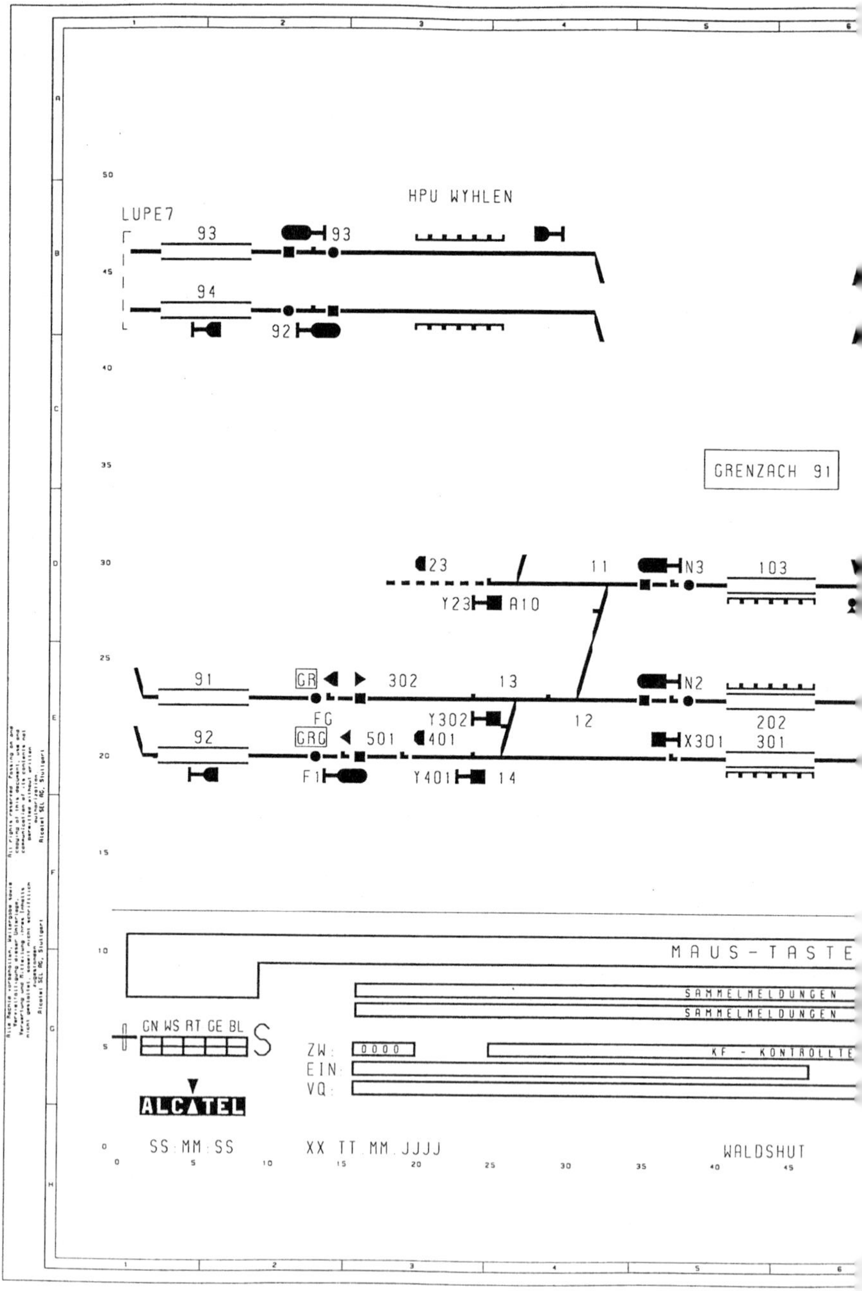
HPU WYHLEN
LUPE7
93
94
92
GRENZACH 91
23
11
N3
103
Y23
A10
91
GR
302
13
N2
FG
Y302
12
202
92
GRG
501
401
X301
301
F1
Y401
14
MAUS-TASTE
SAMMELMELDUNGEN
SAMMELMELDUNGEN
GN WS RT GE BL
S
ZW
0000
KF - KONTROLLTE
EIN
VQ
ALCATEL
SS:MM:SS
XX TT.MM.JJJJ
WALDSHUT

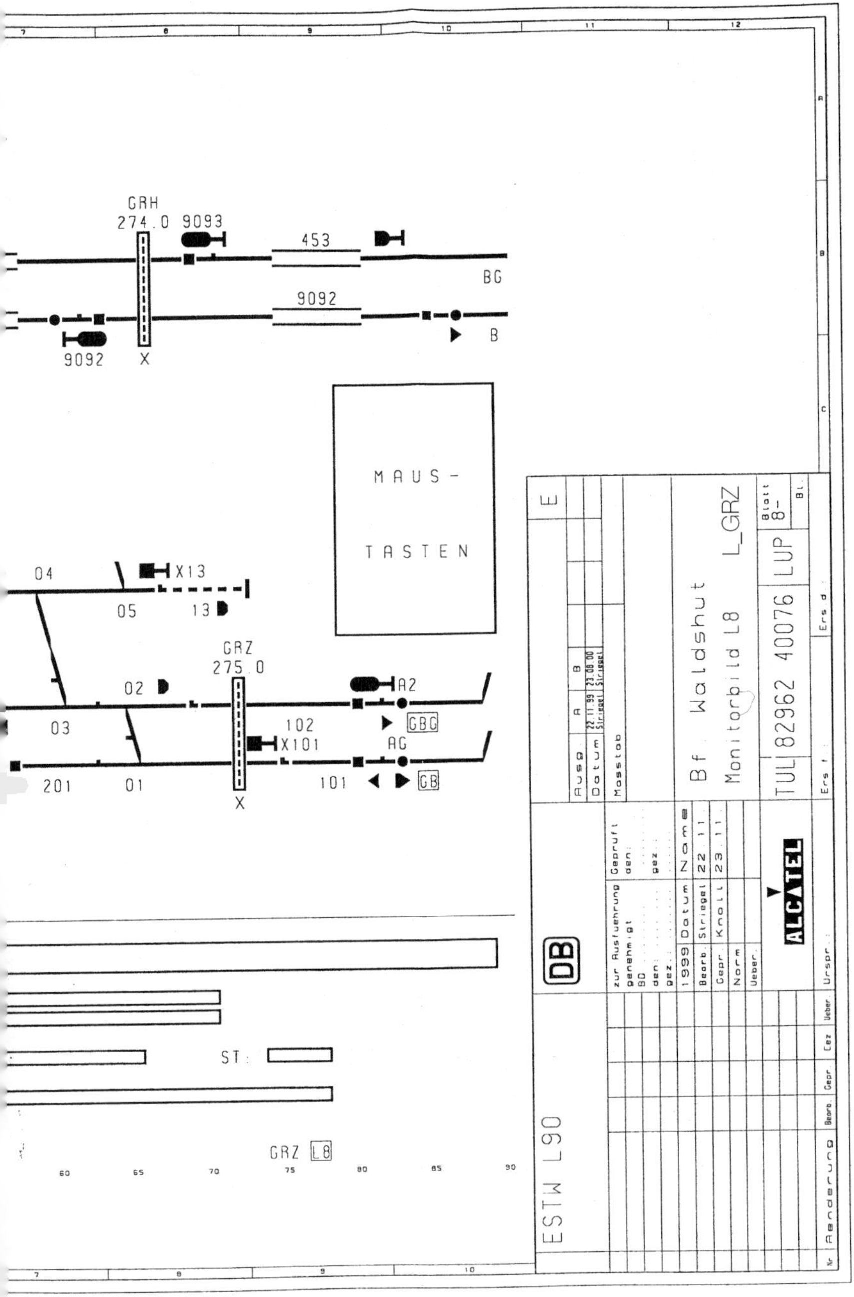
GRH
274.0
9093
453
BG
9092
B
9092
X
MAUS-
TASTEN
04
X13
05
13
GRZ
275.0
02
A2
03
102
GBG
X101
AG
201
01
101
GB
X
ST:
GRZ L8
ESTW L90
Bf Waldshut
Monitorbild L8
L_GRZ
TUL 82962 40076 LUP
ALCATEL

Anhang 3

Die Funktionsfelder des Bedientabletts Neustadt (Weinstraße)

1 Gruppenfelderblock „Fahrstraßen“ (grün)

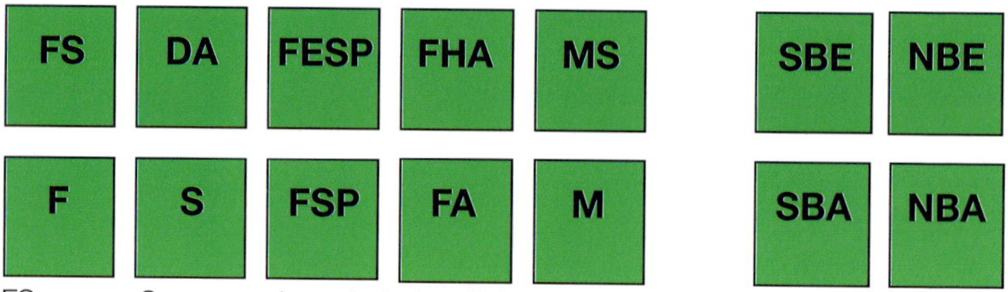

FS = Sperrumgehung bei einer Fahrstraße in ein Gleis ohne Oberleitung

F = Fahrstraße in ein Gleis ohne Oberleitung einstellen

DA = D-Weg auflösen

S = Befahrbarkeitssperre umgehen

FESP = Fahrstraßenelement entsperren

FSP = Fahrstraßenelement sperren (Befahrbarkeitssperre)

FHA = festgelegte Fahrstraße hilfsweise auflösen

FA = Fahrstraße auflösen

MS = Befahrbarkeitssperre in einer Mittelweichenteilfahrstraße umgehen

M = Mittelweichenteilfahrstraße einstellen

SBE = Selbststellbetrieb einschalten

SBA = Selbststellbetrieb ausschalten

NBE = Nahstellbetrieb einschalten

NBA = Nahstellbetrieb ausschalten

2 Gruppenfelderblock „Weichen“ (blau)

FHAE	WHU	AWU	SLE	WLE	WUE	KGE
FAE	WU	SLHE	SLS	WLS	WUS	KLO

FHAE = Fahrstraßeneinzelelement mit Festlegung hilfsweise auflösen oder Fahrstraßenhilfsauflösung Einzelelement

FAE = Fahrstraßeneinzelelement ohne Festlegung aulösen oder Fahrstraßenauflösung Einzelelement

WHU = Weiche oder Gleissperre hilfsweise umstellen

WU = Weiche oder Gleissperre umstellen

AWU = Aufgefahrene Weiche umstellen

SLHE = Schlüsselsperre hilfsweise entsperren

SLE = Schlüsselsperre entsperren (Schlüssel zur Entnahmefreigeben)

SLS = Schlüsselsperre sperren

WLE = Weichenlaufkette entsperren

WLS = Weichenlaufkette sperren

WUE = Weiche oder Gleissperre zum Umstellen entsperren

WUS = Weiche oder Gleissperre gegen Umstellen sperren

KGE = Anschlusskennung eingeben (Kennung generieren)

KLO = Anschlusskennung löschen (Kennung löschen)

3 Gruppenfelderblock „Signale“ (rot)

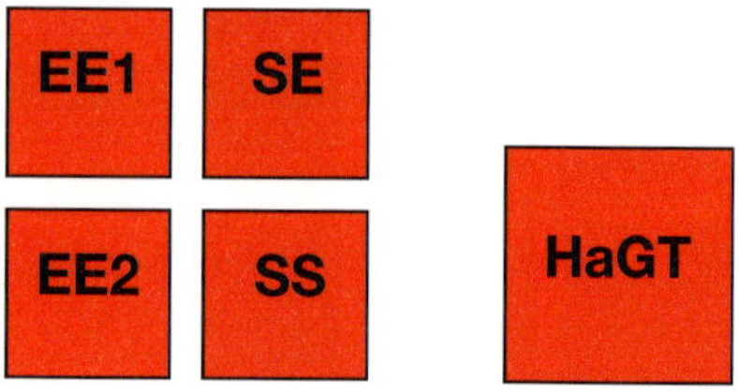

auf dem BT unten links
und rechts angeordnet

EE1 = Ersatz- oder Vorsichtsignal (bei Siemens VE1 und neueren Alcatel-Stellwerken) ohne Sperrung der Weichenlaufkette einschalten

EE2 = Ersatz- oder Vorsichtsignal (bei Siemens VE2 und neueren Alcatel-Stellwerken) mit Sperrung der Weichenlaufkette einschalten

SE = Signal entsperren

SS = Signal sperren

HaGT = Lichtsignal auf Halt stellen

4 Gruppenfelderblock „Bahnübergänge“ (gelb)

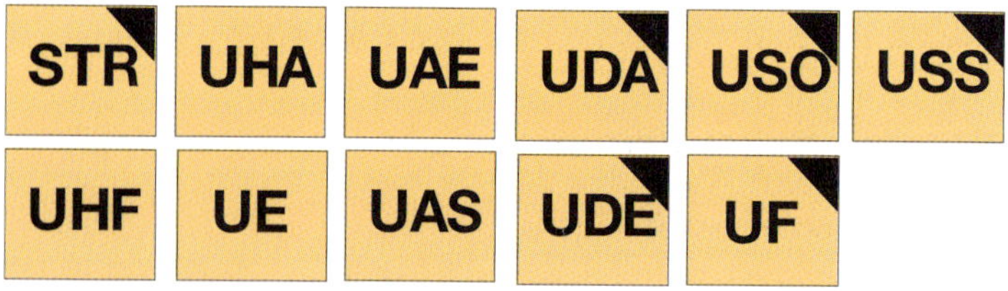

auf dem BT unten links
und rechts angeordnet

STR = Störungsrücknahme bei EBÜT 80 – Fü-Anlagen

UHF = Signalgesteuerte Bahnübergangssicherung hilfsfreimelden

UHA = Signalgesteuerte Bahnübergangssicherung hilfsausschalten

UE = Bahnübergangssicherung einschalten

UAE = Automatisches Einschalten der Bahnübergangssicherung entsperren

UAS = Automatisches Einschalten der Bahnübergangssicherung sperren

UDA = Bahnübergangssicherung auf Dauer ausschalten

UDE = Bahnübergangssicherung auf Dauer einschalten

USO = Schranken nach Stop öffnen – nur bei BÜS 72 – Anlagen wirksam

USS = Schranken nach Stop schließen – nur bei BÜS 72 – Anlagen wirksam

UF = Bahnübergang mit vollem Schrankenabschluss freimelden

STOP = Schließvorgang der Schranken stoppen – nicht wirksam

5 Gruppenfelderblock „Stromversorgung“ und „Streckenblock“ (grau)

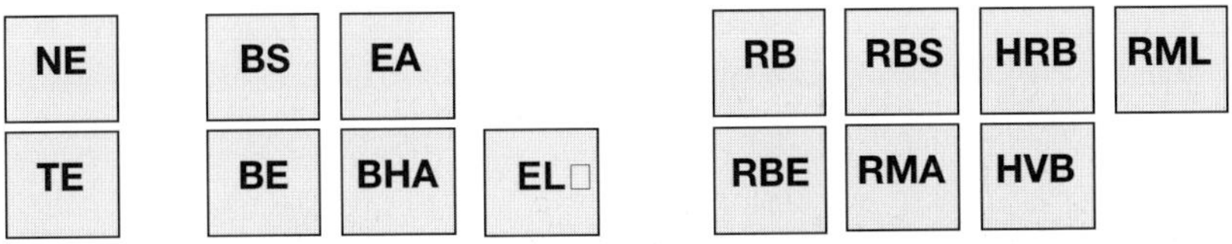

NE = Nachtspannung der Lichtsignale einschalten

TE = Tagspannung der Lichtsignale einschalten

BS = Blocksignal sperren

BE = Blocksignal entsperren

EA = Erlaubniswechsel (Erlaubnis abgeben)

EL = Gespeicherte Erlaubnisabgabe löschen

BHA = Block hilfsauflösen

RB = Rückblocken

RBE = Rückblock entsperren

RBS = Rückblock sperren

RMA = Räumungsmelder anschalten

HRB = Hilfsrückblock – im Regelfall ist dieses Feld nicht aktiviert

HVB = Hilfsvorblock

RML = Räumungsmelder löschen

6 Gruppenfelderblock „Achszählgrundstellung" (braun)

AZG = Achszähler grundstellen

7 Gruppenfelderblock „Funktionsfelder" (grau)

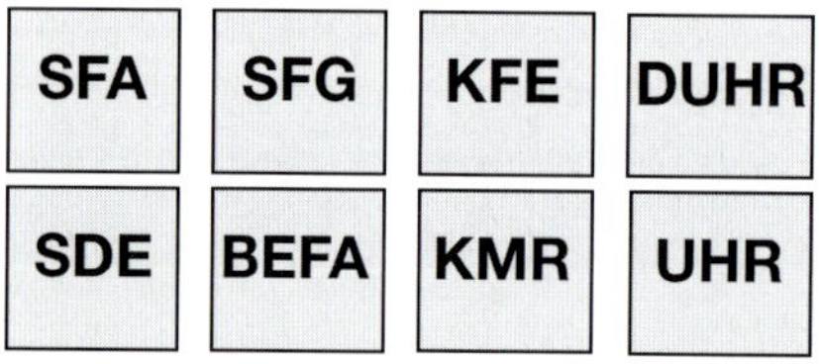

SFA = Störungen und Fehler ausgeben

SDE = Protokoll- und Störungsdrucker einschalten

SFG = Störungen und Fehler grundstellen

BEFA = Überprüfung der sicheren Anzeige vor Zustimmung zur Fahrt mit Befehl

KFE = Kommando-Freigabe entstören

KMR = Kommando- und Meldesperre rücksetzen

DUHR = Uhrzeit und Datum drucken

Uhr = Uhrzeit und Datum einstellen

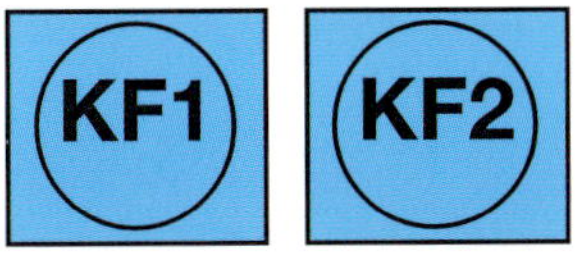

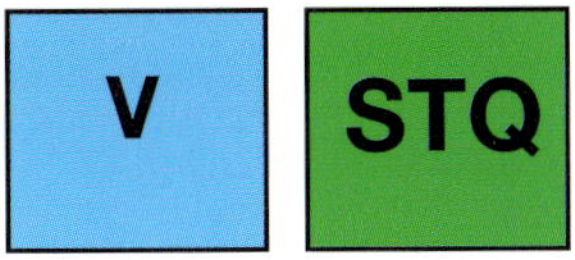

➔ auf dem BT unten links und rechts angeordnet

KF1 = Kommando-Freigabe 1 – Gesonderte Freigabe sicherheitsrelevanter Bedienungen

KF2 = Kommando-Freigabe 2 – Bedienung in Kombination mit dem KF1-Feld (Reihenfolge KF1 und danach KF2)

V = Verarbeitungsfeld (Kdo zur Verarbeitung an die Rechner leiten)

STQ = Fehler und Störungen quittieren

8 Gruppenfelderblock „Systemfelder“ (braun)

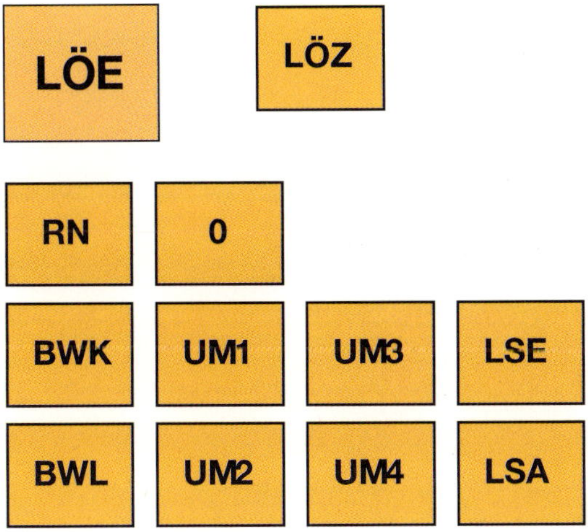

LÖE = Bedienkommando/Eintrag in der EKA-Eingabezeile löschen

LÖZ = Letztes Zeichen in der EKA-Eingabezeile löschen

RN = Erforderliches Bedienfeld bei bestimmten Stellbefehlen (z.B.: <BWL,RN>), die vom MEM geprüft werden.

0 = Monitor dunkel schalten (z.B.: UM1,0)

UM1 = Umschalten Monitor 1

UM2 = Umschalten Monitor 2

UM3 = Umschalten Monitor 3

UM4 = Umschalten Monitor 4

LSE = Lichtsperrsignale auf Berü einblenden

LSA = Lichtsperrsignale auf Berü ausblenden

BWK = Bild-Wechsel-Kontrollmonitor

BWL = Bild-Wechsel–Lupe
Elementbezeichnungen auf der Lupe werden ein- bzw. ausgeblendet

9. Gruppenfelderblock „Merkhinweise" (weiß)

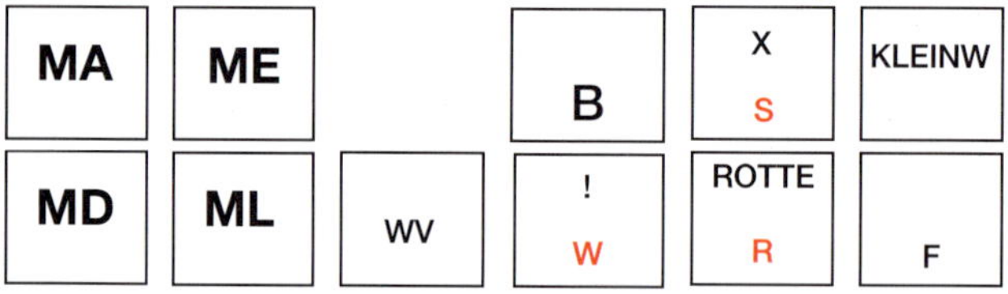

SGE = Merkhinweis in der Schaltgruppe eingeben

SGA = alle Fahrwegelemente der Schaltgruppe anzeigen

SGL = Merkhinweis in der Schaltgruppe löschen

MA = Merkhinweis anzeigen

MD = Merkhinweis drucken

ME = Merkhinweis eingeben

ML = Merkhinweis löschen

WV = Warnerverfahren – wird nicht mehr benötigt

B = Begehung

! / W = Warnschild

S = Sperrfahrt

K = Kleinwagen

R = Rotte

F = abgeschaltete Oberleitung

10. Gruppenfelderblock „Dateneingabetastatur" – DET

Im Gruppenfelderblock „Dateneingabetastatur" sind alle Buchstaben, Ziffern und Satzzeichen angeordnet. Ferner ist der Bindestrich und Schrägstrich enthalten. Das große Feld „TX" dient zur Kennung einer Texteingabe. Dieser Gruppenfelderblock kann als Rückfallebene zur Dateneingabetastatur gesehen werden.

11. Gruppenfelderblock „Zugnummern" – ZN

Mit diesen Feldern wird die Zugnummernmeldeanlage bedient. Hier sind die typischen Funktionsfelder für die Bedienung der ZN-Anlage enthalten.

Anhang 4

Bedienfelder des ESTW Neustadt (Weinstraße)

Beispiel für Bedienfelder im Innenbereich des Bedientabletts des ESTW Neustadt

Symbol	Bedeutung
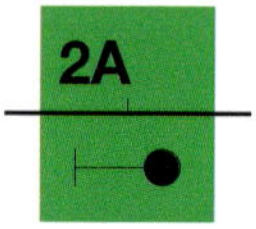	Start- und Zielfeld für Zugstraßen (Regel-D-Weg)
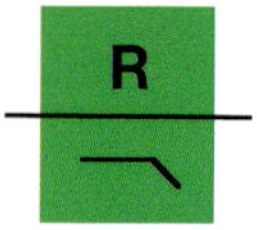	Zielfeld für Zugstraßen (D-Weg führt ins Regelgleis)
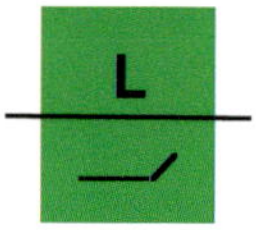	Zielfeld für Zugstraßen (D-Weg führt ins Gegengleis)
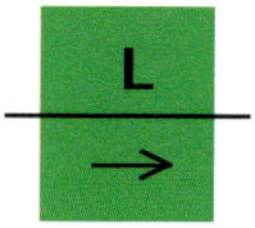	Zielfeld für Zugstraßen (langer D-Weg)
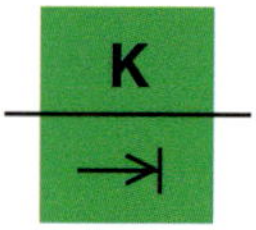	Zielfeld für Zugstraßen (kurzer D-Weg)
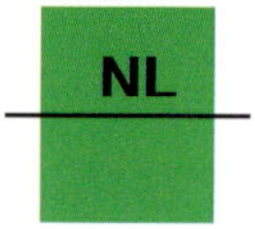	Zielfeld für Ausfahrzugstraße ins Regelgleis bzw. richtige Gleis
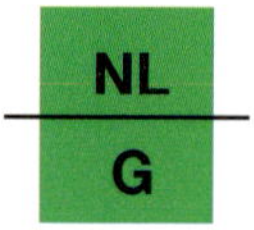	Zielfeld für Ausfahrzugstraße ins Gegengleis

Symbol	Bedeutung
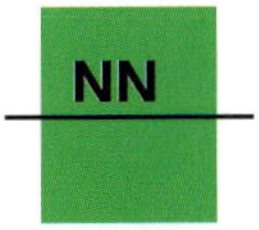	Startfeld für Einzelanstoß des Zentralblocks bei Auflösestörung des Ausfahrblockabschnittes, nach Rechnerstörung bzw. Softwareänderung *(„NN“ blinkt grün auf der Lupe)*
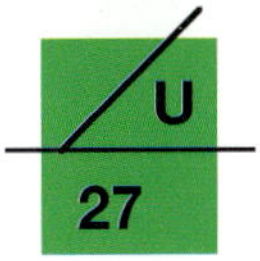	Umfahrelement bei Umfahrzugstraße
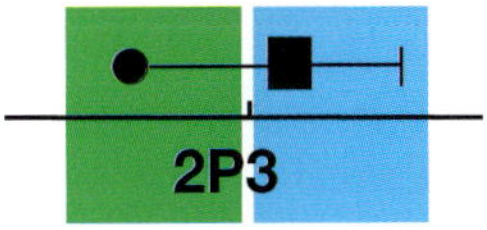	Start- und Zielfeld für Zug- und Rangierfahrten
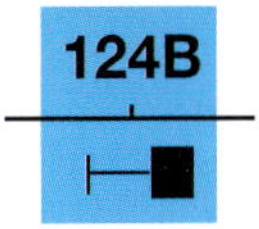	Start- und Zielfeld für Rangierstraßen
	Zielfeld ohne Signal für Rangierstraßen
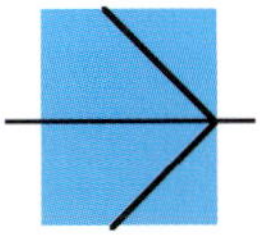	Startfeld für Mittelweichenteilfahrstraße
	Gleisfeld mit Achszähler
	Gleis ohne Gleisfreimeldeanlage

Symbol	Bedeutung
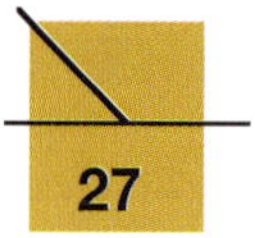	Weiche mit Achszähler
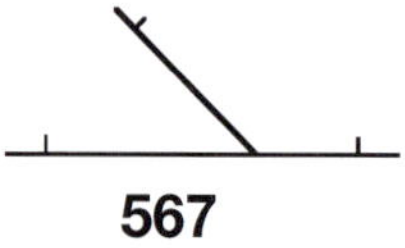	Weiche ohne Achszähler
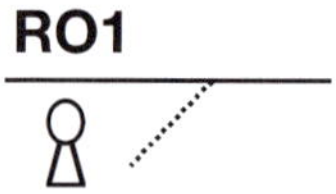	Schlüsselsperre
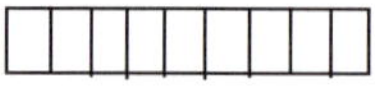	Bahnsteig
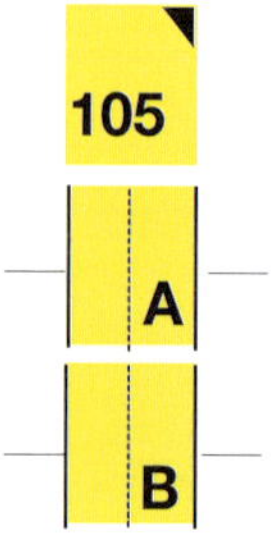	signalgesteuerter Bahnübergang Gleis A Gleis B
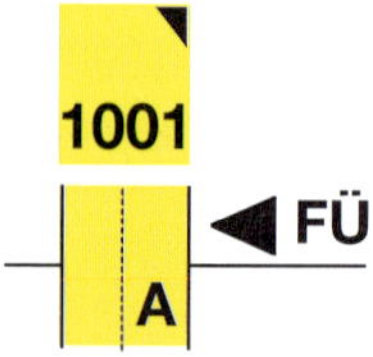	fernüberwachter Bahnübergang

Symbol	Bedeutung
	Lupenbildgrenze Grenze eines Nahstellbereiches
RN7	Schaltgruppen eingeben bzw. löschen *(Befahrbarkeitssperre)*
NB I	Nahstellbetrieb ein- und ausschalten
Neustadt	Bedienfeld zum Einschalten der Tag- bzw. Nachtspannung der Signale, Ausschalten des Selbststellbetriebes

Anhang 5

Verarbeitungsquittungen des ESTW Neustadt (Weinstraße)

Text in der „VQ“ – Zeile	Begründung
Nein	Format falsch
--*	Format richtig, Verarbeitungsfeld noch nicht bedient
KF2 nicht bedient	KF2 zu spät bedient
KEIN KF-ZUSTAND	KF-Feld bei Nicht KF-pflichtigem Kdo bedient
ZUSTAND BEREITS VORHANDEN	Eingabe unplausibel (z. B.: nicht gesperrte Weiche entsperren)
KF OHNE ZÄHLUNG	KF-pflichtiges Kdo
KF OHNE ZÄLUNG KF 1 BED:	KF-pflichtiges Kdo
KF 2 BEDIENEN	KF-pflichtiges Kdo
ABGEWIESEN	z.B.: Verfügbarkeitsprüfung im SM negativ
NEIN; ELEMENT OHNE LUPE	erforderliches Lupenbild nicht aufgeschaltet